29 janv
travail paraffine — vide — 1 jour après 45

vide

Violent 2000 — 9 app (1) 3^c

30 janv

Uhem
tube bouché paraffine et tran app (0)
dans flacon bouché émeri —

dedans ~~[illegible]~~ 2 Kgs 9
dehors ~~[illegible]~~ 2 " 3

Vide golas même appareil vid
golas
dehors 900 — 20
dedans 900 24

mouvement propre 900 — 24..

a lieu à même corps très actif
apparemment pas de petits mineurs app. ordinaire

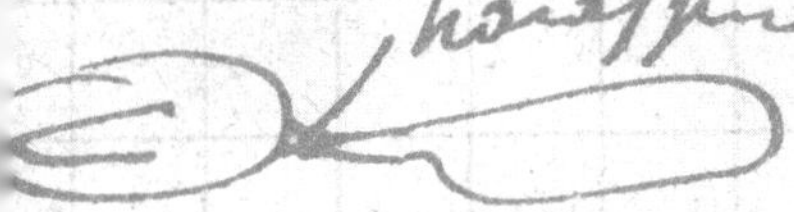

paraffine
1 jour

pas de petits renoncés
avec gauze.

ap. n° 1 dedans 900 14"
ap. n° 1 dehors 900 25"

mouv. propre — rien

impossible nom. petite perte

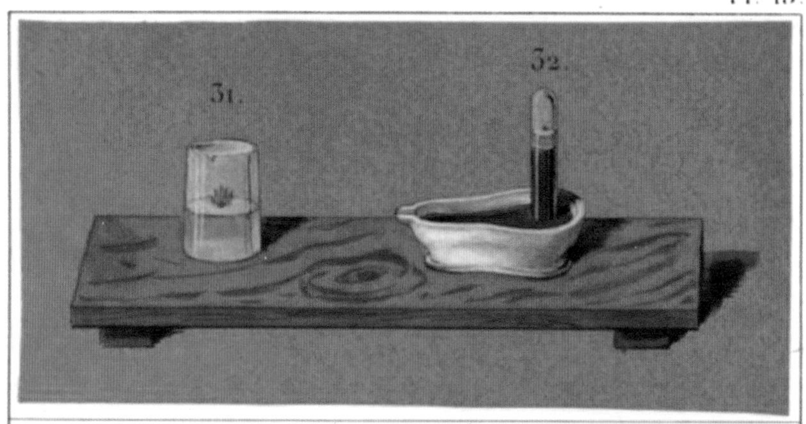
31.
32.

33.
34.

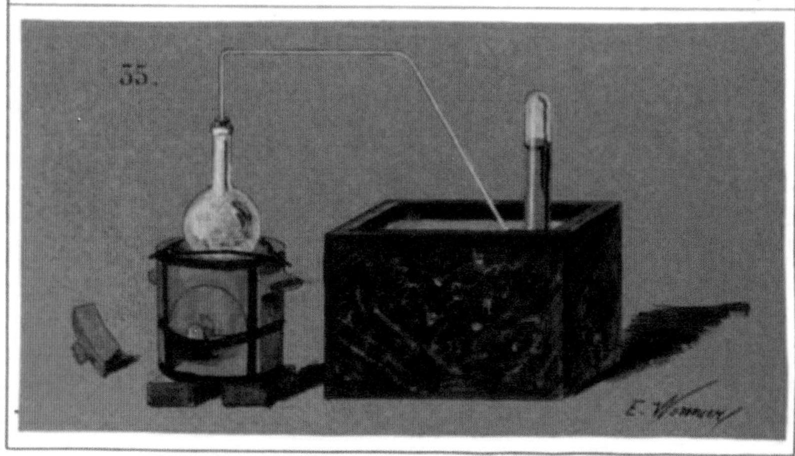
35.
E. Wormser

원소

세상을 이해하는
가장 작지만 강력한 이야기

필립 볼 지음
고은주 옮김

필립 볼 Philip Ball

옥스퍼드대학교 화학과를 졸업하고 브리스틀대학교에서 물리학 박사학위를 받았다. 20여 년 동안 《네이처》의 물리, 화학 분야 편집위원, 편집 고문으로 일했다. 지금은 프리랜서 과학 저술가이자 방송인으로 활약하며 과학과 문화예술을 넘나드는 다양한 주제로 저술 활동을 펼치고 있다. 지은 책으로 《모양》, 《흐름》, 《가지》, 《화학의 시대》, 《브라이트 어스》, 《H2O: 지구를 색칠하는 투명한 액체》 등 30여 권이 있다.

고은주

이화여자대학교 물리학과를 졸업하고 독일 프리드리히 알렉산더대학교에서 수학한 후, 충북대학교에서 심리학 석사학위를 취득했다. 현재 펍헙 번역그룹에서 전문 번역가로 활동하고 있다. 옮긴 책으로는 《원소 주기율표》, 《매드매드 사이언스북》, 《아주 특별한 수학 멘토링》, 《카페에서 읽는 수학》, 《시간 연대기》, 《철학 한 잔》 등이 있다.

원소

1판 1쇄 발행일 2021년 12월 27일

지은이 필립 볼
옮긴이 고은주
발행인 김학원
발행처 (주)휴머니스트출판그룹
출판등록 제313-2007-000007호(2007년 1월 5일)
주소 (03991) 서울시 마포구 동교로23길 76(연남동)
전화 02-335-4422 **팩스** 02-334-3427
저자·독자 서비스 humanist@humanistbooks.com
홈페이지 www.humanistbooks.com
유튜브 youtube.com/user/humanistma **포스트** post.naver.com/hmcv
페이스북 facebook.com/hmcv2001 **인스타그램** @humanist_insta

편집주간 황서현 **편집** 김해슬 정일웅 **디자인** 이수빈
조판 희수 com. **제작** Quarto Publishing PLC

ISBN 979-11-6080-710-3 03430

Printed in Singapore

2쪽 그림: 위에서부터 차례로 포타슘과 물의 반응, 암모니아와 물의 반응, 암모니아 제조 방법. J. 펠루즈, E. 프레이, 《화학의 일반 원리(Notions générales de chimie)》(1853년, 8판). 피렌체국립도서관.

차례

서문

인류가 발견한 이 세상의 수많은 것 중에서 가장 풍부하면서도 가장 유용한 지식을 담고 있는 것은 이 세상을 만든 재료들일 것이다. 우리 눈에 보이고 손에 닿는 모든 물질을 구성하는 원자는 너무 작아서 광학현미경으로는 보이지 않고, 그 종류도 겨우 90여 가지밖에 되지 않는다. 게다가 이 원자들 중 대부분은 매우 찾아보기 힘들다. 우리에게 익숙한 원자는 고작 20~30가지밖에 되지 않을 것이다. 이러한 물질을 화학 원소라 한다. 원소는 우리를 둘러싼 세계를 단순화해서 이해하게 해준다. 이 원소들을 알기 전에 우리는 모든 물질이 상당히 적은 수의 기본 구성성분으로 나뉘고 분류될 수 있으리라고는 짐작조차 못 했다. 생명의 세계에서 볼 수 있는 다양한 종(species)과 비교해보자. 벌만 하더라도 30만 가지 이상의 종이 있다. 이에 비하면 화학 원소의 수가 많지 않다는 것은 고마운 일이다.

화학을 처음 배우는 학생이라면 길게 늘어선 원소 주기율표를 보고 주눅 들지 않을 수 없다. 탄소나 산소 같은 원소 이름은 이미 들어봤을 테지만 스칸듐은 어떤가? 프라세오디뮴은? 이런 원소들은 이름을 발음하는 것도 힘들다. 이 원소들의 특징을 외우는 일, 그렇게 힘들게 외워야 할 이유를 찾는 일은 더 말할 필요도 없다.

왜 이 원소들을 알아야 할까? 역사에서 그 답을 찾을 수 있다. 원소는 오랜 세월에 걸쳐 하나씩 발견되었다. 1730년대부터 놀랍게도 2~3년에 하나씩 꾸준히 발견되었는데, 갑작스러운 우연으로 발견되었다가 한동안 전혀 발견되지 않는 식이었다. 원소는 구체적인 계획을 통해 발견된 것이 아니다. (엄밀히 말하면 수십 년 전까지는 그랬다. 이후 새롭게 발견된 원소는 치밀한 계획 아래 인공적으로 만들어졌다.) 과학기술자들은 잘 알려지지 않은 광물에서 새로운 원소를 발견했다. 스펙트럼을 관찰해 새로운 원소가 나타내는 일정한 색의 선스펙트럼을 찾아내거나, 기체를 액화한 후 증류하여 극소량의 희귀 기체를 찾아내는 방법도 사용했다. 이와 같은 발견의 역사는 전기(傳記)와 같으며, 이를 읽으면 원소가 무명의 사람들이 발견한 것을 마구잡이로 모아놓은 것이 아니라, 환경을 이해하고 통제하려는 인류의 노력을 기록한 기호임을 느끼게 될 것이다. 화학자들이 보기에 원소는 각각의 매력을 갖고 있다. 유용한 것도 있고, 다루기 힘든 것도 있고, 아주 흥미로운 것이 있는가 하면 재미없는 것도 있고, 인간에게 유익한 것도 위험한 것도 있다. 정기적으로 '좋아하는 원소'를 뽑는 여론 조사를 하는 화학자들이 어처구니없는 샌님들로 보일지 모르겠다. 하지만 원소에 대해 알게 된다면 거의 누구나 자신이 좋아하는 원소와 싫어하는 원소를 나누고 있을 것이다.

일부 원소는 의약품이나 기타 조제약의 주요 성분이 되거나 단단한 물질, 강한 물질, 빛나는 물질, 전기전도성이 좋은 물질 등을 만들 때 주요한 재료로 유용하게 쓰인다. 다른 원소와 결합해 밝은 색상의 화합물이 되는 원소는 안료나 염색제로 사용된다. 어떤 원소는 에너지원으로 사용되거나 건강에 좋은 필수 영양소이고, 우주 공간의 온도보다 더 낮은 온도로 물건을 보관하는 냉매제로도 쓰인다. 이 원소들의 속성과 쓰임새 때문에 몇몇 원소들은 사전에 이름을 올리는 영광을 얻기까지 했다. '절호의 기회'를 'golden opportunity'라고 하고, 구름의 흰 가장자리를 'silver lining'이라고 하며, 'suggestions go down like lead balloons(제안이 받아들여지지 않다)'에서 'lead balloons(납 풍선)'는 실패를 의미한다. 'opponents are crushed with an iron fist(적을 무자비하게 무찔

▶ 고대 연금술 지식이 적힌 평판을 들고 있는 현자. 무함메드 이븐 우마일, 《은빛 물(al-Tamimi's Al-mâ' Al-waraqî)》의 전사본(1339년경). 이스탄불의 톱카프궁전 아흐메트3세도서관.

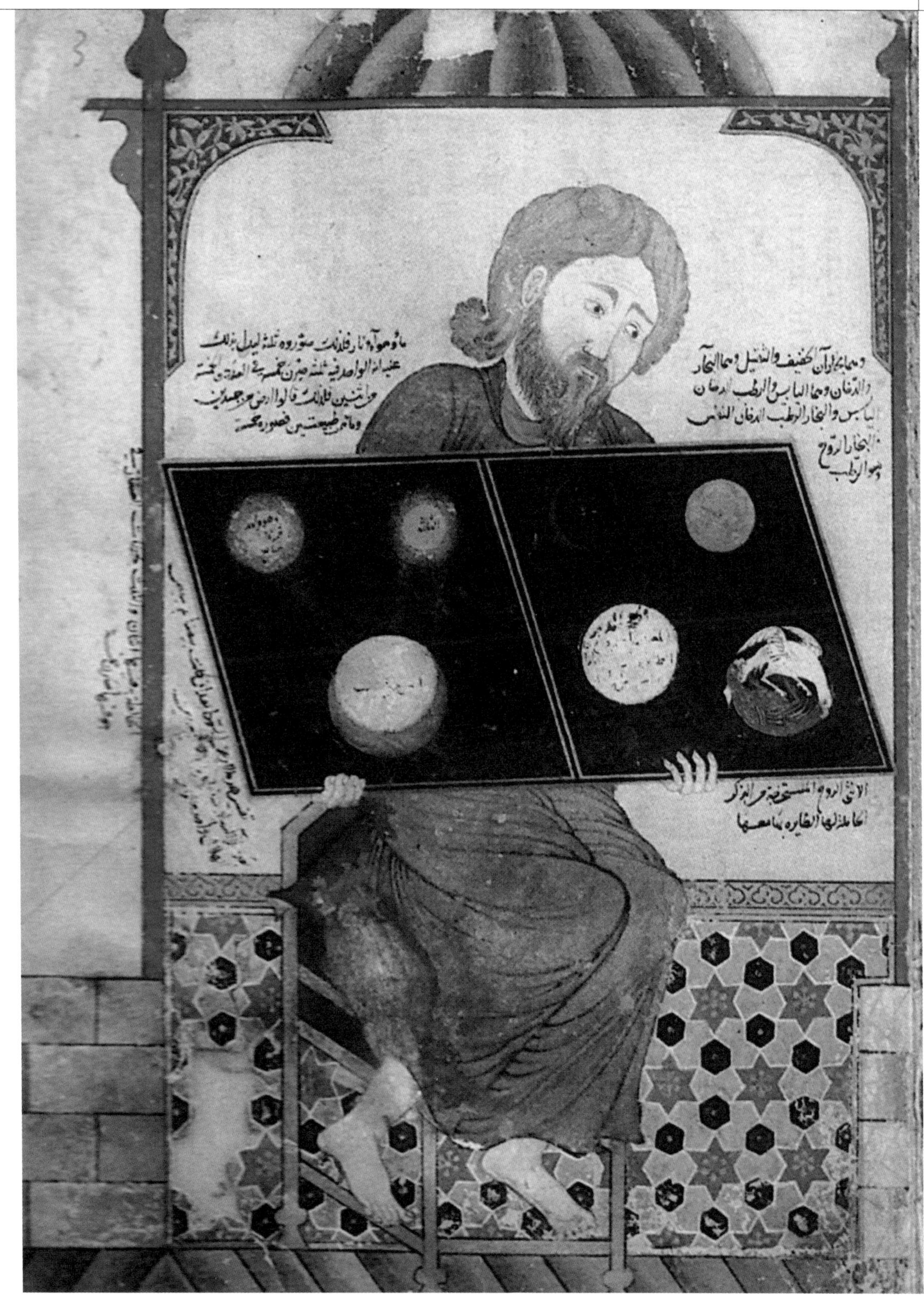

렀다)'에서 'iron fist(철로 된 주먹)'는 무자비하다는 뜻이다. 'denied the oxygen of publicity(선전의 동력을 잃어버렸다)'에서 'oxygen(산소)'은 힘을 불어넣는다는 의미다. 가로등의 빛을 소듐등이라고 하고, 수소 폭탄, 마그네슘 조명탄 등의 명칭에도 원소 이름이 들어가며, '하찮다'는 뜻으로 'nickel-and-dime(5센트와 10센트)'을 사용하기도 한다. 그러나 그 원소들의 이름이 왜 그런 의미로 사용되는지 우리는 거의 모른다. 'element(원소)'는 화학 분야를 넘어서 기본 원리라는 의미를 함축하고 있어서 법의 원리, 수학의 원리(고대 그리스 철학자 유클리드의 책《원론(Stoicheia)》의 주제), 언어의 원리, 요리의 원리 등의 표기에 모두 사용되는 단어다.

이러한 점에서, 화학 원소의 발견에 관한 역사를 기록하는 것은 화학이 과학으로서 발전해온 과정을 설명하는 것 이상의 의미가 있다. 원소 발견의 역사를 통해 인간이 자연세계를 어떻게 이해하게 되었는지 들여다볼 수 있고, 나아가 원소에 대한 지식이 과학기술의 발전을 '동반'했음을 알 수 있다. 이 책은 과학이 이론적 발견에서 응용으로 나아간다는 일반적인 견해에 반대한다. 채굴이나 제조 같은 실용적인 문제에서 생겨난 궁금증을 해소하려다가 뜻하지 않은 발견을 하게 되는 경우도 많다. 과학적 발견은 각 개인의 동기와 능력, 가끔은 특이한 성격에 좌우된다. 원소의 발견에는 통찰력뿐 아니라 결단력, 상상력, 야심이 필요하다. 물론 행운도 과소평가해서는 안 된다.

지난 수백 년간의 역사가 유럽 남성 위주로 이루어졌다는 것은 부정할 수 없는 사실이다. 비교적 최근까지도 여성이 과학 교육기관에 입학하기는 매우 어려웠을 뿐 아니라, 힘

Periodische Gesetzmässigkeit der Elemente nach Mendelejeff.

Reihen	Gruppe I R^2O	Gruppe II RO	Gruppe III R^2O^3	Gruppe IV RH^4 RO^2	Gruppe V RH^3 R^2O^5	Gruppe VI RH^2 RO^3	Gruppe VII RH R^2O^7	Gruppe VIII RO^4
1	H=1							
2	Li=7	Be=9,08	B=11	C=12	N=14	O=16	F=19	
3	Na=23	Mg=24	Al=27,04	Si=28	P=31	S=32	Cl=35,37	
4	K=39	Ca=40	Sc=44	Ti=50,25	V=51,1	Cr=52,45	Mn=54,8	Fe=56, Co=58,6 Ni=58,6, Cu=63
5	(Cu=63)	Zn=65	Ga=68	Ge=72	As=75	Se=78,87	Br=79,76	
6	Rb=85	Sr=87,3	Yt=89,6	Zr=90	Nb=94	Mo=96	–=100	Ru=103,5, Rh=104 Pd=106, Ag=107,6
7	(Ag=107,6)	Cd=111,7	In=113,4	Sn=117,4	Sb=120	Te=126	J=126,5	
8	Cs=133	Ba=136,8	La=138,5	Ce=141,2	Di=145	–	–	– – – –
9	(–)	–	–	–	–	–	–	
10	–	–	Er=166	–	Ta=182	W=184	–	Os=191,12, Jr=192,6 Pt=194, Au=196
11	(Au=196)	Hg=200	Tl=204	Pb=206,4	Bi=207,5	–	–	
12	–	–	–	Th=232	–	U=240	–	– – – –

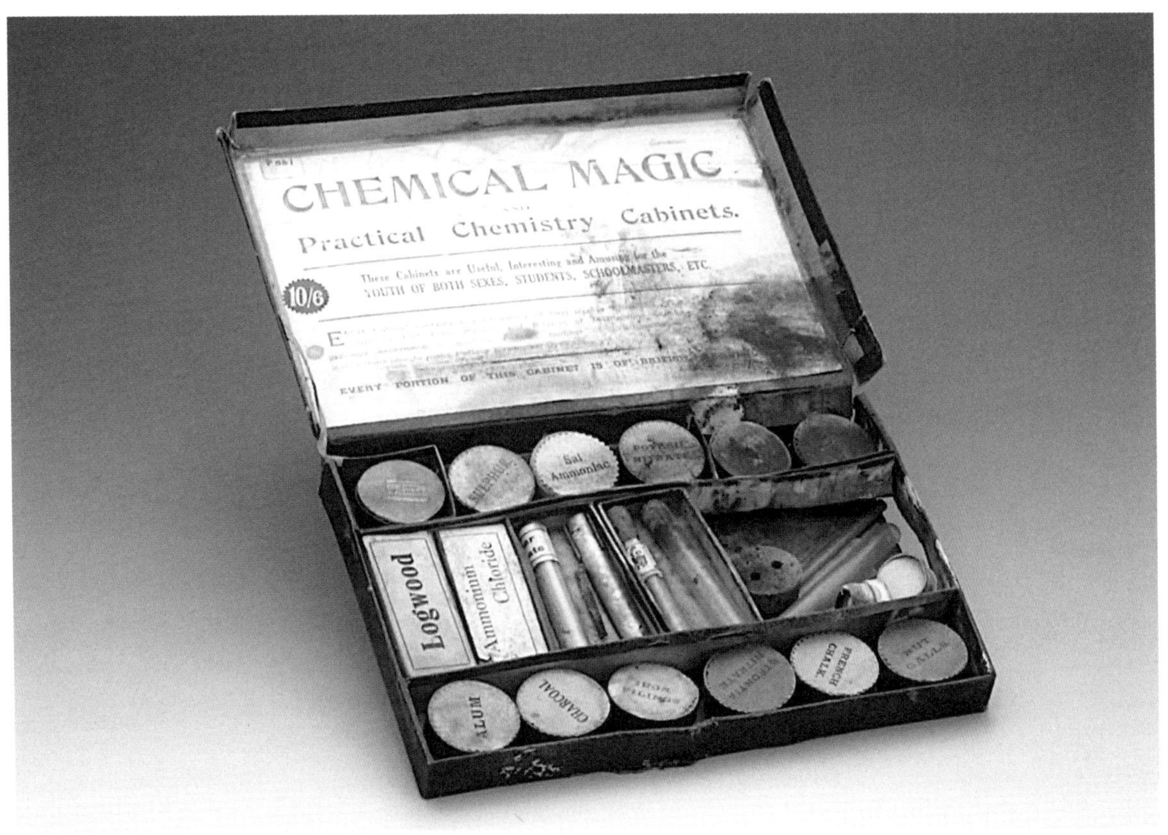

◀ 멘델레예프의 초기 원소 주기율표('Reihen'은 주기를, 'Grupp I, II, III…'은 1족, 2족, 3족…을 뜻한다.—옮긴이). 1893년, 교토대학교 요시다사우스도서관.

▲ F. 킹슬리가 제작한 '화학 마술과 응용화학 보관함'(1920년경). 옥스퍼드 과학사박물관.

들게 입학 허가를 받은 여성들조차 심한 차별과 편견에 시달렸다. 마리 퀴리(Marie Curie)는 19세기 말 라듐과 폴로늄 발견에 지대한 공헌을 했음에도 1903년 노벨 물리학상 수상자에서 제외될 뻔했다. 그 상은 남편이자 공동 연구자인 피에르(Pierre)에게만 수여될 예정이었으나 피에르가 이에 반발했다. 마리안 라부아지에(Marie-Anne Lavoisier)도 마찬가지였다. 남편 앙투안(Antoine)의 연구에 마리안이 동료 연구자로서 기여한 바는 아내로서 당연히 해야 할 일 정도로 받아들여졌다. 1950년대, 방사성 중원소의 발견에 중대한 업적을 남긴 미국의 핵화학자 달린 호프만(Darleane Hoffmann)이 한 팀의 책임자로 로스앨러모스 국립연구소에 갔을 때, 틀림없이 무슨 착오가 있을 거라고 말하는 사람이 있었다. "우리는 이 분과에 여성을 고용하지 않아요."

한편 백인을 제외한 다른 인종이 원소 발견의 역사에 거의 등장하지 않는 이유는 서구의 지배와 착취로 점철된 근대 이후의 역사, 비백인을 과소평가해온 역사 때문일 것이다. 원소 발견의 역사가 얼마나 더 오래 이어질지, 과연 더 이어지기는 할지 분명하지 않지만, 아시아권에서 부상하는 우수한 과학적 성과들이 과학 연구에 문화적 풍성함과 다양성을 더할 것이라 믿는다.

사이드바 보는 법

각 원소를 소개하는 첫 페이지의 좌측에는 사이드바가 있다. 사이드바에는 원자 번호, 원소 기호, 표준 원자량, 족의 이름과 번호가 적혀 있고, 일부 경우 상온 · 상압에서 물질의 상태(고체, 액체, 기체)가 나타나 있다.

- 알칼리 금속
- 알칼리 토금속
- 전이 금속
- 후전이 금속
- 준금속

1 H 수소 1.008								
3 Li 리튬 6.94	4 Be 베릴륨 9.012							
11 Na 소듐 22.990	12 Mg 마그네슘 24.305							
19 K 포타슘 39.098	20 Ca 칼슘 40.078	21 Sc 스칸듐 44.956	22 Ti 타이타늄 47.867	23 V 바나듐 50.942	24 Cr 크로뮴 51.996	25 Mn 망가니즈 54.938	26 Fe 철 55.845	27 Co 코발트 58.933
37 Rb 루비듐 85.468	38 Sr 스트론튬 87.62	39 Y 이트륨 88.906	40 Zr 지르코늄 91.224	41 Nb 나이오븀 92.906	42 Mo 몰리브데넘 95.95	43 Tc 테크네튬 (97)	44 Ru 루테늄 101.07	45 Rh 로듐 102.91
55 Cs 세슘 132.905	56 Ba 바륨 137.327	71 Lu 루테튬 174.97	72 Hf 하프늄 178.49	73 Ta 탄탈럼 180.948	74 W 텅스텐 183.84	75 Re 레늄 186.21	76 Os 오스뮴 190.23	77 Ir 이리듐 192.22
87 Fr 프랑슘 (223)	88 Ra 라듐 (226)	103 Lr 로렌슘 (266)	104 Rf 러더포듐 (267)	105 Db 두브늄 (268)	106 Sg 시보귬 (269)	107 Bh 보륨 (270)	108 Hs 하슘 (277)	109 Mt 마이트너륨 (278)

초중량(superheavy)원소

57 La 란타넘 138.91	58 Ce 세륨 140.12	59 Pr 프라세오디뮴 140.91	60 Nd 네오디뮴 144.24	61 Pm 프로메튬 (145)	62 Sm 사마륨 150.36	63 Eu 유로퓸 151.96
89 Ac 악티늄 (227)	90 Th 토륨 232.04	91 Pa 프로트악티늄 231.04	92 U 우라늄 238.03	93 Np 넵투늄 (237)	94 Pu 플루토늄 (244)	95 Am 아메리슘 (243)

- 란타넘족
- 악티늄족
- 기타 비금속
- 할로겐족
- 비활성 기체
- 성질이 확인되지 않은 원소

								2 He 헬륨 4.003
			5 B 붕소 10.81	6 C 탄소 12.011	7 N 질소 14.007	8 O 산소 15.999	9 F 플루오린 18.998	10 Ne 네온 20.180
			13 Al 알루미늄 26.982	14 Si 규소 28.085	15 P 인 30.974	16 S 황 32.06	17 Cl 염소 35.45	18 Ar 아르곤 39.948
28 Ni 니켈 58.693	29 Cu 구리 63.546	30 Zn 아연 65.38	31 Ga 갈륨 69.723	32 Ge 저마늄 72.630	33 As 비소 74.922	34 Se 셀레늄 78.971	35 Br 브로민 79.904	36 Kr 크립톤 83.798
46 Pd 팔라듐 106.42	47 Ag 은 107.87	48 Cd 카드뮴 112.41	49 In 인듐 114.82	50 Sn 주석 118.71	51 Sb 안티모니 121.76	52 Te 텔루륨 127.60	53 I 아이오딘 126.90	54 Xe 제논 131.29
78 Pt 백금 195.08	79 Au 금 196.97	80 Hg 수은 200.59	81 Tl 탈륨 204.38	82 Pb 납 207.2	83 Bi 비스무트 208.98	84 Po 폴로늄 (209)	85 At 아스타틴 (210)	86 Rn 라돈 (222)
110 Ds 다름슈타튬 (281)	111 Rg 뢴트게늄 (282)	112 Cn 코페르니슘 (285)	113 Nh 니호늄 (286)	114 Fl 플레로븀 (289)	115 Mc 모스코븀 (290)	116 Lv 리버모륨 (293)	117 Ts 테네신 (294)	118 Og 오가네손 (294)

64 Gd 가돌리늄 157.25	65 Tb 터븀 158.93	66 Dy 디스프로슘 162.50	67 Ho 홀뮴 164.93	68 Er 어븀 167.26	69 Tm 툴륨 168.93	70 Yb 이터븀 173.05
96 Cm 퀴륨 (247)	97 Bk 버클륨 (247)	98 Cf 캘리포늄 (251)	99 Es 아인슈타이늄 (252)	100 Fm 페르뮴 (257)	101 Md 멘델레븀 (258)	102 No 노벨륨 (259)

1장

만물의 근원을 찾아서

◀ 전설적인 현자 또는 신이라고 알려진 헤르메스 트리스메기스투스가 이집트의 천문학자 프톨레마이오스에게 태양계 구조설을 가르치고 있다. 500~600년에 양각 기법으로 제작한 은 접시. 캘리포니아 말리부 폴게티미술관의 빌라컬렉션.

고대의 원소

기원전 850년경
페니키아 문자에서 유래한 그리스 문자가 발명되었다.

기원전 776년
최초로 기록된 올림픽이 열렸다.

기원전 624~기원전 545년경
기하학과 연역추론의 아버지로 불리는 탈레스의 생몰년.

기원전 571~기원전 497년경
피타고라스의 생몰년. 그의 일부 제자들은 지구가 우주의 중심이 아니며 '중심 불' 주위를 공전한다고 주장했다.

기원전 460~기원전 370년경
히포크라테스의 생몰년. 그는 히포크라테스학파를 세우고 서양 의학의 기초를 마련했으며, 질병은 신이 내린 징벌에서 비롯된 것이 아니라 자연적인 과정이라고 주장했다.

기원전 380년
소크라테스의 제자 플라톤이 아테네에 아카데미아를 세웠다.

기원전 384~기원전 322년경
아리스토텔레스의 생몰년. 그는 플라톤의 가르침을 받고 페리파토스학파와 아리스토텔레스의 전통을 세웠다.

기원전 287~기원전 212년경
발명가이자 엔지니어, 수학자, 천문학자였던 아르키메데스의 생몰년.

기원전 360년경 플라톤(Platon)이 다양한 분야를 통찰하여 집필한 철학서 《티마이오스(Timaios)》에 따르면, "우주의 몸은 흙, 공기, 불, 물의 네 원소로 구성되어 있고, 온 세상의 모든 흙, 공기, 물, 불이 조합하여 만물이 만들어진다."

사원소설은 고대에 일반적으로 인정받은 학설로 알려져 있지만, 사실은 그렇지 않았다. 사원소설은 기원전 5세기경 철학자 엠페도클레스(Empedocles)가 정립했다. 그를 둘러싼 기이한 소문이 많았는데, 그가 죽은 사람도 일으켜 세우는 마술사였다고 말하는 사람이 있는가 하면 자신이 불멸의 신이라는 것을 보여주기 위해 에트나산의 화산구 속으로 뛰어들어가 생을 마감했다는 전설도 있다. 역사 기록 시대 이전에 구전으로 전해져 내려온 이야기이기 때문에 약간 과장되었을 가능성을 감안해야 한다.

▼ 네 가지 원소. 《도덕적 주제와 자연사에 관한 다양한 논문(Various Verse Treatises On Moral Subjects and Natural History)》(1481년), 할리 제3577호 원고, 영국국립도서관.

엠페도클레스의 사원소설은 아리스토텔레스(Aristoteles)와 플라톤의 지지를 받은 덕분에 중세와 그 이후에 계속 영향력을 발휘했지만, 세상이 무엇으로 만들어졌는지는 그리스 철학자들 사이에 여러 견해가 있었다. 두 가지 원칙이 이 답을 찾아가는 지침이 되었던 것 같다. 첫째 원칙은 세상의 기본 구조에는 다양한 속성이 있다는 것이다. 다시 말해 어떤 것들은 단단하고, 어떤 것들은 물처럼 흐르며, 어떤 것들은 공기와 같다. 물론 더 자세하게 구분할 수도 있다. 진흙같이 부드러우면서 끈적이는 물질도 있고, 나무처럼 단단하지만 휘어지는 물질도 있다. 각기 다른 색과 맛과 냄새도 있을 것이다. 하지만 대다수 그리스 철학자는 기본 원소를 구분할 때 가장 근본적인 차이만 구분했다. 예를 들어, 색은 피상적이고 변할 수 있다. 구리에 녹청이 생겨 푸르스름하게 되는 것을 봐도 알 수 있다. 하지만 '흙의 성질'을 띠는 물질은 대부분 단단한 속성을 가지고 있다.

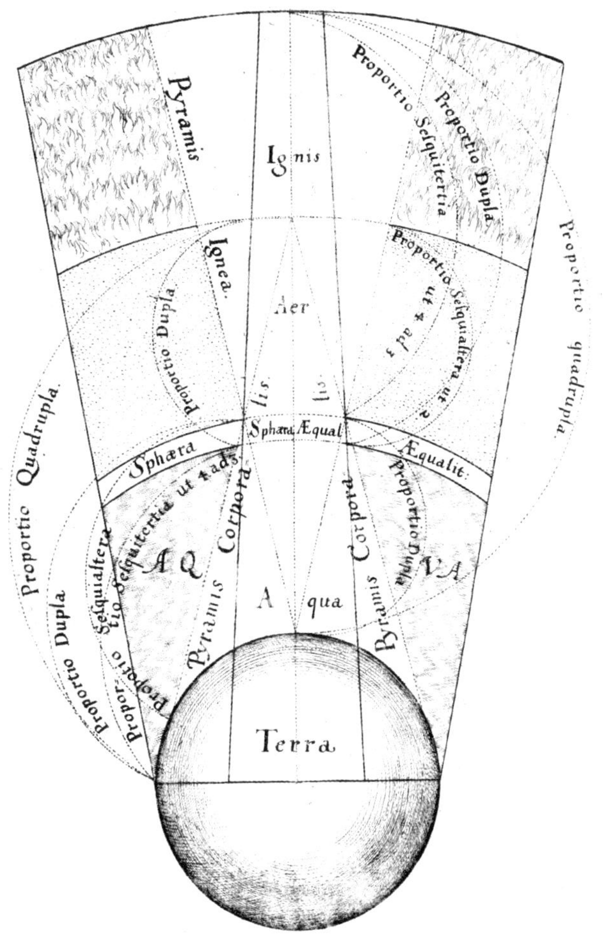

▲ 고대의 네 가지 원소. 땅(흙), 액체(물), 기체(공기), 열(불). 우주의 영역이 동심원에 따라 배열되어 있는 모습으로 묘사되었다. 로버트 플러드, 《대우주와 소우주의 형이상학적, 물리적, 기술적 역사(Utriusque Cosmi Maioris Scilicet et Minoris Metaphysica, Physica Atque Technica Historia)》(1617년). 로스앤젤레스 게티연구소.

둘째 원칙은 물질이 변화할 수 있다는 것이었다. 통나무를 태우면 상당 부분이 흙 같은 재를 남기고 공기 중으로 사라지는 것처럼 보인다. 구리와 철이 녹으면 흐르는 액체가 된다. 그러니 원소를 이해하려면 고정되어 있고 변하지 않는 세계를 탐구하고 설명하는 데서 그쳐서는 안 된다. 우리 주변에서 일어나는 변화를 설명해야 했다.

고대의 사원소설은 세상을 단순하게 설명하기 위한 것이었다. 이런 발상을 바탕으로 화학자들이 주기율표를 만들고 원자에 대한 통합된 관점으로 주기율표를 설명하게 되었으며, 현대 물리학자들은 원자를 구성하는 기본 입자들의 입자족에 관한 이론을 개발하게 된 것인지도 모르겠다. 개념적 통일성에 대한 추구는 중요한 역할을 해왔다. 인류는 복잡한 사물들과 과정들을 분석해 단순하게 만들어 이해하는 것이 유용하다고 생각했다. 이런 생각은 지금의 과학 연구에서도 큰 비중을 차지하고 있다. 하지만 원소 탐구의 동기에는 실용적 측면도 있었다. 빵을 구울 때, 모르타르로 벽돌 사이를 채울 때, 도자기 위에 입힌 유약이 가마에서 광을 내며 단단해질 때, 도대체 어떤 일이 벌어지고 있을까? 원소 발견의 역사를 살펴볼 때 절대 잊지 말아야 할 것은, 대다수 원소가 과학자, 장인, 기술자 들이 찾아내려고 찾은 것이 아니라 유용한 것을 만들려다 발견되었다는 점이다. 화학은 지금도 여전히 제조 기술에 가깝다. 지금까지도 원소에 관해 아는 것이 의미 있는 이유는 내가 어떤 재료를 사용했는지를 정확히 알아야 그것을 유용하게 쓸 수 있기 때문이다.

제일질료

"대부분의 초기 철학자는 모든 사물의 본질이 물질을 이루는 원소로 환원될 수 있다고 생각했다." 이 말은 기원전 4세기에 아리스토텔레스가 남긴 기록이다. 그는 또 다음과 같이 썼다. "모든 사물이 만들어지기 전 초기 형태, 변화하는 사물들의 원래 상태 (…) 이것이 사물의 원소와 본질이라고 그들은 주장한다. 물질의 상태는 변할 수 있지만 물질 자체는 그대로 남아 있다." 즉 모든 사물을 발생시키는 근원적인 물질은 최종적으로 오직 하나라는 것이다.

이 말이 참이라면, 이 책은 매우 짧게 끝났을 것이다. 여전히 아리스토텔레스의 생각은 오늘날 과학자 대다수의 생각과 크게 다르지 않다. 우리 우주는 빅뱅으로 시작했다. 에너지가 응축된 작은 알맹이에서 시공간과 우주 만물이 갑자기 나타났는데, 이 알맹이는 우리가 알고 있는 물리학 이론을 총동원해도 설명할 수 없다. 확실한 것은 시공간의 거품이 극히 작아서 다양한 것들이 생길 만큼의 공간이 없었다는 점이다. 오늘날 우리가 알고 있는 다양한 원소 안의 원자들, 원자 속 다양한 기본 입자와 그에 가해지는 여러 기본 힘은 시간을 거슬러 창조의 순간으로 돌아간다면 모두 말끔히 사라져야 한다. 이것이 우리가 상상하는 통일적 개념이지만, 이를 설명해주는 이론은 아직 없다.

▼ 해시계를 들고 있는 밀레토스의 아낙시만드로스. 3세기 초 모자이크, 트리어 라이니셰스주립박물관.

하지만 그리스어 제일질료(prote hyle), 라틴어 원물질(prima materia)이라고 불린 아리스토텔레스의 원시 물질은 생소하거나 상상하기 어려운 건 아니었다. 아리스토텔레스는 창조주(그리스 철학자들은 틀림없이 우주의 창조주가 있었다고 믿었지만 유대 그리스도교에서 말하는 신을 상상한 건 아니었다)가 네 가지 원소가 아니라 단 하나의 원소로 세상을 만들었고 그것으로부터 다른 원소들이 어떤 식으로든 생겨났다고 생각했다. 오늘날 이 말의 의미를 이해하기는 쉽지 않다. 우리는 원소를 눈으로 볼 수 있고 손으로 만질 수 있는 **물질** 같은 것으로 생각하는 경향이 있다. 하지만 고대 그리스인들은 제일질료를 '물질의 근원'이라고 말하곤 했다. 다시 말해서, 제일질료로 인해 우리 주변에 보이는 모든 물질이 존재하게 되었다는 것이다. 이 원시 물질은 눈에 보이지 않을 뿐 아니라 **볼 수 있는** 것인지조차도 알 수 없다. 빅뱅의 중심을 들여다보고 거기에 무엇이 있는지 알아내기를 기대하는 편이 더 나을지 모르겠다.

제일질료라는 개념은 고대 그리스 철학의 전통 중 하나이며 기원전 7세기에 발전한 밀레토스학파 또는 이오니아학파와 관련이 있다. 밀레토스학파의 창시자는 탈레스(Thales)로, 우리는 그를 최초의 그리스 철학자라고 알고 있다. 앞으로 설명하겠지만 탈레스는 제일질료에 대하여 자신만의 견해를 갖고 있었으나, 그의 제자이자 후계자인 아낙시만드로스(Anaximandros)는 제일질료가 이해하기 어려운 개념이라고 판단했다. 그는 이 개념을 '무한'이라는 뜻의 '아페이론(apeiron)'이라고 불렀다. 제일질료가 눈에 보이지 않고 무한하며 영원히 변하지 않는다고 보았기 때문에, '더 이상 물어보지 말라'는 뜻에서 그렇게 불렀는지도 모른다. 흙, 공기, 불, 물과 같은 네 원소는 '영원한 운동'을 통하여 아페이론에서 발생한다. 이 영원한 운동 속에서 반대되는 성질, 예컨대 뜨거움과 차가움, 건조함과 습함이 서로 분리된다. 현대의 물리학자들은 '대칭 파괴'라는 분리 과정을 가정한다. 초기 우주에 이 분리 과정을 통해 원래 하나였던 것이 서로 다른 성질을 띤 두 가지 물질로 스스로 변환하면서 지금 존재하는 수많은 입자와 힘이 생겨났다는 것이다. 현대의 물리학자들의 이런 견해가 이 이론과 모종의 관계를 맺고 있을지도 모르겠다.

아낙시만드로스 이후 많은 고대 철학자는 원소가 속성에 따라 통합되기도 하고 분리되기도 한다고 생각했다. 물을 손으로 만지면 축축하고 차갑듯, (아페이론과 달리) 물이나 흙 같은 원소에는 우리가 경험할 수 있는 속성이 있기 때문이다. 아리스토텔레스는 한 원소의 속성이 변하여 다른 원소가 될 수 있다고 생각했다. 축축하고 차가운 물에서 습기가 빠지면 마르고 차가운 흙이 되고, 이 흙에서 다시 차가움이 뜨거움으로 변하면 불이 된다는 것이다. 이와 같은 원소론이 오늘날에는 말도 안 되는 소리 같지만, 물리적 세계가 어떻게 움직이는지를 이해하려는 최초의 노력이었다.

아낙시만드로스의 제일질료 개념이 애매모호해 보인다면, 피타고라스(Pythagoras)가 이 학설을 어떻게 이해했는지 짚어보자. 기원전 5세기 피타고라스와 그의 제자들은 세상에서 가장 기본적인 것은 물질이 아니라 수라고 생각했다. 손으로 만지고 눈으로 보는 것은 중요하지 않았다. 그들은 수가 구체적으로 실재한다고 생각했다. 1은 점, 2는 선, 3은 평면, 이렇게 수가 기본 '형태'에 대응해 이 형태에 따라 모든 사물이 구성된다고 보았다. 여기에서도 역시 모든 물질과 힘을 순수한 수학 용어로 기술하려는 현대 물리학의 관점이 연상된다. 이러한 추상화를 거치면 화학자들이 다루고 변환시키는 물질은 끼어들 자리가 없는 것 같다.

▲ 물질의 기원. "한 물체에서 차가움과 따뜻함, 건조함과 습함이 싸우고 있다." 미셸 드 마롤, 《뮤즈 사원의 테이블(Tables of the Temple of the Muses)》(1676년, 1권). 일리노이대학교 어바나샴페인.

탈레스는 모든 물질의 근원이 되는 원초적 물질, 만물을 생성하는 유일한 원소가 물이라고 판단했다. 언뜻 이상하게 들리겠지만, 잘 생각해보면 그의 논리를 이해할 수 있다. 고대에는 물이 모든 물질의 상태로 변화할 수 있는 유일한 물질로 알려졌다. 대양을 가득 채우고 하천과 강을 따라 흐르는 액체 상태의 물이 가장 익숙하지만, 물은 딱딱하게 얼 수도 있고 증발하여 증기나 기체라고 불리는 '대기'가 될 수도 있다. 그뿐만 아니라 물은 모든 생명체에 필수적이다. 탈레스는 나일강의 계절성 폭우가 삼각주에 비옥한 충적토를 채워주는 데 얼마나 중요한 역할을 하는지를 예로 들었다. 아리스토텔레스에 따르면 탈레스는 모든 음식이 물기를 함유하고 있으며, 물이 있어야 씨에서 싹이 튼다는 관점에 영향을 받았다.

탈레스는 고대의 원소 중 공기, 불, 흙이 모두 물에서 나온다고 생각했다. 공기와 불은 공중으로 치솟는 '수증기'이며, 흙은 물에서 나온 침전물 같은 것이라고 보았다. 바닷물이 증발하고 남은 딱딱한 소금도 그런 입자의 일종이라고 보았다. 로마의 의사 갈레노스(Galenos)에 따르면, 탈레스는 "네 원소가 서로 섞여서 만물과 결합하고, 응고되고, 혼합물을 만든다"고 썼다(탈레스의 원문이 소실되었기 때문에 갈레노스가 거짓을 말한 것이 아니라면 말이다).

중대한 결론으로 도약하게 해준 근거로 보기에는 조금 빈약하지 않은가? 그렇긴 하다. 오늘날의 기준으로 본다면, 과학자들이 자료를 면밀하게 검토한 후에 가설을 세운 다음 실험적으로 검증하여 그 가설이 참인지를 판단해야 한다. 하지만 고대에는 그런 개념의 과학이 없었다. 게다가 17세기 이전까지는 과학적 논리가 이치에 맞게 정리되지도 않았다. 탈레스는 물이 만물의 근원이 되는 요소, 즉 기본 원소라고 제안하면서 중요한 사고의 발전을 이룩했다. 첫째, 그의 생각은 신들의 변덕처럼 우리가 현재 미신이라고 생각하는 것은 근거로 삼지 않는 완전히 합리적인 추론이다. (탈레스는 신의 섭리에 따라 세상을 다스리는 지적인 존재가 물에서 사물을 만들었다고 생각했지만, 그것으로 그를 비난하기는 어렵다. 오늘날의 많은 사람도 신의 역할이 이와 비슷하다고 생각한다.) 둘째, 그는 여러 현상을 관찰하여 하나의 근본 원리를 도출하려 했다. 문제를 단순화한 것이다. 과학은 아니지만, 과학에 필요한 사고 과정이다.

앞서 아낙시만드로스의 경우에서 보았듯, 물이 기본 원소라는 탈레스의 생각을 받아들인 제자도 있지만 일부는 그에 동의하지 않았다. 피타고라스와 같은 시대에 그와 가까이 살았던 히포낙스(Hipponax)는 물과 불이 가장 기본적인 원소라고 생각했다. 물이 가장 기본이 된다는 주장은 17세기까지도 계속되었다. 17세기에는 벨기에의 의학자 얀 밥티스타 판

◀ 고대 그리스의 클렙시드라(clepsydra, 물시계). 기원전 5세기 말에 점토로 만들었다. 용량은 6리터이고 물이 바닥의 구멍으로 다 나오기까지 6분이 걸린다. 아테네 고대아고라박물관.

헬몬트(Jan Baptista van Helmont)가 만물이 물로 만들어졌음을 **증명했다**고 주장했다.

판 헬몬트는 당시로부터 200년 전에 독일의 추기경이자 자연철학자였던 니콜라우스 쿠자누스(Nicolaus Cusanus)가 제안한 실험을 수행했다. 화분에 흙을 채우고, 허브 씨 몇 개를 심은 다음 매일 물을 준다고 상상해보자. 얼마 후 식물이 멋지게 자라날 것이다. 그러면 그 식물은 자신의 실체를 어디에서 가져왔을까? 흙은 아니다. 화분에 처음 넣었던 흙은 그대로 있다. 나중에 더해준 것은 물밖에 없다. 그러면 **물에서** 허브가 만들어진 것이 틀림없다.

어렵지 않은 이 실험은 사실상 수많은 사람이 옛날부터 스튜의 맛을 내기 위해 허브를 기른 과정과 크게 다르지 않다. 하지만 반 헬몬트는 과학자로서 이 실험을 수행했다. 그는 5년 동안 버드나무 묘목을 키우며 시작부터 마지막까지 흙의 무게를 쟀다. 화분에 금속제 뚜껑도 덮었다. 뚜껑에 구멍을 뚫어서 공기는 들어가고 먼지는 나오지 못하게 했다. 그리고 마침내 그는 "74킬로그램이 나가는 나무, 나무껍질, 뿌리가 모두 물에서 나왔다"고 발표했다. 이 결론이 정확한 사실은 아니다. 식물은 태양에서 에너지를 공급받고 대기 중의 이산화탄소를 이용해 조직을 만든다. 수분은 필수지만 유일한 요소는 아니다. 광합성(photosyhthesis, '빛으로 만든다'는 뜻이다)의 화학적 원리가 20세기에서야 밝혀졌다는 점을 생각하면, 만물의 기본 원소가 무엇인지 알려고 했던 고대 철학자들의 노력은 높이 평가할 만하다.

◀ '아주 작은 항아리'로 물을 주고 있는 고대인들. 샤를 에스티엔, 《시골집(Maison Rustique)》의 표지(1616년). 런던 웰컴컬렉션.

공기

탈레스의 뒤를 이은 아낙시만드로스가 밀레토스학파를 대표하는 인물이 되었던 것처럼, 아낙시만드로스에게도 제자 아낙시메네스(Anaximenes)가 있었다. 그 역시 원초적인 물질인 제일질료의 본질에 대하여 다른 견해를 갖고 있었다. 그는 제일질료가 물이 아니라고 말했고, 아낙시만드로스의 모호한 아페이론 개념을 되짚는 것도 탐탁지 않게 여겼다. 그가 생각하는 원초적 물질은 공기였다. 임의로 끼워 맞춘 것 같지만 아낙시메네스는 이 가설이 타당하다고 보았다. 당시에는 원시의 혼돈 상태에서 물질이 등장하고 구조가 형성되는 과정을 통해 온 세상이 창조되었다고 믿었다. 그렇다면 끊임없이 소용돌이치는 공기보다 무질서하고 혼란스러운 것은 무엇인가? (물이 액체를 대표하는 말인 것처럼 공기는 '가스[기체]'를 대표하는 말이다. '카오스[chaos]'에서 유래한 '가스[gas]'라는 단어는 얀 밥티스타 판 헬몬트가 만들었다고 한다.) 아낙시메네스가 상상한 창조 과정은 다음과 같다. 오늘날 우리가 응축이라고 부르는 과정을 통해 가스(여기에서는 공기)가 밀도 높은 물질로 변화한다. 공기는 제일 먼저 물이 되고, 밀도가 점점 높아져서 흙과 돌이 된다. 이 과정은 열 손실을 통해 일어나거나 당대 철학자들의 말처럼 추위의 영향으로 진행된다고 추정했다. 반대로, 공기의 온도를 높이면 공기의 밀도가 낮아지다 결국 불로 변할 수 있다고도 생각했다. '공기가 근원'이라는 아낙시메네스의 우주론은 만물이 어떻게 생성되었는지를 합리적으로, 더 정확히 말하면 역학적으로 설명한다.

▼ 엠페도클레스의 청동 흉상(기원전 3세기 후반, 헤르쿨라네움의 파피루스 빌라). 나폴리 국립고고학박물관.

그러나 근원적 실체가 공기라고 생각한 그의 가설에도 신비주의적인 면이 있다. 당시에 공기에 질량이나 '형태'가 없다고 여겼던 것을 고려하면, 그의 가설은 아낙시만드로스가 제시한 아페이론과 마찬가지로 이해하기 힘든 개념이었다.

엠페도클레스는 5세기경 공기가 실제 '물질'로 구성되어 있다는 사실을 비롯해 공기에 관한 현대적 수준의 지식을 이미 갖추고 있었다고 전해진다. 그는 고대 그리스인들이 클렙시드라라고 부른 물시계를 이용한 실험으로 이를 증명했다고 한다. 다양한 유형의 물시계가 있었지만, 작은 구멍이 있는 용기 속으로 물이 들어가거나 나오는 데 걸리는 시간을 측정하는 방식을 사용한다는 원리는 같았다. 원뿔을 거꾸로 놓은 형태의 용기에서 아래쪽 꼭짓점의 작은 구멍을 통해 물이 흘러나가는 물시계, 원뿔 용기를 물속에 넣어 물이 차오름에 따라 용기가 가라앉는 데 걸리는 시간을 측정하는 물시계 등이 있었다. 엠페도클레스는 클렙시드라의 출구를 손가락으로 막아 물에 담갔다. 용기 안에 갇혀 있는 공기 방울 때문에 용기 안에 물이 차오르지 못했다. 손가락을 치우면 공기 방울이 용기 밖으로 보글거리며 나왔고, 용기는 물속으로 완전히 가라앉았다. 물이 용기 안으로 들어가기 전에 공기가 밖으로 나와야 했기 때문에 공기를 '무(無)'라고 볼 수 없었다.

이것이 역사상 첫 과학 실험이라고 말하는 사람들이 있지만, 딱히 의미 없는 주장이다. 진정한 실험은 어떤 가설을 검증하는 것이거나 적어도 설명할 수 없는 현상에 대한 정보를 수집하는 정도는 되어야 한다. 그런데 엠페도클레스는 예상대로 실험이 진행되지 않았더라도 자신의 견해를 바꾸었을 것 같지 않다. 고대에 소위 '실험'이라고 한 대부분의 경우와 마찬가지로 그의 실험은 시연에 가까웠다. 그리고 무엇보다 그 실험 자체가 없었을 가능성이 크다. 엠페도클레스는 그저 그 실험을 수행하는 어떤 소녀에 관해 서술했다. 그는 어떤 일이 **일어나야 할지**를 설명하기만 했을 것이다. 물속에 잠긴 용기에서 공기 방울이 올라오고 사람들은 그 장면을 당연하게 받아들이는 것 말이다. 어쨌든 그의 시대 이래로 볼 수 없고 맛보거나 만질 수 없을지라도 공기가 물리적인 실체라는 사실은 널리 받아들여졌다.

공기는 움직인다. 아리스토텔레스는 "지구를 둘러싼 공기는 모두 반드시 움직이고 있다"고 기록했고, 이것이 바람의 근원이라고 했다. 그는 공기 입자가 점점 무거워짐에 따라 열을 잃으면서 가라앉지만, 불이 공기와 섞이면 공기가 상승하게 된다고 말했다. 냉각과 가열을 오가는 공기와 불의 상호작용으로 인해 대기에 소용돌이가 일어난다고도 했다. 대류의 흐름과 공기의 온도, 압력, 습도의 차이가 부드러운 산들바람에서부터 격렬한 허리케인까지 모든 종류의 바람을 일으킬 수 있다는 현대의 지식이 엿보이는 인상적인 대목이다.

▶ 엠페도클레스의 사원소. 기원전 1세기 루크레티우스, 〈만물의 본성에 대하여(De Rerum Natura)〉에 실린 유색 목판화(1473~1474년). 맨체스터대학교 존라이랜즈도서관.

엠페도클레스가 제안하는 사원소 중 셋은 물질의 세 가지 상태를 대표한다. 흙은 고체, 물은 액체, 공기는 기체다. 그러면 불은 무엇일까? 분명 불은 특이한 존재다. 오늘날, 우리는 불이 물질이 아닌 과정이라고 알고 있다. 불은 가연성 물질이 탈 때 빚어지는 결과다. 가스 불이나 장작불에서 나오는 밝고 깜박이는 불꽃은 작은 검댕 입자들로, 고온에서 전구의 필라멘트처럼 빛난다. 불꽃은 여러 화학 물질의 기체 혼합물이 응축된 것이며, 이 화학 물질의 대부분은 더 작은 물질 혹은 단일 원자로 분해되는 탄소 기반 분자들이다. 불꽃의 가장자리 부분은 온도가 너무 낮아서 검댕 입자가 빛을 낼 수 없다. 불, 정확히 말해서 불꽃은 상당히 복잡하고 지금도 불과 관련된 화학적 성질을 완전히 이해하지 못하고 있다.

왜 고대 철학자들은 불에 특별하고 독특한 무언가가 있다고 생각했을까? 너무 쉬운 질문이다. 불에는 정말로 특별한 것이 있기 때문이다. 불은 그저 열을 가지고 있는 것이 아니라 열을 생성한다. 빛도 낸다. 열과 빛은 역사가 기록되기 훨씬 이전부터 인류에게 엄청나게 소중했다. 일부 인류학자들은 선사시대의 전환점이 불의 발견(적어도 40만 년 전) 그 자체라기보다 불로 음식을 익혀 먹게 된 것이었다고 주장한다. 익힌 고기는 쉽게 소화되기 때문에 더 많은 열량을 공급하여 뇌를 크게 발달시키고, 음식을 씹고 소화하는 데 드는 시간을 줄여주었다. 불이 있었기에 인류의 조상들은 빙하기의 추위를 견뎌내고, 포식자들을 몰아내고, 어두운 밤이 되어도 활동을 하며 사회생활을 할 수 있었다.

여기서 짚고 넘어갈 한 가지 사실이 있다. 엠페도클레스의 사원소설은 다른 세 원소와 더불어 불을 하나의 원소로 꼽았다. 물질의 상태뿐 아니라 물리적 세계의 두 가지 중요한 양상, 즉 열과 빛을 포함한 것이다. 19세기 말까지도 인류는 빛과 열에 관한 지식이 거의 없었지만, 적어도 우리의 지성과 세계관은 빛과 열을 주요한 원소로 수용할 수 있었다.

불의 중요성을 감안하면, 불이 기초 물질로 꼽힌 것은 당연한 일일지도 모른다. 기원전 500년경 현재 터키의 도시가 된 에페소스에 살던 헤라클레이토스(Heracleitos)도 그렇게 생각했다. 탈레스와 아낙시메네스처럼, 헤라클레이토스도 원소가 응축되고 희박해지는 과정을 거쳐 한 원소가 다른 원소로 변환된다고 생각했다. 다만 헤라클레이토스는 다른 단계에 초점을 맞췄다. 불이 응축되면 물이 되고, 더 응축되면 흙이 될 수 있다고 본 것이다. 그의 이런 관점은 코스모스(cosmos, 그가 처음 사용한 단어다)가 계속 변화하는 유동적인 존재라는 견해를 반영한 것이었다. 같은 강을 두 번 밟을 수 없다는 표현을 처음 사용한 사람도 헤라클레이토스였다. 그는 변화 없이는 아무것도 존재할 수 없으며, 이것은 반발력이 작용한 결과라고 보았다. "모든 것은 반목과 필요로 인해 발생한다." 그리고 반목과 갈등을 통해서만 조화가 생겨난다. 항상 무언가가 어딘가에서 타오르고 있다.

불이 당시에 또 그 이후로도 오랫동안 고대 화학에서 가장 중요하면서도 거의 유일하게 변환을 이끌었던 물질이었기에 그의 논거는 매우 적절했다. 불은 물질을 변화시키는 유일한 수단이었다. 불로 금속을 제련하고, 빵을 굽고, 모래와 소다를 녹여서 유리를 만드는 것처럼 말이다. 실용적인 화학 기술은 불에서 생겨났다.

▶ 클라우디오 드 도메니코 셀렌타노 디 발레 노베, 《연금술 공식에 관한 책(Book of Alchemical Formulas)》(1606년). 로스앤젤레스 게티연구소.

Hec est Virgo Paschalis que primam virtutem tenet in capillis suis et est herba multum vigens in puteis

quatuor sunt spiritus, due facies sed ista sunt quatuor elementa, nam per distillationem habes aquam et aerem per calcinationem habes ignem et terram et terra suam frigiditatem aque prestat et aqua suam humiditatem aeri donat, aer suam caliditatem igni communicat

Sic circulant universum elementa quatuor sunt spiritus due facies, in istis et sic ignis unit aere, aer de nutrimento aque, aqua de nutrimento terre; Lapis ex omnibus elementis purificatis unit

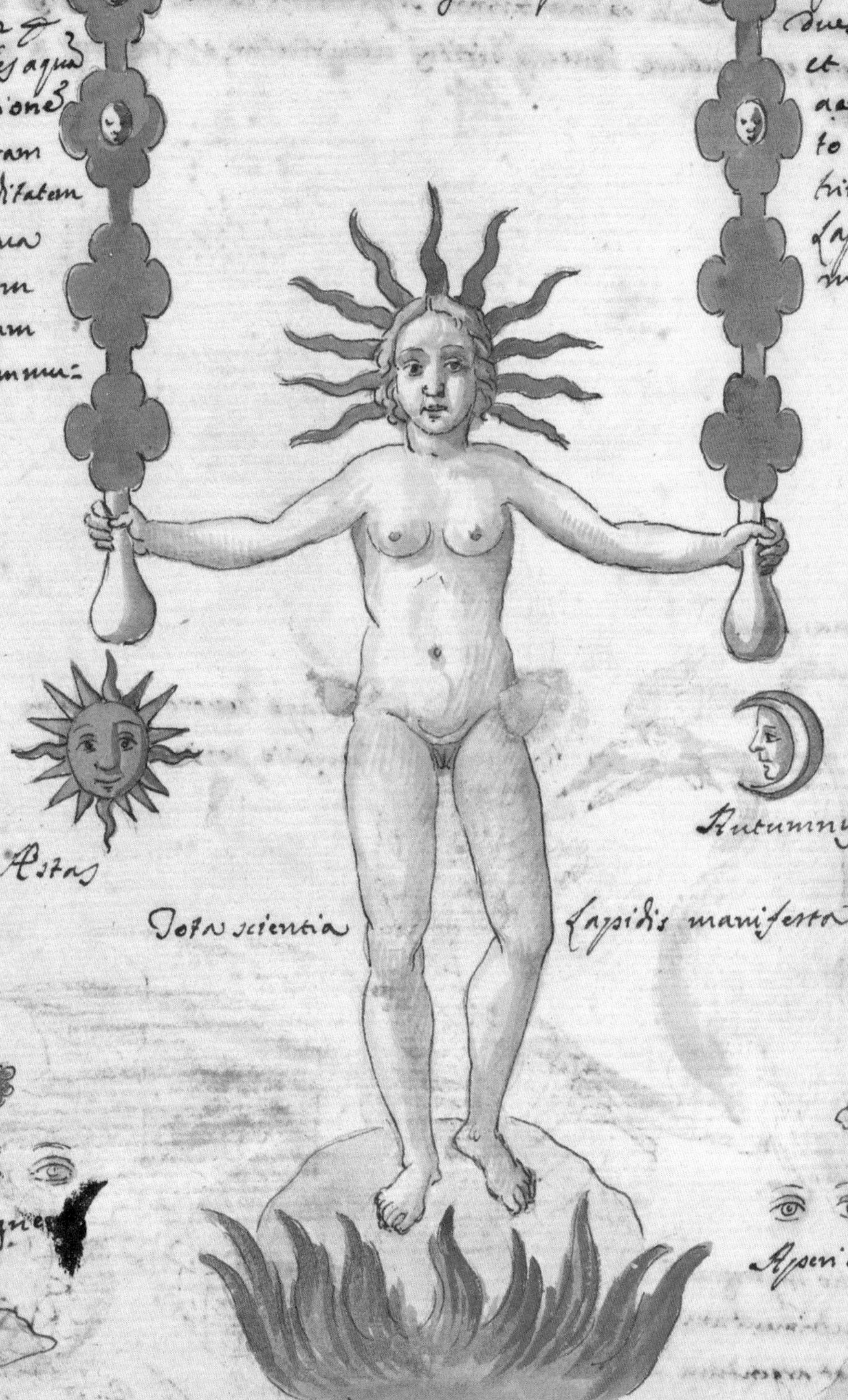

Aestas

Autumnus

Tota scientia Lapidis manifesta

verte oculos ad ignem ibi status

Aperi oculos ad ignem ibi tempus

Lapis

Ego sum exaltata super circulos mundi, ubi quatuor facies habentes unam partem quarum una est in ... alia in aere alia in cavernis, alia in saxis sub continue debet poni in Lapide ... solem

고체: 흙, 나무, 금속

만약 어떤 고대 철학자가 틀림없이 고대의 사원소 중 흙을 제일질료로 꼽았을 것이라고 생각한다면, 제대로 짚었다! 기원전 6세기 말부터 기원전 5세기 초까지 살았고 엘레아학파를 세운 크세노파네스(Xenophanes)는 "모든 것은 흙에서 나왔고 흙으로 돌아간다"는 말을 남겼다고 전해진다. 이 구절은 "재는 재로, 먼지는 먼지로 돌아간다"는 기독교 성경 구절을 떠오르게 한다. 우리 주변의 대부분 물질처럼 흙은 단단하고 눈에 보이며 손으로 만질 수 있다. 흙이 원초적 물질의 가장 유력한 후보일 것 같지 않은가? 우리는 흙(영어로 earth)에서 이름을 따 우리가 사는 세상을 'earth(지구)'라고 지었다.

하지만 고대 자료를 검토해보면 크세노파네스가 네 번째

◀ 천지창조의 둘째 날(창세기 1:1~8). 하나님이 땅과 물을 나누시다. 윌리엄 드 브레일스, 《성경의 그림(Bible Pictures)》(프랑스의 양피지 사본, 1250년경). 볼티모어 월터스박물관.

▶ 중심에 오행(다섯 가지 원소)이 있는 8괘도표(오우진, 《만수선화(萬壽仙畵)》, 명). 런던 웰컴컬렉션.

원소인 흙을 제일질료라고 주장했는지 확실하지 않다. 그리스 의사 갈레노스 등은 크세노파네스가 기본 원소를 흙과 물, **두 가지**로 주장했다고 말한다. 크세노파네스는 분명이 두 가지에 주목했다. 그는 물의 순환과 태양열로 인해 증발한 바다의 습기로부터 구름이 만들어지는 과정을 논했는데, 이는 날씨와 지구에 관한 아리스토텔레스의 위대한 저작《기상학(Meteorologica)》에 같은 내용이 소개되기 훨씬 전의 일이었다. 세상이 흙과 물의 상호작용으로 생겨났다는 크세노파네스의 생각은 창세기의 다음 구절을 반영하고 있다. "하나님이 뭍을 땅이라 칭하고 모인 물을 바다라 칭했다."

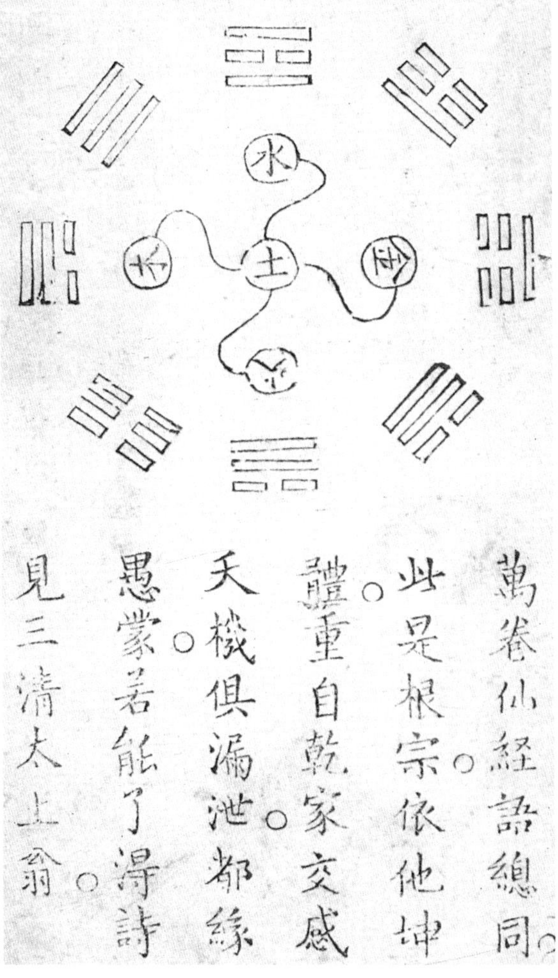

크세노파네스와 엘레아학파는 헤라클레이토스의 변화하는 우주관과 대조를 이루며 우주의 영속성과 불변성을 강조했다. 견고함을 원소의 핵심으로 두려는 사람이라면 당연히 그렇게 생각하고도 남을 것이다.

하지만 고대 세계에는 흙 말고도 흔한 고체 물질이 있었다. 중국의 철학자들은 다섯 가지 기본 물질이 있다고 생각했다. 이것은 물, 불, 흙, 나무, 금속(오행)이다. 이들은 중국 사상의 다섯 가지 주요한 방향(동서남북과 중심)과 대응되었다. 이 사상에서 흙은 중심에 자리하며, 중심을 향해 모든 원소가 하나로 모인다. 기원전 135년경 중국 한나라의 고서를 읽어보자. "흙은 중심에 자리하고 있으며 하늘의 비옥한 토양이다. (…) 흙으로부터 오행과 사계가 생성된다. (…) 중심에 있는 흙이 뒷받침해주지 않는다면 모두 쇠약해질 것이다."

중국의 오원소론을 처음으로 명확하게 제시한 사람은 기원전 3세기 전국시대 사상가 추연(鄒衍)이다. 그는 공자나 노자와 달리 중국의 과학적 사고의 초석을 다진 사람이라는 평을 받는다. 겨울이 가면 봄이 오듯, 만물이 사멸하고 다시 태어난다는 믿음을 반영하는 우주 순환의 관점에서 볼 때 다섯 가지 원소는 서로 변환할 수 있었다. 이와 같은 물질의 연속성은 연금술의 핵심 개념으로서, 금속이 서로 변화할 수 있으므로 납으로 금을 만들 수 있다는 믿음을 뒷받침했다. 특히 중국의 연금술사들은 변화과 생명의 순환이 연결되어 있어서, 화학적 조작으로 영약을 만들어 불로장생을 이룰 수 있다고 생각했다. 이런 변환은 모두 **음**과 **양**이라는 우주의 서로 반대되는 힘의 균형에 의해 일어난다. 음양의 역할은 엠페도클레스를 비롯한 그리스 철학자들이 언급한 '사랑과 불화', '혼합과 분리'의 역할과 비슷하다. 이 사상과 현대 사상의 유사성을 확대해석하지 않더라도, 여러 힘을 통해 상호작용하는 기본 물질과 입자가 만들어지고 물리적 세계가 형태를 갖추게 되었으며, 특히 모든 화학 원소의 원자 내부는 인력과 척력이 정교하게 균형을 이루는 아원자 입자들로 구성되어 있다는 현대의 관점을 다시 떠올리게 된다.

원자를 찾아서

원자(atom)라는 단어는 '쪼갤 수 없다'는 뜻의 그리스어 '아트모스(atmos)'에서 나왔다. 우리는 원자가 쪼개질 뿐 아니라 결합할 수도 있다는 것을 알고 있다. 이 책의 후반부에는 그 과정을 통해 어떻게 많은 새로운 원소를 얻게 되었는지 소개할 것이다. 원자가 물질의 가장 기본 단위는 아니지만, 화학 원소는 물질을 원자 수준까지로 한정했을 때만 의미가 있다. 즉 물질을 원자보다 더 작게 자르면 원소가 하나도 남지 않을 것이다.

일부이긴 하지만 고대 그리스인이 모든 물질이 분명 원자로, 즉 더 쪼갤 수 없는 작은 입자로 구성되어 있다고 판단한 것은 놀랍고도 특이하다. 일상의 경험으로는 확인할 수 없는 사실이기 때문이다. 치즈를 계속 작게 잘라보자. 더 자를 수 없는 단계에 이르면 칼이 너무 뭉툭하거나 시력이 나쁘기 때문이라고 생각할 것이다. 왜 한계가 있다고 생각하겠는가?

기원전 5세기 레우키포스(Leucippus)는 그 한계가 있을 거라고 믿었다. 적어도 전해지는 이야기에 따르면 그렇다. 그에 관해서는 출생부터 확실하지 않다. 우리는 레우키포스보다는 그의 제자 데모크리토스(Democritus)에 대해서 더 많이 알고 있다. 그가 이 쪼개지지 않는 알갱이를 설명하기 위해 아트모스라는 단어를 만들어냈다는 것이다.

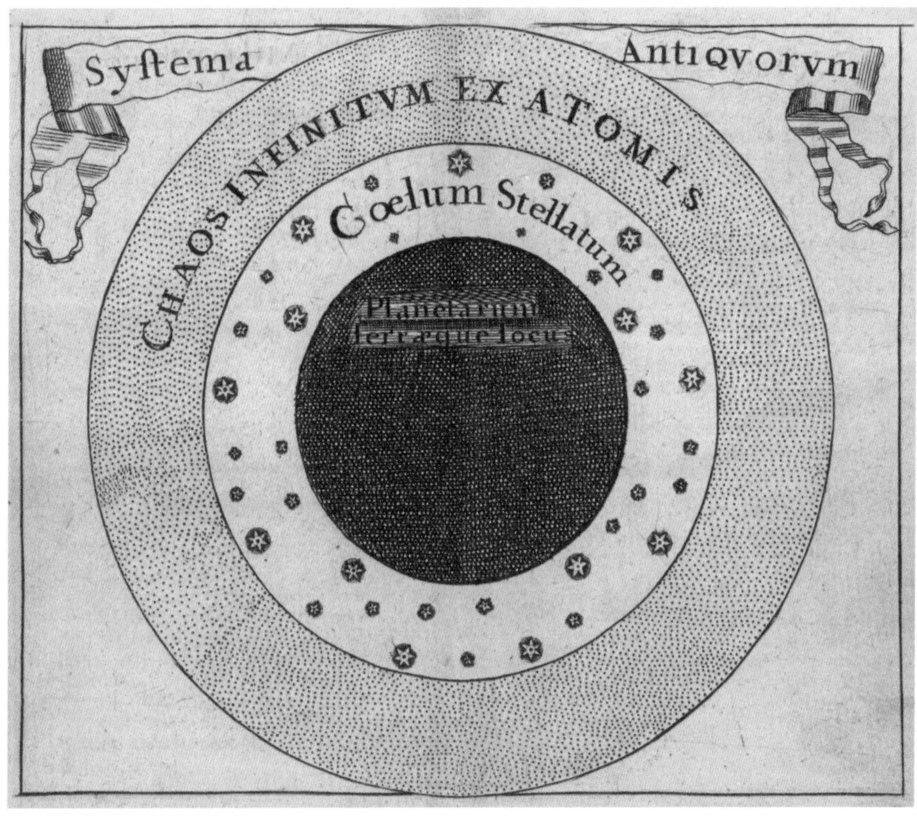

◀ 〈고대의 시스템(Systema Antiquorum)〉 또는 민주주의 세계, 존 셀러, 《천상의 지도책(Atlas Cælestis)》(1675년경, 23번 지도, 로버트골든지도컬렉션). 캘리포니아 스탠퍼드대학교 도서관.

▶ 각 원소가 들어 있는 플라톤 입체, 요하네스 케플러, 《우주의 조화(Harmonices Mundi)》(1619년). 워싱턴 D.C. 스미소니언도서관.

초기 원자론은 물질의 중심에 영속성이 있다는 엘레아학파의 견해를 모든 사물에는 변화가 일어난다는 자명한 사실과 조화시키려고 했다. 변화란 불멸의 영원한 원자들이 재배열되는 것이 아닐까? 적은 수의 원자가 다양한 조합으로 배열된다고 생각하면, 몇 가지 원소밖에 없는 이 세상에 셀 수 없이 다양한 물질이 존재하게 된 이유를 설명할 수 있지 않을까? 아리스토텔레스는 이런 생각이 적은 수의 알파벳만으로 거의 무한한 수의 단어를 만들어내는 방식과 비슷하다고 생각했다. 소름 끼치지 않는가? 수많은 분자와 사물을 만드는 원자의 결합 방식에 대하여 오늘날 화학자들이 설명하는 방식과 너무나도 유사한 비유다!

하지만 모든 사물이 원자로 구성되어 있다면 원자 사이에는 무엇이 있을까? 레우키포스와 데모크리토스는 그 사이가 그냥 빈 곳, 진공이라고 봤다. 다른 철학자들은 아무것도 존재하지 않는다는 가정이 말도 안 된다고 생각했다. 일부 철학자들은 원자들로 모든 공간이 완전히 채워지리라고 생각했고, 물질이 무한히 쪼개질 수 있어서 작은 입자가 큰 입자들 사이를 **무한정** 채울 수 있다고 주장하는 무리도 있었다. 아리스토텔레스는 원자들 사이에 공간이 있다면 이 공간은 공기로 채워진다고 주장했다. 공기도 다른 원소들과 마찬가지로 하나의 원소라서 원자로 구성되어 있다는 주장을 제외한다면 그의 설명에는 아무 문제가 없다.

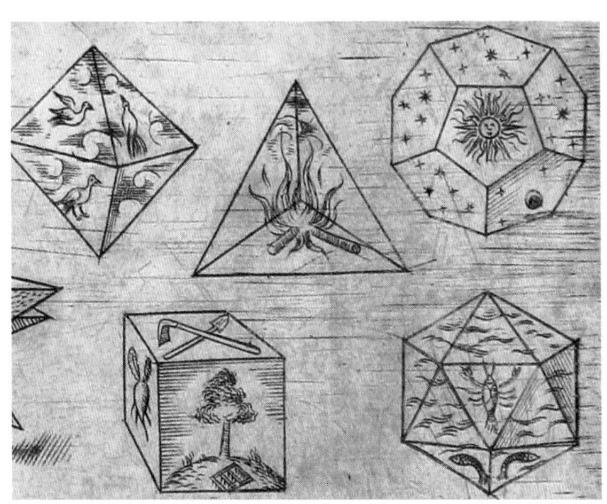

그들은 원자를 어떻게 이해하고 있었을까? 데모크리토스는 따로 언급한 바가 없고, 기원전 3세기 플라톤은 나름의 견해를 갖고 있었다. 그는 창조주가 조화롭고 완벽한 수학적 원리를 이용하여 우주를 만들었다고 확신했기 때문에 원자들이 대칭적인 3차원 물체, 즉 모든 변의 길이와 내각이 같은 평면 정다각형을 붙여 만든 다면체의 형태라고 판단했다. 정다각형은 무한히 많지만, 단 세 종류의 정다각형, 즉 정삼각형, 정사각형, 정오각형만이 정다면체를 만들 수 있다. 이들로 만들어진 다면체는 다섯 개뿐이다. 이것을 플라톤의 입체라고 부른다.

플라톤은 이 중 네 개의 다면체가 네 원소의 원자 모양을 나타내며, 이 다면체들로 원소의 속성을 쉽게 설명할 수 있다고 말했다. 정육면체 모양의 입자들은 치밀하게 눌려서 단단하고 안정적인 흙을 만들고, 면이 가장 적은 정사면체는 가장 쉽게 움직이기 때문에 불의 단위가 된다. 게다가 정사면체는 꼭짓점이 뾰족하기 때문에 불처럼 "날카롭게 파고든다." 공기와 물은 각각 정삼각형으로 이루어진 정팔면체와 정이십면체에 해당하는데 둘 다 어느 정도 견고하면서도 유동성이 있는 중간 상태다.

플라톤은 "물론 우리는 네 정다면체의 개별 단위가 너무 작아서 보이지 않는다는 점, 매우 많이 모여 있을 때만 볼 수 있다는 점을 기억해야 한다"고 썼다. 원소에 대한 고대의 이런 관점은 감동적이다. 틀린 생각이긴 해도 원소가 눈에 보이지 않을 정도로 작은 것으로 만들어졌다는 이론을 바탕으로 세상의 물질이 작동하는 방식을 설명하려 노력한 것이다.

플라톤은 물질이 원자로 구성되어 있다는 데모크리토스의 견해를 공유하면서 거기에 기하학적 속성을 새로 부여한 것처럼 보인다. 하지만 사실은 그렇지 않다. 플라톤이 원자가 '진짜 존재한다'고 얼마나 믿었는지 파악하기 어렵고, 그는 데모크리토스를 언급하기에는 자존심이 너무 강했다. 하지만 플라톤이 보기에 모든 실재에는 모호한 특성이 있었다. "실재는 영원하고, 조화롭고, 기하학적인 무언가의 그림자에 불과하지 않을까?"

에테르

플라톤의 다섯 번째 다면체는 무엇일까? 12개의 오각형으로 이루어진 십이면체다. 플라톤의 우주에 십이면체가 들어갈 자리가 있었을까? 물론 있었다. 하지만 지구에는 그 자리가 없었다. 플라톤은 "신들이 온 하늘의 별자리를 수놓는 데 십이면체를 사용했다"고 썼다. 십이면체는 완벽한 대칭을 이루는 구와 가장 유사해 영원하고 완벽한 천체의 주재료로 안성맞춤이었다. 아리스토텔레스는 이 아이디어를 받아들여서 십이면체에 이름을 붙였다. '다섯 번째 원소' 또는 물질의 정수, 그리고 에테르(aether)라고도 불렀다.

아리스토텔레스는 고대의 네 원소에 특정한 방향으로 움직이려는 성질이 있다고 보았다. 불과 공기는 위로, 물과 흙은 아래로 향한다는 것이었다. 그러나 에테르는 어느 방향으로도 움직이지 않는다고 생각했다. 지구 밖에 있는 완벽한 에테르는 천체의 재료가 되고 원을 그리며 운동하면서 천체의 움직임을 그대로 보여준다고 믿었다. 그런 다음 아리스토텔레스는 태양, 달, 지구, 행성, 별 들이 지구 주위를 도는 것처럼 보이는 이유는 별을 구성하는 물질의 기본 속성이 그렇기 때문이라고 설명했다. 하지만 이는 순환 논법일 뿐 전혀 좋은 설명이 아니었다.

이 '다섯 번째 원소'는 대충 만들어낸 견해였다. 에테르를 본 사람은 아무도 없었다. 지구에 있는 4원소를 에테르로 변화시키는 것도 불가능했다. 그리고 에테르는 손으로 만질 수도 눈으로 볼 수도 없는, 공기같이 가벼운 천상의 물질이었다.

에테르는 지구와 하늘의 근본적인 경계선을 의미했다. 에테르에는 지구의 물리 법칙과 상당히 다른 법칙이 적용되었

◀ 프톨레마이오스의 우주 모델. 지구가 중심에 있고 다른 세 원소가 둘러싸고 있다. 안드레아스 셀라리우스, 〈천체지도(Harmonia Macrocosmica)〉(1660년). 배리로렌스루더맨지도컬렉션, 캘리포니아 스탠퍼드대학교 도서관.

기 때문이다. 에테르에 대한 믿음은 17세기 초까지 이어졌다. 그러나 갈릴레이 갈릴레오(Galilei Galileo)를 비롯한 여러 과학자가 새로 발명한 망원경으로 아리스토텔레스의 주장과는 달리 달이 완벽하게 매끄러운 구가 아니라 우리 지구처럼 울퉁불퉁하다는 사실을 관찰했다. 자연철학자들은 하늘이 완벽하고 다가갈 수 없는 영역이 아니라 우주의 일부이며, 언젠가 여행할 수 있는 곳이라고 생각하기 시작했다. 지구가 우주의 중심이 아니라 태양 주위를 공전하는 행성이라는 니콜라우스 코페르니쿠스(Nicolaus Copernicus)의 아이디어가 갈릴레오의 지지를 받으며 널리 퍼지던 때였기에 당연한 수순이었다.

'에테르'는 매우 희박한 기체 같은 물질로 이해되었기 때문에, 오늘날에는 휘발성, 인화성이 크고 자극적인 냄새가 나는 탄소 기반 액체류를 지칭하는 화학 용어가 되었다. 알코올로 만들어진 가장 흔한 에테르는 19세기에 마취제로 사용되었다.

과학자들은 다른 종류의 에테르가 우주 전체에 퍼져 있다는 생각을 버리지 못했다. 18세기 초 아이작 뉴턴(Isaac Newton)은 에테르와 유사한 물질이 중력을 전달한다고 제안했다. 19세기 물리학자들은 그 유동적인 물질이 비록 보이지도 않고 만질 수도 없더라도, 음파가 공기를 통해 전달되듯 광파를 전달한다고 생각했다. 그들은 그 물질을 발광성 에테르라고 불렀다. 1880년대에 에테르를 탐지하려고 시도하기 전까지 이 생각에 의문을 제기하는 사람은 거의 없었다. 지구가 상상 속 에테르의 바다를 휩쓸고 지나갈 때 지구와 나란히 나아가는 빛과 수직 방향으로 나아가는 빛에 속도 차가 있을 것이라는 가설을 세우고 실험을 수행했지만, 에테르가 존재한다는 증거를 내놓지 못했다. 일부 물리학자들은 탐지되지 않는 발광성 에테르가 어떻게 존재하는지를 설명하려 했지만, 1905년 알베르트 아인슈타인(Albert Einstein)이 발광성 에테르 없이도 빛이 공간을 통과하는 원리를 설명할 수 있다는 것을 수학적으로 증명했다. 아리스토텔레스의 다섯 번째 원소에 관한 이야기는 마침내 막을 내렸다.

▶ 코페르니쿠스의 태양 중심 우주관. 안드레아스 셀라리우스, 〈천구도보(Cellarius's Atlas)〉(1660년). 글렌맥로플린지도컬렉션, 캘리포니아 스탠퍼드대학교도서관.

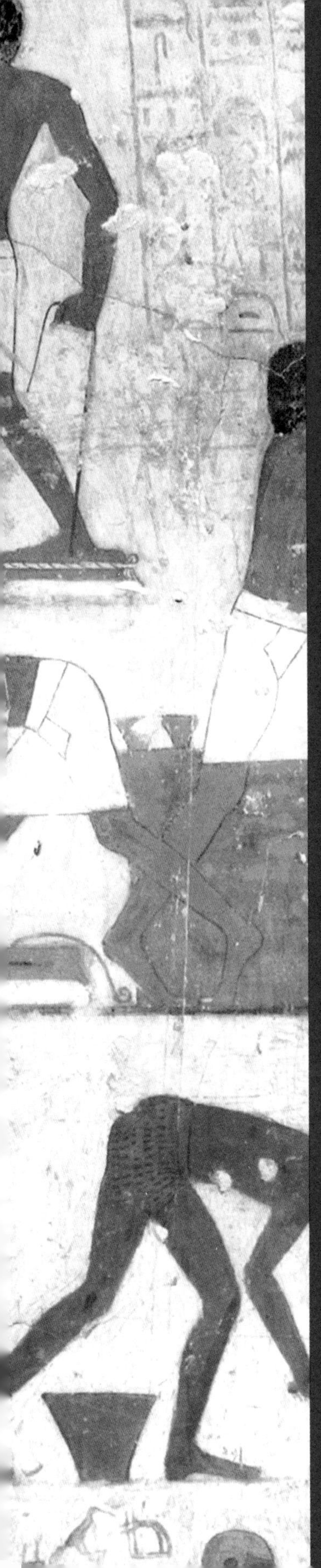

2장

문명을 이끈 땅속 보물, 금속

◀ 고대 이집트의 금속 가공. 제18왕조(기원전 1549~기원전 1292년) 레크미라 고관의 무덤(압둘 쿠르나). 룩소르 테반 네크로폴리스.

고대의 금속

기원전 5000년경
최초의 도구가 구리로 주조되었다. 이후에 발칸반도 중부에서 발견되었다.

기원전 3300~ 기원전 1300년경
남아시아 북서부 지역의 청동기 문명인 하라판문명이 지속했다.

기원전 3150년경
고대 이집트 선왕조 시대, 청동기시대가 시작되었다.

기원전 1600~ 기원전 1046년경
중국 상왕조 시대, 청동기 제작이 유명세를 떨친다.

기원전 1400년경
소아시아의 히타이트제국이 최초로 철을 제련했다.

기원전 20~기원후 20년경
중국 한나라, 자철석으로 최초의 나침반을 만들었다.

306~337년
콘스탄틴누스 대제 치하, 기독교가 로마제국의 지배적인 종교가 되었다.

800년
샤를마뉴가 신성로마제국의 1대 황제가 되었다.

석기시대, 청동기시대, 철기시대와 같이 초기 인류 역사 시대의 이름들을 보면 물질의 변혁적 면모를 생각하게 된다. 도구를 만들 수 있는 새로운 재료가 생기면 인류가 이 도구들로 할 수 있는 일이 완전히 달라진다. 이에 따라 사회 구성 방법이나 사람이 세상과 맺는 관계의 형태도 함께 달라진다. 현대는 실리콘 시대다. 시대를 지칭하는 이런 말들은 새로운 원소의 존재가 어떻게 우리 삶에 영향을 미치고 새로운 현실을 창조해내는지를 분명하게 보여준다.

청동기시대와 철기시대는 금속의 이름을 땄는데, 특히 화학적 기술을 통하여 금속이 생산되고 문화의 판도를 바꿀 만큼 금속이 많이 이용된 이후로 각 시대의 구분이 두드러지게 나타났다. 청동기와 철은 원광을 제련하여 얻어냈기 때문에, 이때부터 세상에 존재할 수 있는 금속은 반드시 자연에서 얻어내야 하는 것만이 아니라는 것을 깨닫게 되었다. 문명의 역사에서 가장 중요한 과정 중 하나인 '화학적 변형'은, 일부 자원을 취하여 이를 필요해 맞게 바꿀 때 단지 모양만이 아니라 화학적 성질도 바뀌는 것을 말한다. 물론, 초기 인류가 부싯돌을 쪼개고 나무와 뼈를 깎는 방법을 알아내 도구를 만들고, 사냥하고, 맹수와 싸우고, 예술품을 만든 것은 어마어마하게 중요한 일이다. 그렇지만 금속의 생산은 상황을 완전히 바꾸어놓았다. 사람들은 원소들을 재조합하여 다른 무언가를 만들어낼 수 있는지를 고민하게 되었는데, 당시에 원소의 조합을 바꿀 수 있는 주된 방법은 불로 가열하는 것이었다.

두말할 것도 없이, 청동기시대와 철기시대의 장인들은 자신들이 하는 일의 의미를 이해하지 못했을 것이다. 오늘날 우리는 그들이 화학 원소를 새롭게 배열했다고 이해하고 있다. 당시 물질이 무엇으로 구성되어 있는지를 연구할 때 근거로 삼을 수 있는 것은 무게, 색, 단단함 등 쉽게 관찰할 수 있는 물질의 속성뿐이었다. 놀랍게도 많은 초기 사상가들이 금속은 동일한 기본 물질의 변종이라고 추측했다. 원금속 같은 것이 있어서 금, 은, 철 등으로 다르게 나타나며, 이들은 서로 변형될 수 있다고 생각한 것이다. 당시의 관점으로는 여러 증거가 있었으므로 터무니없는 주장이라고 보는 것은 부당하다. 우리 눈에 보이는 것이 이론과 딱 맞아떨어지는 것은 오늘날 과학 역시 가장 바라는 바다.

고대 야금학(metallurgy)은 이론적인 분야가 아니라 실용적인 기술이었다. 이 기술은 지금 봐도 경탄스럽다. 금속업자들은 시행착오를 거쳐 강철을 담금질해서 끝을 날카롭게 만드는 방법, 청동을 주조하고 제조 과정에 들어가는 혼합물을 달리하여 원하는 취성 및 색조를 맞추는 방법 등을 터득해서 놀랄 만한 결과물을 만들어냈다. 고대 이집트의 금세공 수준은 지금 우리가 봐도 놀랍다. 머릿속의 이론이 아니라 장인, 금속 세공인의 손에서 이런 기술들이 발전했다. 1세기에 로마의 작가 가이우스 플리니우스 세쿤두스(Gaius Plinius Secundus, 대 플리니우스)는 "우

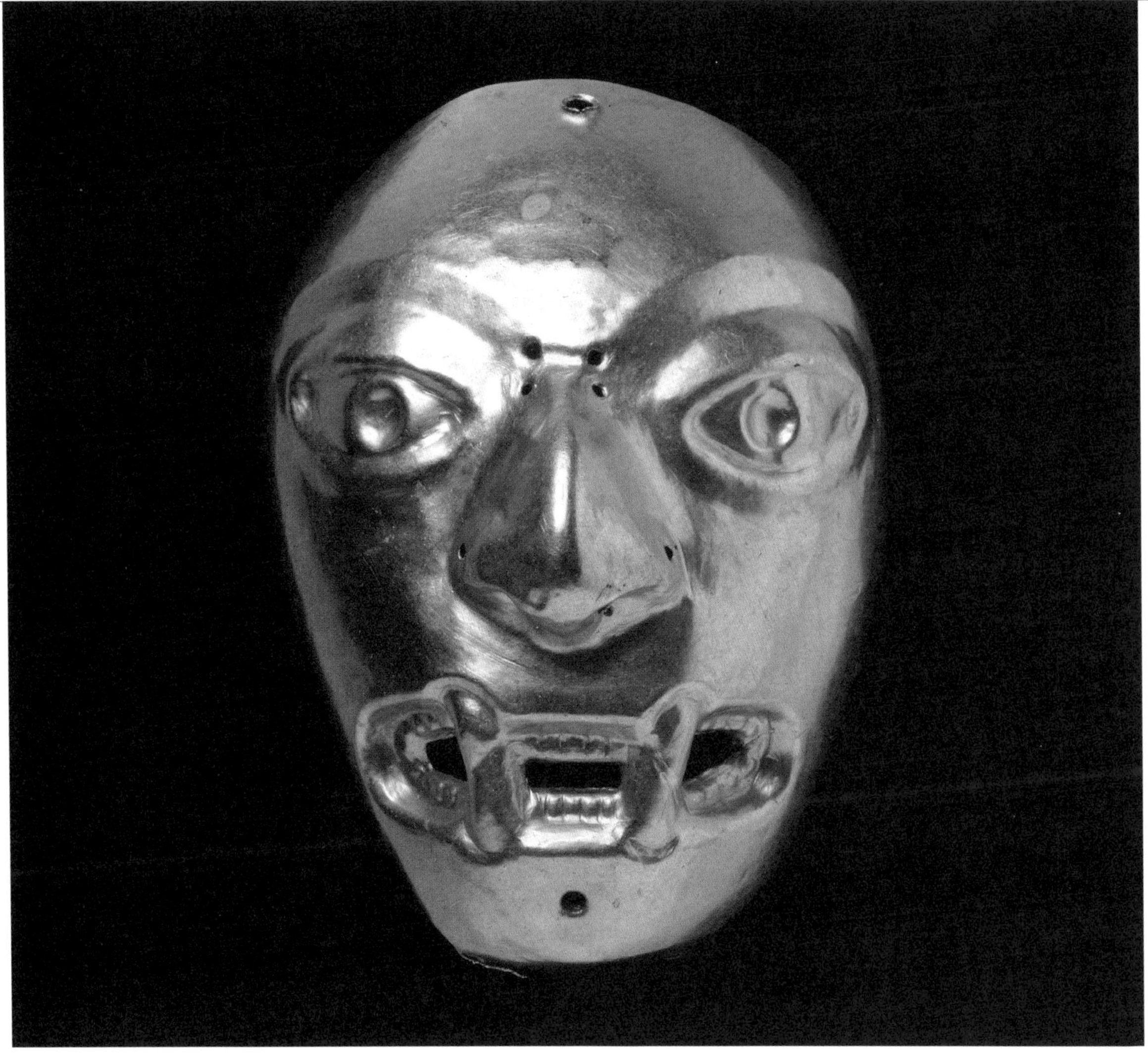

▲ 콜럼버스 이전에 만들어진 금-백금 합금 가면(리오에스메랄다스, 에콰도르, 기원전 800~기원전 200년경). 베를린민족학박물관.

리가 땅속 아래에 있는 것까지 욕망하지 않고 우리 손이 닿을 수 있는 곳 정도에서 만족한다면, 삶이 얼마나 순수하고 행복할 뿐 아니라 풍요로워지기까지 하겠는가!"라고 말하며 야금술에 반대했다. 그는 금과 은을 '우리의 삶에서 몰아낼 수 있기'를 바랐다. 게다가 미다스 왕에 관한 그리스 신화는 금을 지나치게 갈망하면 유혹당하기 쉽다고 경고한다.

광업과 제조업이 어떻게 환경을 훼손했는지, 그리고 금과 은에 대한 욕망이 어떻게 착취를 일삼고 노예를 만들었는지를 알고 나면 플리니우스의 관점에 공감하지 않을 수 없다. 하지만 "우리 손이 닿는 범위 안에 있는 것"에 만족하지 못하는 것은 인간 본성인 것 같다. 원소들의 조합을 바꾸는 기술은 고대 금속의 시대에 시작되어 계속 발전하면서 삶을 호화롭게 만들어주었을 뿐 아니라, 질병이나 자연재해로부터 인류를 안전하게 지켜주었다. 원소를 다루는 능력은 분명 불행이 뒤섞인 축복이다. 이 축복에 대한 찬반양론은 갈망과 욕심이 분별력, 절제력과 서로 대립하는 인간의 본성을 그대로 드러낸다. 안타깝게도 우리 인간은 고대 이래로 별로 나아진 게 없는 것 같다.

구리, 은, 금

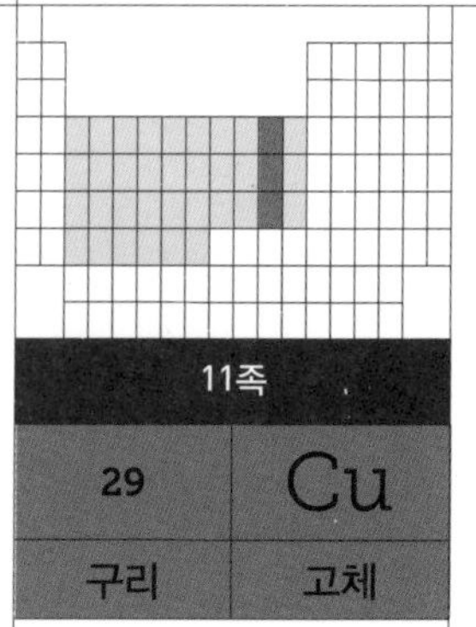

11족	
29	Cu
구리	고체

전이 금속
원자량: 63.546

11족	
47	Ag
은	고체

전이 금속
원자량: 107.87

11족	
79	Au
금	고체

전이 금속
원자량: 196.97

석기시대와 청동기시대를 아는 사람들은 많겠지만, 금석병용시대나 구리시대를 들어본 이들은 많지 않을 것이다. 이 시기는 구리와 주석의 합금인 청동이 등장하면서 신석기시대가 서서히 막을 내리는 과도기다. 기원전 4500년부터 기원전 2000년까지이며, 당시 구리 금속공학의 흔적은 북아프리카와 서아시아, 유럽에 광범위하게 펼쳐져 있다.

구리를 이용한 역사는 훨씬 더 이전으로 거슬러 올라간다. 붉은빛이 나는 구리로 제일 처음 만들었다고 알려진 공예품은 북이라크의 구슬이었는데 이 구슬이 만들어진 시기는 대략 기원전 8700년이며, 현재 터키 지역에서는 그로부터 500년 후에 구리 구슬이 만들어졌다. 당시 사람들은 구리 원석에서 구리를 추출하는 방법도 몰랐고, 구리를 녹여서 가공한다는 건 생각조차 하지 못했다. 구리는 금속 자체가 '천연'의 형태로 자연에서 발견되고, 열을 가하지 않아도 두드려서 가공할 수 있을 만큼 부드럽기 때문이다. 구리는 구리광 매장지에서 열 수유체라고 불리는, 구리염이 풍부하게 용해된 지하 유체에서 결정이 될 수 있다. 천연 구리가 가장 풍부하게 매장되어 있는 곳은 키위노반도로, 미시간 슈피리어호의 돌출 지형인 이곳에서 수천 년 동안 아메리카 원주민들이 구리 원석을 채굴했다.

일반적으로 청동기시대가 기원전 3000년에서 기원전 2500년 사이에 시작되었다고 알려져 있는데 오해의 소지가 있다. 청동이 더 이전에 만들어졌다는 것을 시사하는 증거가 있기 때문이다. 기원전 5000년에 용융 구리를 거푸집에 부어 만들어낸 도구가 중부 발칸반도에서 발견되었고, 이 도구 중 일부는 천연 구리로 만든 것이 아니라, 공작석(탄산동)과 황동광(구리와 철의 황화물)과 같은 구리광에서 녹여낸 것으로 추정된다. 이 지역의 문화, 특히 현재 세르비아 위치에 자리 잡았던 빈카문명에서는 구리를 주석과 합금하면 더 단단한 금속이 만들어진다는 사실을 이해했고, 최초의 청동

▶ 바구니를 들고 있는 우르 왕조 슐기 왕의 구리 형상(메소포타미아 니푸르, 기원전 2094~기원전 2047년경). 뉴욕 메트로폴리탄미술관 로저스펀드, 1959년.

물건 중 일부를 제작했다. 고대 발칸의 야금학자들은 천연의 비소 불순물뿐 아니라 두 가지 금속의 비율을 조절해서 공예품에 제작자가 바라는 금색을 입히기까지 했다. 구리를 녹여서 청동을 만드는 작업도 비슷한 시기에 메소포타미아문명과 인더스문명에서 이루어졌는데, 누가 이 기술을 처음으로 발견했는지 또는 어떻게 이 지식이 전파되었는지는 분명히 알 수 없다. 구리는 키프로스에서 채굴되어 고대 그리스와 로마 문명의 주요 원천이 되었다. 로마인들은 키프로스에서 이름을 따 구리를 cuprum(쿠프럼)이라고 불렀고, 이는 나중에 고대 영어인 coper(코퍼)가 되었다(현대 영어로 구리는 'copper'다—옮긴이).

구리로 청동을 만들었기 때문에 구리는 인류가 최초로 사용한 금속이다. 청동은 구리에 비해 단단하고 강해서 칼, 연장, 뾰족한 날, 수저 등 일상생활에 사용하는 물건들을 만들 때 이용되었다. 청동기 후기에 사용된 끌, 줄, 큰 망치 등도 초기에는 청동으로 만들어졌다. 청동은 장신구나 기념품 같은 장식적이고 예술적인 물건을 만들 때도 사용되었는데, 가장 유명한 것은 약 32미터에 이르는 로도스의 거상이다. 태양신 헬리오스를 형상화한 이 거상은 대략 기원전 292년부터 기원전 280년 사이에 로도스가 키프로스와의 싸움에서 승리한 것을 기념하기 위해 만들어졌다. 무기와 갑옷을 만들 때도 청동이 사용되었다. 호메로스(Homeros)가 《일리아드(Iliad)》에 기록한 바에 따라, 현재 터키 위치에 자리 잡았던 트로이가 멸망하며 청동기시대가 종말을 맞이하게 되었다고 알려져 있는데, 트로이 전쟁에 대한 호메로스의 서사시에 얼마나 사실적인 역사가 담겨 있는지는 지금까지도 논쟁거리다.

▲ 금세공을 하는 큐피드. 《트리클리니움(Triclinium)》(이탈리아, 기원후 1세기).

▼ 왼쪽부터 은화(4드마크라, 아테네 인근 부스라, 기원전 475~기원전 465년). 금화(페르시아제국의 아케메네스 다릭, 기원전 500~기원전 400년). 엘렉트럼(금과 은의 합금) 주화(그리스 엘렉트럼헥테, 소아시아의 시지쿠스와 미시아, 기원전 550~기원전 500년). 로스앤젤레스 J.폴게티박물관.

▲ 콜키스에 도착한 이아손과 아르고호 선원들. 게오르기우스 아그리콜라. 《금속에 관하여》에 실린 목판화(1557년, 제8권). 캘리포니아대학교도서관.

고대에는 많은 양의 구리가 채굴되고 제련되어 화폐에 사용되었다. 구리로 만든 동화폐는 일반적으로 액면가가 가장 낮았다. 항상 기존의 주화 금속 중에서 금과 은 아래인 세 번째 자리로 격하되었으니 당연한 일이었다. 우리는 이 세 금속이 화폐 가치를 대표하는 금속으로 사용되는 것이 당연하다고 생각한다. 은과 금은 예쁜 빛이 나고 쉽게 녹이 슬지 않기 때문이다. 이런 부식되지 않는 성질이 있는 금속은 흔하지 않은 편이기 때문에 주화 금속들은 '귀한 금속(noble metal)'이라는 이름의 족에 속한다. 오늘날 'noble'에는 귀하다는 의미는 거의 없어졌고, 화학적 반응성이 없다는 의미를 나타낸다. 구리, 은, 금이 비활성 금속이 된 원인은 같다. 이 세 금속은 주기율표에서 같은 족에 속해 있는데, 이 족에 속한 원자들은 전자 배열이 안정적이어서 공기나 물을 비롯한 다른 화합물에 느리게 반응한다. 오래도록 금과 은이 가치를 인정받는 이유는 화학적으로 설명된다.

금과 은이 자연에서 천연의 형태로 발견되는 이유도 화학적 반응성을 띠지 않는 속성 때문이다. 특히 금은 주로 자연에서 얻어진다. 금은 원석에서 제련할 필요 없이 땅에서 덩어리로 줍거나 금광맥에서 채굴할 수 있고, 개울의 반짝이는 사금 알갱이를 체로 걸러 얻을 수도 있다. 아주 오래전부터 해오던 일들이다. 기원전 5000년 전부터 아르메니아와 아나톨리아에서 금을 채굴했다는 증거가 있다. 천연의 금은 일반적으로 약간의 은을 포함하고 있다. 금은 은의 함량이 20퍼센트 이상이면 은색처럼 보인다. 고대 그리스인들은 이것을 '화이트골드' 또는 일렉트론(electron)이라고 불렀고 이는 라틴어로 엘렉트럼(electrum, 호박금)이 되었다. 이 합금은 순수한 금보다 더 강해서 더 오래 쓸 수 있는 주화 금속이 되었다. 고대 리디아의 팍톨루스강에서 채취했던 사금 중 많은 양이 호박금이었다. 팍톨루스강은 디오니소스에게 '손에 닿는 것마다 황금으로 변하게 해달라'고 요구했던 어리석고 탐욕스러운 미다스 왕이 황금손을 없애기 위해 목욕을 했다는 강이라 금이 많이 쌓이게 되었다는 전설이 있다. 리디아는 믿을 수 없을 만큼 부유한 크로이소스 왕이 기원전 561년부터 기원전 547년까지 다스린 왕국이기도 하다. 그는 리디아에서 주조된 호박금 화폐를 약 100년 동안 순수한 금화와 은화로 대체했다.

▲ 카르파티아산맥의 노이졸에서 구리를 채굴하는 모습. 게오르기우스 아그리콜라, 《금속에 관하여》에 실려 있는 목판화(1557년, 제8권). 캘리포니아대학교도서관.

매혹적인 금과 은

사금은 소아시아의 자연 수역에 매우 흔했다. 그리스의 작가 스트라본(Strabon)의 말에 따르면, 콜키스 사람들은 시냇가의 웅덩이에서 양털과 가죽에 붙은 금을 모으곤 했다. 이것이 황금 양털에 관한 전설의 기원이라 한다. 금 광맥이나 광맥 퇴적물에 있는 금은 주위의 개울이나 강이 바위를 씻으면서 내려갈 때 떨어져 나와 물을 타고 운반된다. 광맥에서는 더 많은 양을 채굴할 수 있었기에 금 채굴은 고대 이집트에서 중요한 사업이었다. 누비아사막에는 100개도 넘는 이집트의 광산이 있었다. 누비아(nubia)는 '황금의 땅'이라는

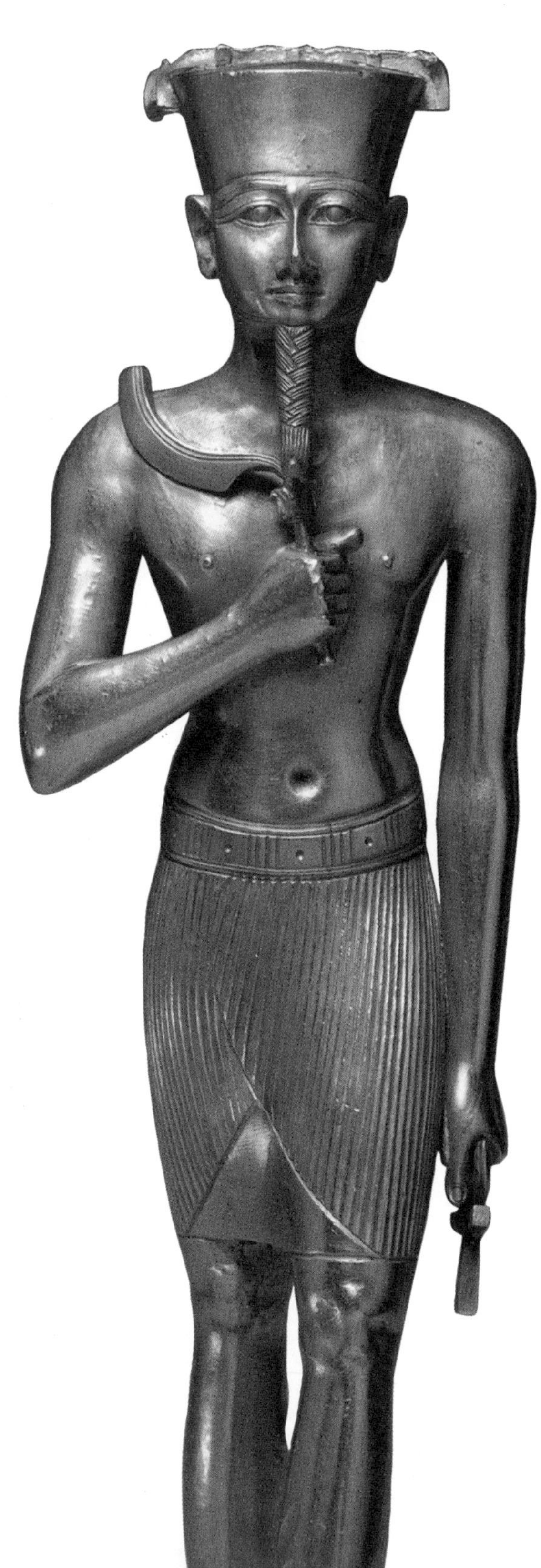

◀ 이집트의 신 아문레의 순금 조각상(테베, 카르나크, 중왕국, 기원전 945~기원전 712년경). 뉴욕 메트로폴리탄미술관.

뜻이다. 그 광산에서는 기원전 2000년경부터 노예들이 채굴을 했다. 파라오를 장식하는 데 주로 쓰인 귀금속은 파라오의 무덤에서 발견된 예술품 중에서도 가장 눈에 띄었다. 반면 로마제국의 금은 대부분 스페인의 리오틴토 광산에서 생산되었다. 기원전 1000년경부터 페니키아 이주자들이 금을 채굴한 이 광산에는 구리와 은도 다량 매장되어 있다.

금만큼 귀하지는 않았지만, 은 역시 사회적 신분을 과시하려는 목적으로 활발하게 채굴되었다. 은은 종종 방연석(산화납)이라는 납 원석 안에 불순물로 들어 있어서 주로 납 매장지에서 발견되며 방연석에서 추출된다. 은 광맥이 방연석의 층을 따라 펴져 있기도 하다. 방연석에 함유된 은과 납은 합금으로 제련되거나 회취법(cupellation)이라는 과정을 거쳐 분리되는데 납을 제거하는 이 방법은 기원전 3000~기원전 2500년경에 도입되었다. 점토 도가니 안에서 합금을 녹인 후 공기를 불어 넣어 산소와 반응하는 납을 제거하면 은 알갱이가 남는 방식이었다. 이후 회취법은 금에서 은 등의 불순물을 제거하는 데 쓰였다.

금을 향한 욕망은 과학의 발전을 촉진하고 세계 역사를 이끌었다. 바로 그 욕망 때문에 연금술 실험을 하게 되었고, 가치 없는 금속으로 금을 만들려는 헛된 시도를 하는 과정에서 유용한 화학적 발견이 이루어졌다. 스페인이 식민지를 정복한 것, 이후 이주민들을 신세계로 끌어들인 것, 19세기 북아메리카의 유럽 이주민이 태평양 연안으로 진출한 것도 금 때문이었다. 하지만 르네상스 시대에 루비색 유리의 착색제로 쓰였고 현대에 몇 가지 특별한 용도로 쓰이는 것 이외에, 역사적으로 금은 별로 쓰임새가 없었다. 은도 마찬가지다. 금과 은은 순수한 금속 자체로 아름다운 매력이 있어서 오랫동안 가치를 인정받고 사랑받는 매우 드문 원소다.

▶ 생생한 루비색 유리로 제작된 리쿠르고스 잔과 두 가지 색을 내는 유리, 금박, 은세공으로 만든 케이지 컵(로마제국 후기, 4세기). 대영박물관.

주석과 납

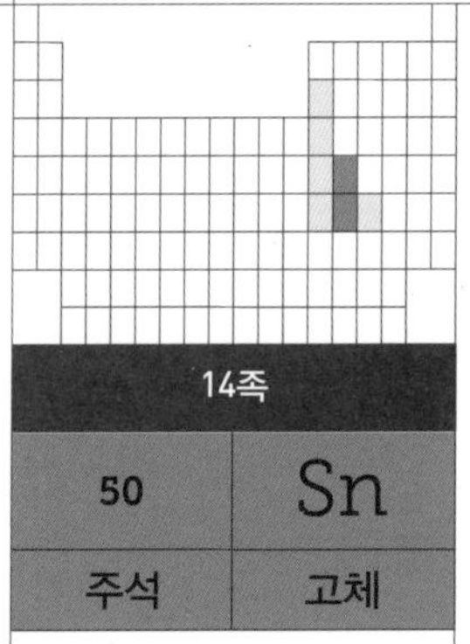

후전이 금속
원자량: 118.71

14족

82 Pb

납 고체

후전이 금속
원자량: 207.2

청동기시대는 사실상 주석시대기도 하다. 청동은 구리와 주석의 합금이기 때문에 이 두 금속의 초기 역사는 서로 떼려야 뗄 수 없다. 구리 광석과 주석 광석은 주로 함께 발견되었기 때문에, 녹이면 용광로 안에서 두 금속이 합쳐져 청동이 만들어지곤 했다. 이 과정은 처음에는 우연히 발견되었겠지만 원하는 종류의 청동 합금을 만들려면 광석들의 무게를 정확히 재서 비율에 맞게 용광로 안에 넣어야 했다.

주석은 주요 광석에서 상당히 쉽게 추출된다. 카시터라이트(cassiterite)라 불리는 이 광물은 적갈색 산화 주석석(朱錫石)으로, 주석을 뜻하는 그리스어 'kassiteros'를 따서 명명되었다. 고대 로마인들은 주석석을 스태넘(stannum)이라고 불렀고, 이로 인해 주석의 화학기호가 Sn으로 정해졌다. 주석은 프랑스어로 에땡(étain), 독일어로는 친(Zinn)이 되었고, 이 둘로부터 현대 영어로는 'Tin'이 되었다.

주석 제련은 기원전 1500년경부터 유럽에서 이루어진 것으로 추정된다. 주석 광산은 유럽 전역에 있었다. 영국 남부의 콘월과 서부 데번에서 기원전 2150년경부터 활발한 채굴이 이루어졌다. 한편 일부 역사가들은 기원전 5세기에 헤로도토스(Herodotos)가 처음으로 언급했고 페니키아인들이 주석을 얻으러 가곤 했던 '주석 섬(Cassiterides)'이 브리티시제도였다고 주장한다.

▶ 이스라엘 해안에서 발견된 콘월의 주석 주괴, 기원전 1300~기원전 1200년경, 에후드 갈릴리 제공.

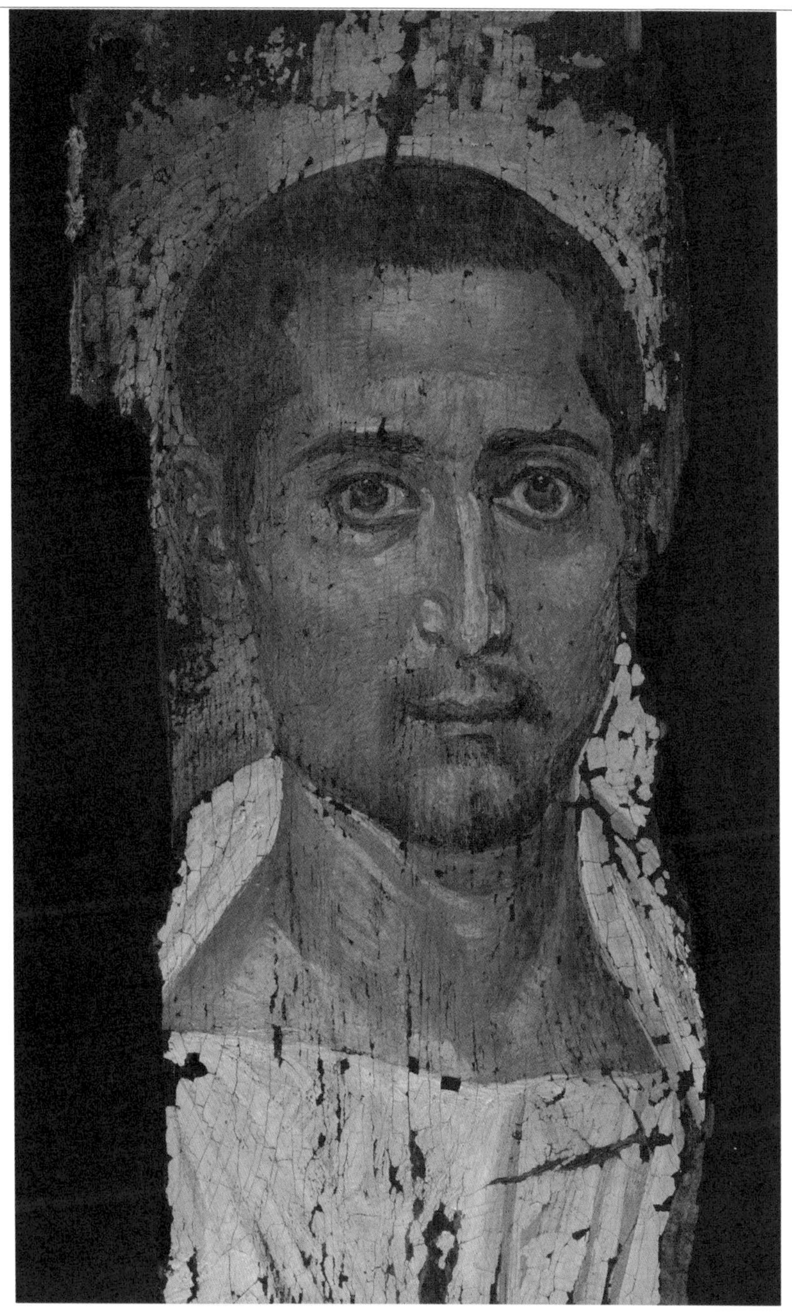

◀ 연백, 이집션블루, 말라카이트그린, 적철석, 그리고 적색, 황색, 갈색 산화철로 레바논시다 나무판에 그린 아이깁투스(로마의 이집트 지역 속주) 미라의 초상(이집트, 220~235년). 로스앤젤레스 J.폴게티미술관.

주석은 상당히 무른 은빛 금속이라서 망치로 두드려 얇은 판을 만들 수 있다. 가장 얇은 주석판은 석박 또는 '은박지'라고 하며 물건을 쌀 때나 표면을 반짝이는 은처럼 보이게 만들 때 사용한다. 반투명 노란색 안료를 칠해 반짝이게 하면 낮은 비용으로 모조 금을 만들 수도 있다. 참고로 오늘날은 은박지를 알루미늄으로 만든다. 주석은 녹이 슬지 않아 통조림통뿐만 아니라 냄비, 프라이팬, 큰 잔, 주전자 등 조리 도구와 식사 도구를 만들 때 사용된다.

주석의 역사가 구리의 역사와 관련이 깊은 것처럼, 납의 역사에는 은이 얽혀 있다. 납의 주요 광물인 방연석(황화납)

▲ 채석장에서 일하는 광부를 보여주는 코린트식 자기 액자, 기원전 630~기원전 610년, 베를린국립박물관 고미술품컬렉션.

은 수천 년 동안 납을 얻으려는 목적으로 채굴되었다. 납은 장작불이나 석탄불로 가열하면 방연석을 비롯한 여러 광물로부터 녹여낼 수 있기 때문에 기원전 7000~기원전 6500년부터 제련되었을 것으로 본다. 실제로 이 시기의 납 구슬이 중부 아나톨리아에서 발견되었다. 기원전 4000~기원전 3500년경 고대 이집트에는 납을 녹여 만든 조각상이 있었고, 기원전 3000~기원전 2000년에는 중국과 아시리아에 납 주화가 있었다.

납은 소위 고대 금속 중에서 부당하게도 가장 변변치 못한 평을 받고 있다. 납은 묵직하고 둔하고 더러운 것들을 대표하는 것 같다. 너무 물러서 연장이나 다른 도구를 만드는 데 많이 쓰이지 못하고, 독성 탓에 이롭지도 않다. 납은 다른 금속들을 금으로 격상시키려는 연금술의 신전에서도 가장 등급이 낮은 금속으로, 연구에서 시재료가 될 뿐이었다.

그러나 고대 예술가의 팔레트에서 납은 가장 빛나는 재료였다. 이집트인들은 납을 식초 증기로 부식시켜 흰색 안료를 만들었고, 이 연백 안료라 불리는 아세트산납의 색을 가장 고급스러운 하얀색으로 꼽았다. 19세기부터는 아연백이 그 자리를 대신했다. 고대의 기술공들은 공기 중에서 납을 가열하여 고대 로마인들이 연단색(minium)이라고 부른 진한 선홍

색을 만들었고, 이 색은 세밀한 표현을 할 때 자주 사용되었기에 이 단어에서 미니어처(miniature, 세밀화)라는 단어가 유래되었다. 밝은 노란색 산화납은 중세 시대에 안료 건조제로 사용되었다. 납은 많이 생산될 뿐 아니라 매우 부드러워서 수도관과 수로를 만드는 데 유용한 재료로 쓰였다. 배관(plumbing)이라는 말은 납을 뜻하는 라틴어 'plumbum'에서 유래했고, 이 단어는 납의 화학기호 Pb의 기원이기도 하다. 로마인들은 녹인 납을 모래나 흙으로 만든 통 안에 얇게 부은 다음 구부리고 때려 납판을 만들었다. 납판은 교회 지붕을 비바람으로부터 보호하는 방수 밀폐제로 널리 사용되었다.

지독한 평판

납은 독성이 있어서 채굴하기가 상당히 위험했다. 기원전 3200년경부터 채굴이 이루어진 아테네 인근 라우리온 은광산은 고대 그리스 도시국가의 납 주공급원이었는데, 이 광산의 상황은 고대 그리스가 민주주의의 원천이라는 평판과 완전히 모순되었다. 광부들은 노예였고, 일부는 아동이었으며, 대부분 쇠사슬에 묶인 채 옷도 입지 못했다. 1세기 말의 일부 수직갱은 깊이가 100미터를 넘었다. 로마 시대에는 채굴 활동으로 인해 납 오염이 생긴 흔적이 있다.

로마인들은 납의 독성을 알고 있었다. 기원전 1세기에 건축가 마르쿠스 비트루비우스(Marcus Vitruvius)는 납 제련공의 혈색이 파리해진다고 언급했다. 그런데도 로마인들은 포도즙이나 오래된 와인을 납 냄비에 넣고 끓여 사파(sapa)라는 인공 감미료를 만들었다(사파는 아세트산납으로 후일 납설탕이라고 불린다). 런던의 기원인 런디니움에 살던 로마인들의 뼛속 납 수치는 로마 철기시대 이전 영국에 살던 사람들보다 70배 이상이 높았다. 로마 시대 유럽인들의 치아 법랑질에도 납 수치가 높게 검출되었다. 그들이 어떤 경로로 납에 노출되었는지는 명확하지 않다. 사파와 수도 배관이 영향을 미쳤을 것으로 추정된다. 역사가들은 납중독이 로마제국 멸망에 기여했을 것이라고 주장하는데, 신빙성이 높다.

▼ 로마의 납 수조에 새겨진 글(4세기, 영국 서퍽). 대영박물관.

철

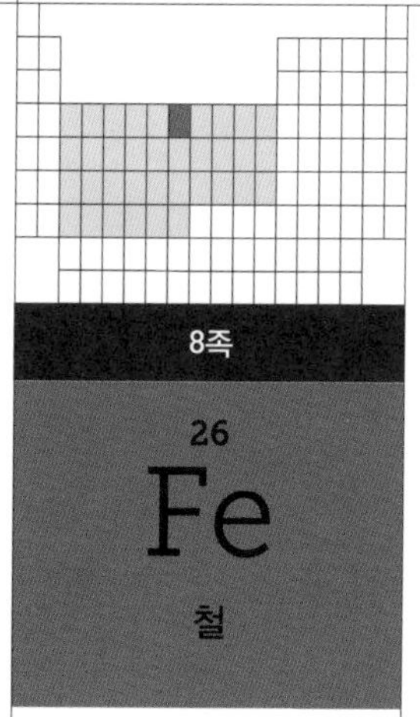

전이 금속

원자번호
26

원자량
55.845

상온·상압에서
고체

그 어떤 원소의 발견보다도 세계 역사에 큰 변화를 가져온 일은 철광석에서 철을 제련한 일일 것이다. 어떻게, 언제부터 철을 제련했는지는 정확히 알 수 없지만, 기원전 13세기에 소아시아의 히타이트제국에서 시작된 것으로 추정된다. 히타이트 군대의 강하고 튼튼한 철제 무기 앞에서 쉽게 부러지는 청동 무기는 대항할 수 없었다.

날카로운 칼을 만들려면 금속에 들어가는 탄소의 양을 0.1퍼센트 정도까지 조절하는 기술이 필요한데, 기원전 1400년경부터 히타이트인이 이 기술을 발전시켰다. 히타이트제국이 멸망하면서 주춤했지만 이후 히타이트인의 야금 기술이 널리 퍼져나가 기원전 1200년경 진정한 철기시대가 시작되었다.

철기시대는 철을 '발견'해서 시작된 것이 아니었다. 천연의 철을 자연에서 발견하기는 매우 어렵다. 철은 일부 운석 안에 있는데, 철을 녹이려면 약 섭씨 1535도로 가열해야 하기 때문에 석기시대나 청동기시대에 운석 무더기가 널려 있었다 해도 실제로 이용할 수는 없었을 것이다. 기원전 2000년 이전부터 장신구와 의례용 무기 같은 철 공예품이 있었다. 하지만 이 공예품에 사용된 불완전한 '연철'은 강철에 비할 바가 못 된다. 히타이트인들은 삼탄법(cementation)이라는 과정을 거쳐 강철을 만들었다. 삼탄법은 숯 속에서 뜨거워진 철을 망치로 때려 철에 탄소를 투입하는 것이다. 달군 금속을 때린 후 찬물 속에 집어넣는 담금질을 하면 강철은 더 단단해진다. 이런 기술은 철기시대가 저물어가는 기원전 10세기

▶ 철침이 달린 파성퇴와 철 무기로 도시를 포위하고 있는 아시리아인(발라왓, 살만에셀 3세의 청동문, 865년경). 대영박물관.

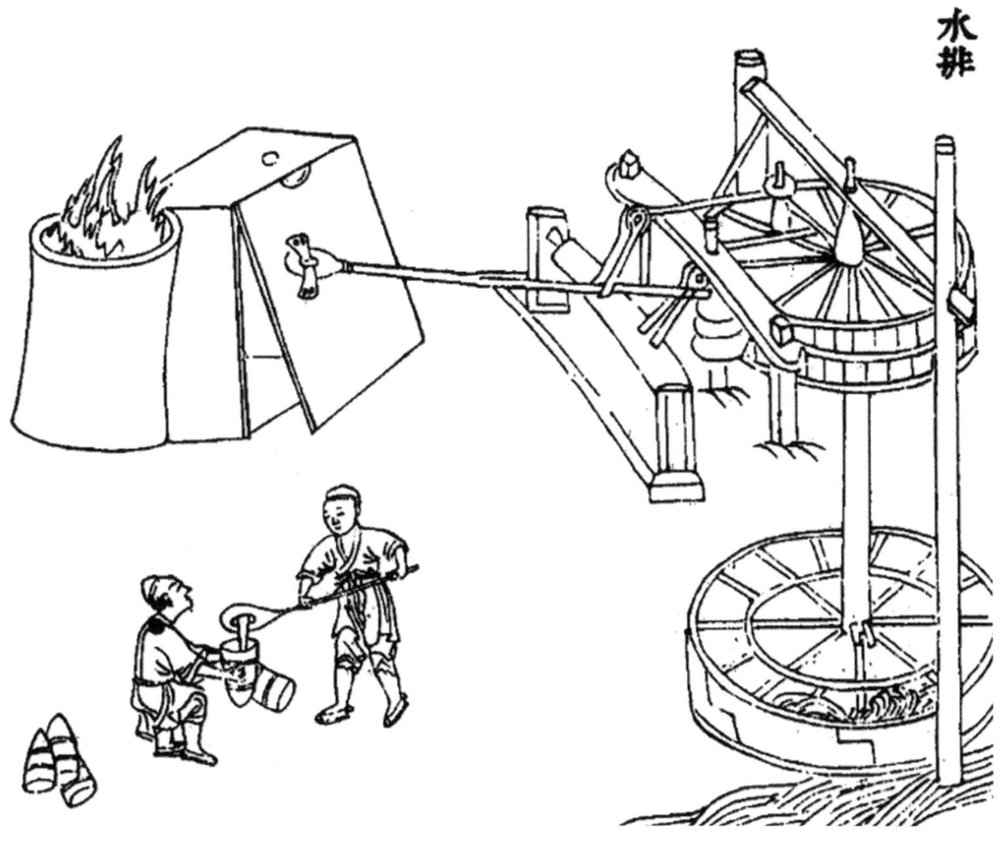

▲ 두시가 발명한 물레방아로 작동하는 용광로를 그린 최초의 그림. 왕정의 《농서(農書)》(원제국, 1313년, 6권).

까지도 완성되지 않았다. 기원전 9세기경 히타이트의 기술을 수용한 아시리아인들은 기원전 701년 예루살렘을 포위했다. 영국의 시인 조지 고든 바이런(George Gordon Byron)은 그들이 "늑대처럼 우리 안의 양떼를 둘러쌌고 그들의 창은 바다의 별처럼 빛났다"고 적었다. 과학기술사학자 토마스 데리(Thomas Derry)와 트레버 윌리엄스(Trevor Williams)는 1960년대 초반에 "기원전 6세기의 고대 그리스 문명은 철을 기반으로 세워졌다. 로마가 세력을 확장하며 서양 세계의 가장 먼 곳까지 그리스 문명을 전달했다. 로마의 확장은 철과 깊은 관련이 있었다"고 했다. 로마인들이 스페인 등 유럽의 일부 지역을 간절하게 정복하고 싶어 했던 것은 철광산을 얻고 싶었기 때문이다. 스페인 우엘바 지역의 리오틴토 광산은 구리가 풍부한 황철광층에 자리하고 있다. 황철광은 겉보기에 금색과 비슷해서 바보의 금이라고도 알려져 있다. 이 지역에 철이 풍부한 붉은 모래가 있어 스페인어로 붉은 강이라는 뜻의 '리오틴토'라는 이름이 붙었다.

철과 강철의 개발

철광석 제련은 황철석 같은 광물을 가열하여 산화물을 만드는 데서 시작한다. 그런 다음 탄소, 즉 석탄에 넣고 가열하여 산소를 제거하면, 탄소와 산소가 결합하여 이산화탄소가 만들어진다. 이처럼 산소가 제거되는 과정을 환원이라 하고, 이 과정을 통해 혼합물 속에 있는 철이 원소의 형태, 즉 금속의 형태로 바뀐다. 가마나 용광로에서 액체 상태의 철은 흘러내려 갈 수 있다. 초기 제련에서는 실제로 철을 녹이지 않았고 괴철이라 불리는 스펀지 같은 덩어리를 만들었는데, 괴철을 망치로 두드리면 연철이 되었다.

주조용 쇳물을 만들려면 용광로 안에 풀무로 바람을 불어

▶ 무장 전투를 묘사한 아티카의 흑화식 기법의 테라코타 암포라(아테네, 기원전 500~기원전 480년경). 로스앤젤레스 J.폴게티박물관.

넣어 온도를 높여야 했다. 한나라의 기술자이자 행정 관료인 두시(杜詩)가 발명한다. 이 방법은 1세기 이전부터 고대 중국에서 사용되었다. 일부 중국 야금 기술자들은 철광석을 녹이기 위해 손풀무를 사용했지만, 두시는 물레방아를 이용하는 방법을 보여준 것으로 추정된다. 수력 용광로는 16세기 초 이후에야 유럽에서 널리 사용되었고 서양의 철제 기구와 강철 제품의 품질이 마침내 동양 제품을 따라잡기 시작했다. 수력은 철제품을 가공하고 제작하는 데 사용되는 망치와 압연기를 작동시킬 때에도 사용되었다. 1700년에 이르러 제철 산업은 이미 나름의 '산업혁명'을 겪었다.

1722년에 프랑스의 대학자 르네앙투안 페르숄 드 레오뮈르(René-Antoine Ferchault de Réaumur)가 철에 든 탄소의 양이 철의 성질을 좌우함을 증명했다. 주철이 탄소를 가장 많이 함유하고, 연철이 가장 적으며, 강철은 그 중간이다. 그가 실제로 이런 식으로 표현한 것은 아니다. 여전히 연금술적으로 화학을 생각한 그의 설명이 현대식은 아니었다. 그는 탄소 대신 '소금과 황'의 양이 철의 성질을 결정한다고 말했다. 하지만 그는 연철 처리에 사용되는 첨가제 중 탄소를 함유한 첨가제를 넣었을 때만 좋은 강철이 생산됨을 보여주었다. 강철이 함유하고 있는 이런 '추가 성분'이 어떤 역할을 하는지는 50년 후에 스웨덴의 화학자 토르베른 베리만(Torbern Bergman)이 자세히 연구했다. 그 역시 당시 화학의 수준을 벗어나지 못했고, '플로지스톤(phlogiston)'과 '열에 의해 구동되는 물질'의 양이 중요하다는 결론을 내렸다. 1786년 세 프랑스 과학자가 처음으로 그 물질을 분명한 말로 표현했다. "침탄강은 천연의 석탄(charcoal)이 어느 정도 비율로 (…) 결합되어 있는 (…) 철일 뿐이다."

이후 좋은 품질의 강철이 안정적으로 생산되었다. 1850년대에 쇳물에 바람을 불어넣어 과도한 탄소와 기타 불순물을

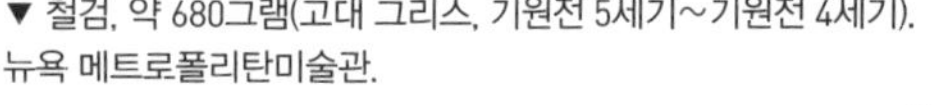

▼ 철검, 약 680그램(고대 그리스, 기원전 5세기~기원전 4세기). 뉴욕 메트로폴리탄미술관.

제거하는 헨리 베서머(Henry Bessemer)의 공법이 도입된 뒤 품질이 더 우수해졌다. 베서머는 1856년 특허를 획득했다. 하지만 미국인 윌리엄 켈리(William Kelly)가 이의를 제기했다. 그는 1850년대 초반에 같은 방법을 개발했다고 주장했

▲ 철 용광로에서 거푸집을 사용하는 모습. 르네앙투안 페르숄 드 레오뮈르, 《단철을 강철로 전환하는 기술(L'Art de Convertir le Fer Forgéen Acie)》(1722년, 23판). 세비야대학교도서관.

▶ 철에 바람을 불어넣어 강철을 만드는 베서머 변환기(1895년). 언더우드 부부의 스테레오그래프, 필라델피아 과학사연구소.

▶▶(49쪽) A. 하트, 〈종착역, 훔볼트 평원에서〉, 센트럴퍼시픽 철로에서 중국 노동자들이 철로 건설 작업을 하는 사진(네바다, 1865~1869년). 워싱턴 D.C. 미국 의회도서관 인쇄물 및 사진 부서.

▼ 윌리엄 켈리의 제강 특허, 1857년, 미국 특허청.

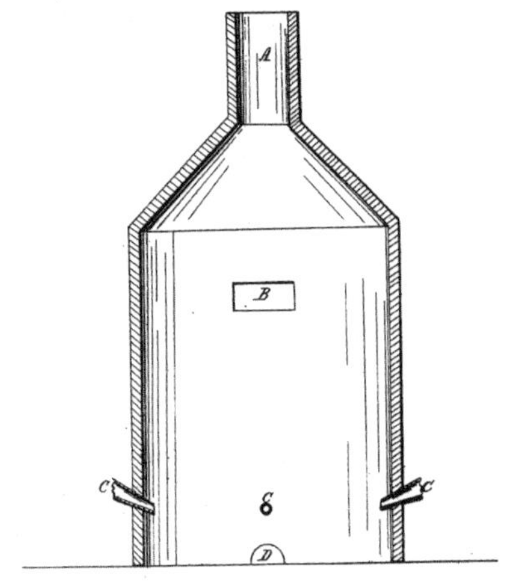

고, 영국에 발표한 자신의 제강 공정을 베서머가 베꼈다고 확신했다. 켈리는 1857년 미국에서 특허권을 획득했지만 별 도움이 되지 않았다. 그는 이듬해 파산했고 특허권을 팔 수밖에 없었다. 결국 해당 공정에 베서머라는 이름이 남게 되었다.

강철 철도가 연철 철도보다 내구성이 더 좋았기 때문에, 베서머 강철로 만들어진 철도 네트워크는 1860년대 후반부터 빠른 속도로 성장하기 시작했다. 19세기 말에는 강철이 건설 및 운송 산업 전반에서 연철을 대체했다. 현대의 철기시대, 더 정확히 말하자면 강철시대가 다가왔다.

3장

연금술로 탐구한 물질의 정수

◀ 화학 변화를 시도하는 연금술사(상징적으로 묘사되었다). 에드워드 켈리, 《연금술의 세계(Theatrum Astronomiae Terrestris)》(1750년), 드레스덴 작센주립대학교도서관.

연금술의 원소

기원전 221년
진시황의 중국 통일. 그는 말년에 불로초를 찾아 헤맸다.

124년경
중국 위백양, 최초의 연금술 책으로 추정되는 《주역참동계》를 저술했다.

700~800년경
페르시아의 자비르 이븐 하이얀이 연금술 책을 저술했고 황산과 질산 등의 물질에 관해 기술했다. 8~14세기 이슬람 황금기에 중요한 인물로 추대되었다.

1150~1500년경
유럽의 고딕 시대. 새로운 발명품과 기술이 등장했고 경제가 성장했다.

1200년경
유럽에 용광로가 처음으로 등장했다. 중국에서 용광로는 1세기에 발명되었다.

1415~1420년경
이탈리아 르네상스 건축가 필리포 브루넬레스키가 원근법을 발명했다.

1440년경
금세공업자인 요하네스 구텐베르크가 활판 인쇄술을 발명해 문맹률 감소에 기여했다.

중세에서 르네상스 시대까지 화학(chemistry)은 곧 연금술(alchemy)이었으나, 18세기에 현대적인 형태의 화학이 등장하면서 'chymistry'라고 불리기 시작했다. 당시의 화학은 과학도 연금술도 아니지만 둘이 이럭저럭 섞여 과학으로 넘어가는 과도기에 있었다. 당시에 'alchemy(연금술)', 'chymistry', 'chemistry(화학)'는 별 차이 없이 함께 쓰였고, 16세기와 17세기의 화학자들은 자연철학자와 과학자 들이 해오던 연구를 계속하며 세상이 어떻게 움직이는지, 우리가 그 지식을 어떻게 이용할 수 있는지 알아내려 했다. 또한, 이전에 제기된 학설들을 개선하면서 과거의 학자들과 동료 학자들이 이해하지 못한 답을 알아냈다고 주장했다. 과학이 언제나 그렇듯이 'chymistry'는 계속 발전하고 있는 과학이었다.

당시의 화학은 의약품 제조에 집중하고 있었고, 그것이야말로 화학의 목적이라고 생각했다. 한나라(기원전 202~기원후 220년) 때부터 중국의 연금술사들은 주로 건강에 좋은 약을 만드는 일을 했다. 중세에는 고대 그리스와 로마의 비법에 따라 구운 뱀 등의 성분을 첨가해 만든 화학적 만병통치약 테리악(theriac)이 있었는데, 대부분의 약제상이 이 약을 판매했다. 14세기, 카탈로니아의 의학자 아르날드 드 빌라노바(Arnald de Villanova)와 프랑스의 장 드 루페시사(Jean de Rupescissa)는 증류 등의 공정을 거쳐 복잡한 화학약품을 생산했다. 그 약의 효과가 신통했는지는 모르겠지만, 그들의 연구는 새로운 화학 공정과 화학 물질을 개발하고 대중화하는 데 이바지했다. 예컨대 아르날드는 증류를 통해 거의 순수한 알코올을 제조했다.

두 사람은 16세기 스위스의 의학자 파라셀수스(Paracelsus)에게 영향을 주었다. 그의 실제 이름은 필리푸스 아우레올루스 테오프라스투스 봄바스투스 폰 호헨하임(Philippus Aureolus Theophrastus Bombastus von Hohenheim)으로, '파라셀수스'는 당시 유행에 따라 자신이 직접 만든 라틴풍 이름이다. 슈바벤의 가난한 귀족 가문 출신인 파라셀수스는 르네상스 시대에 연금술이 금을 만드는 데서 의약품 제조 쪽으로 전환하는 데 큰 공헌을 했다. (사실 그 역시 금을 만들려고 했다.) 파라셀수스가 만든 약 중 가장 유명한 건 경이로운 약효가 있다고 알려진 아편팅크다. 그의 조수는 파라셀수스가 아편팅크 알약으로 "죽은 사람을 깨울 수 있다"고 주장했다. 이 약에 어떤 성분이 들어 있는지는 아무도 알 수 없었지만, 17세기 영국의 의학자 토머스 시드넘(Thomas Sydenham)이 같은 이름으로 판매한 물약의 주성분은 알코올에 녹여 향신료로 맛을 낸 아편이었다. 치료 효과는 전혀 없었겠지만, 환자의 통증과 고통은 덜어주었을 것이다.

1541년 파라셀수스가 세상을 떠난 후 150년간 약은 화학의 중요한 주제로 자리를 굳혔다. 하지만 그의 기여는 실용적인 측면에 그치지 않았다. 그는 연금술에서 '만물의 이론'이나 다름없는 '화학 철학'을 정립하는 데 중심이 된 인물이었다. 그는 우주에서 벌어지는 모든 일이 화

◀ 원소를 상징하는 네 머리와 함께 왕과 여왕의 합방을 보여주는 플라스크. 아르날드 드 빌라노바, 《신의 선물(Donum Dei)》(연금술 논문, 1450~1500년). 대영박물관.

학 용어로 해석될 수 있다고 봤다. 예를 들어 바다에서 물이 증발한 후 다시 비로 내리는 것을 연금술 실험실에서 벌어지는 증류 과정으로 해석했다. 사람의 몸도 화학 원리에 따라 작동하므로, 파라셀수스는 우리의 몸속에 일종의 연금술사가 있다고 말했다. 음식이 들어가 살과 피와 뼈로 바뀌니 어느 정도는 맞는 말이다. 원초적 혼돈 상태에서 땅과 물이 분리된 성서적 기원까지도 화학적 과정으로 볼 수 있다.

그의 설명은 오늘날 우리가 자연을 설명할 때 과학적 관점에 의존하고 있는 것만큼이나 신비주의적인 믿음의 바탕 위에 있다. 하지만 그의 이론 덕에 합리적인 연구 과정을 거쳐 자연을 이해할 수 있다는 생각을 처음 엿보게 되었다. 현대의 우주론이 입자가속기 연구를 통해 빅뱅을 설명하는 것처럼 말이다. 사물의 중심에 화학과 화학 원소가 있다고 보았던 그의 생각은 훌륭한 이론이었다.

황

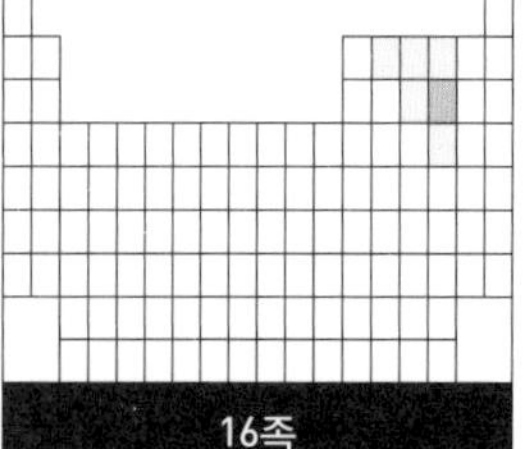

16족

16

S

황

비금속

원자번호
16

원자량
32.06

상온·상압에서
고체

▶ 검을 든 연금술사 파라셀수스의 초상화. 칼자루 끝에 수은 또는 '만병통치약'이 들어 있다. 파라셀수스, 《위대한 철학(Philosophiae Magnae)》의 표지화(1567년). 필라델피아 과학사연구소.

황이나 유황은 왠지 지옥을 연상시킨다. 실제로 황은 주로 화산 주변의 지옥처럼 뜨거운 곳에 매장되어 있다. 1989년, 영국의 두 과학자는 코스타리카의 화구호를 조사하다가 물이 끓어서 증발한 후 김이 모락모락 나는 용융 상태의 황 구덩이를 발견했다. 겉에는 밝은 노란색 결정체가 굳어 있었고 자극적인 기체 냄새가 났다. 황이 공기와 반응하여 생성된 이산화황의 냄새였다.

순수한 황은 자연에서 광물 형태로 발생하기 때문에 황이라는 원소의 존재를 밝혀낼 필요는 없었다. 고대 이래로 화산 지역에 퇴적된 황을 채굴해 다양한 곳에 활용했다. 매우 지독한 냄새를 풍기기 때문에 주로 훈증제로 이용되었다. 황을 태워 만든 이산화황 기체로 쥐, 바퀴벌레, 벼룩 같은 해로운 동물을 쫓아내는 식이었다. 식품점에서는 유황가루를 뿌려서 해충들이 접근하지 못하게 만들었다. 약으로도 쓰였다. 고대와 중세에는 네 가지 체액이 건강을 관장한다고 믿었는데 의사들은 황이 이 체액 간의 균형을 회복시켜준다고 생각했다. 아랍의 연금술사들이 황이 함유된 연고를 언급한 바 있고, 잘 알려진 스위스의 의사 파라셀수스와 그의 제자들도 가려움 치료에 황 연고를 추천했다.

인화성이 높은 황은 불과 관련해 자주 언급되곤 했다. 창세기에서는 소돔과 고모라의 죄악을 벌하기 위해 "여호와가 소돔과 고모라에 유황과 불을 비같이" 내렸다고 기록하고 있다. 존 밀턴(John Milton)은《실낙원(Paradise Lost)》2권에서, 사탄이 다스리는 세계는 지독한 냄새와 연기가 가득하고, 사탄의 왕좌는 '지옥의 유황과 이상한 불'로 만들어졌다고 묘사했다. 실제로 황은 지옥처럼 끔찍한 물질로 사용할 수 있었다. 황은 '그리스의 불'이라 불리는 발화 무기의 성분이었던 것으로 추정된다. 비잔티움 제국이 7세기경부터 이 무기로 해전을 벌였다고 한다. 이 치명적인 화기의 성분이 정확히 무엇이었는지는 모른다. 다양한 방법으로 화기를 만들었겠지만, 원유나 수지에서 추출한 인화성 물질과 더불어 황이 있었던 것으로 추정된다. 이 화기에서 나온 불은 물 위에 떠 있어도 꺼지지 않았다고 한다.

이후 황은 화약의 성분이 되었다. 화약은 9세기경 중국에서 발명된 것으로 알려져 있다. 중국인들이 화약을 오락용 폭죽으로만 사용했다는 주장도 있다. 약 250년 후에 화약을 만

▲ 비처럼 내리는 유황. 존 마틴, 《소돔과 고모라의 멸망(The Destruction of Sodom and Gomorrah)》(1852년). 뉴캐슬어폰타인 라잉미술관.

▶ 이슬람의 연금술사 자비르 이븐 하이얀. 조반니 벨리니의 그림으로 추정. 《연금술에 관한 잡록(Miscellanea d'Alchimia)》(1460~1475년, 애시번햄 필사본 1166). 피렌체 메디치가 라우렌치나도서관 .

드는 비법이 서양으로 전파된 후 치명적인 용도로 사용되었다는 것이다. 하지만 사실이 아니다. 11세기 이전부터 중국은 화약을 전쟁 무기로 사용하며, 포위된 적을 향해 '불화살'과 폭탄을 쏘곤 했다.

화약은 숯과 초석(질산칼륨)이라 불리는 혼합물에 황을 섞은 것이다. 초석은 산소를 공급해 황과 숯이 맹렬하게 타오르게 한다. 숯은 강한 폭발을 일으키고, 황은 낮은 온도에서 발화할 수 있게 해준다.

연금술사들은 황에 큰 관심이 있었다. 다른 금속으로 금을 만드는 데 황이 필요할지도 모른다고 생각했기 때문이다. 아랍의 연금술사 자비르 이븐 하이얀(Jabir ibn Hayyan)은 모든 금속에 두 가지 '원소', 황과 수은이 들어 있고, 금의 제조는 이 두 원소를 어떤 비율로 결합하느냐에 달린 문제라고 믿었다. 파라셀수스는 이 '금속의 통일이론'을 확장하여 세 번째 원소, 소금을 추가하면서 모든 물질을 포괄했다. 그는 수은이 사물을 액체로 만들고, 소금은 사물을 '덩어리'로 만들어 단단하게 하고, 황은 가연성 원소로서 사물에 불이 붙게 한다고 주장했다.

유황의 악취

초기 연금술의 가장 중요한 문서 중 일부는 이집트의 도시 파노폴리스의 조시모스(Zosimos)가 3세기경 기록했다. (후기 연금술사들이 이용한 문서들에 그의 이름이 붙어 있는데, 그가 어떤 사람인지, 정말로 그 문서들을 썼는지에 대해서는 거의 알려진 바가 없다. 믿을 만한 연금술 책으로 보이기 위해 유명한 작가들의 이름을 써놓는 일이 당시 흔했다.) 조시모스는 비금속(base metal, 卑-)이 금처럼 보이도록 처리하는 데 사용되는 '황수(sulfur water)'라는 원소에 대해 기록했다. 금으로 꾸며내려면 여러 단계의 복잡한 과정을 거쳐야 했는데, 단계마다 금속의 색상이 달라졌다. 게다가 매 단계에 일종의 화학 반응이 일어났는데 이것이 무슨 반응인지 알아내기 쉽지 않았다. 그들은 납, 주석, 구리, 철의 합금을 황수로 처리하여 금처럼 노란색이 나게 했다고 전해진다. 황수는 황과 석회(탄산칼슘)를 가열한 후 나온 물질을 용해해서 만든 것으로, 황화수소 기체가 용해되어 썩은 달걀 냄새가 나는 용액이었던 것으로 보인다.

냄새는 황과 떼려야 뗄 수 없다. 화학에서 황은 고약한 냄새로 가장 유명한 듯하다. 매캐한 이산화황과 썩은 냄새가 나는 황화수소뿐 아니라, 유황을 함유한 메르캅탄(mercaptan)이라는 화합물도 있다. 메르캅탄은 마늘 냄새부터 삶은 양배추가 썩을 때 나는 악취에 이르기까지 매우 다양한 냄새가 난다. 양배추를 먹으면 헛배가 부르는 증상도 양배추가 함유한 황과 관련이 있다. 양배추는 글루코시놀레이츠(glucosinolate)라 불리는 분자 때문에 독특하고도 불쾌한 냄

▼ 몽골 전사들이 침략전에 사용한 화약 불덩어리. 다케자키 스에나가, 〈일본에 침입한 몽골인〉(1275~1293년, 먹물과 염료로 칠한 종이 두루마리). 도쿄 황실소장품.

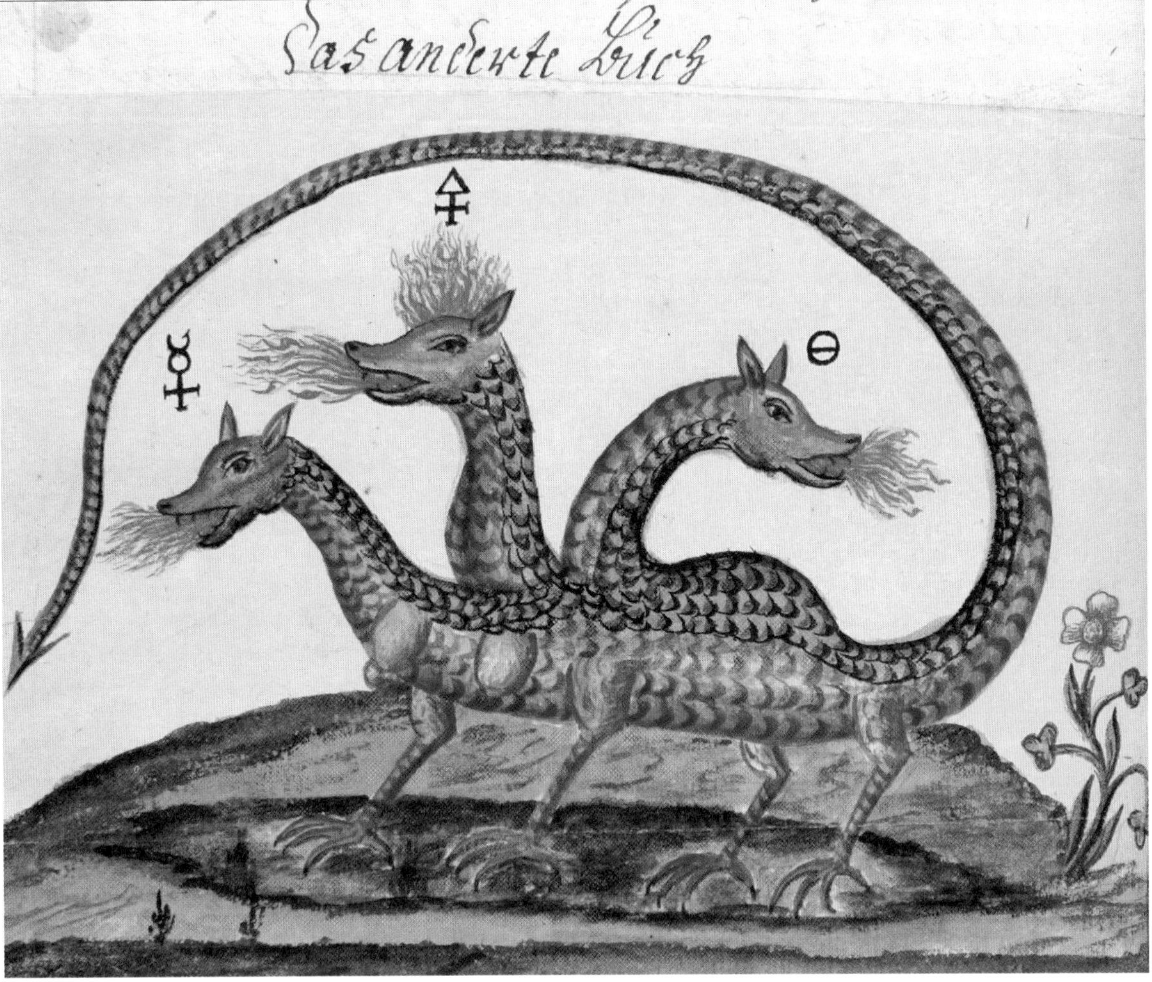

새와 씁쓸한 맛이 난다. 글루코시놀레이츠의 분자 구조는 설탕과 비슷하지만, 황 때문에 정반대의 맛이 난다. 황의 기이한 화학적 특성 때문에, 더 정확하게 말하면 우리 몸이 황에 반응하는 방식 때문에 황은 고약한 평판을 절대로 떨쳐내지 못할 것이다.

▲ '연금술의 삼요소'인 황, 수은, 소금. 조로아스터, 《연금술사 매뉴얼(Clavis Artis)》의 이미지(3권, 1858년). 트리에스테 아틸리오 호르티스 시립도서관.

▶ 도토 마름쇠(화약이 채워진 무기). 원 추정(1206~1368년). 중국 국립박물관.

인

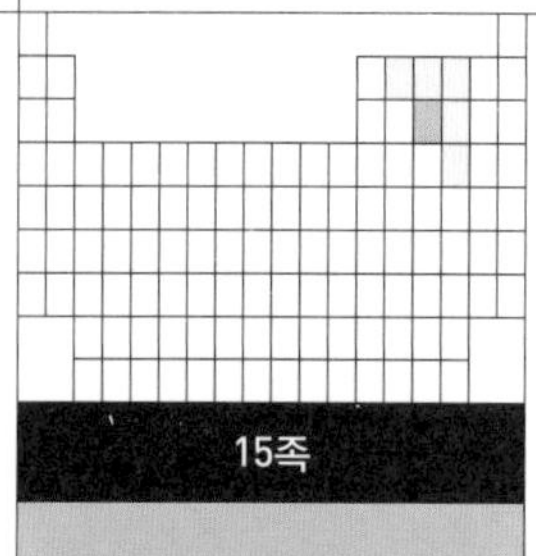

15족

15
P
인

비금속

원자번호
15

원자량
30.974

상온·상압에서
고체

원소 발견의 역사에서 인의 이야기를 능가할 만한 것은 없을 것이다. 이 이야기에는 드라마, 음모, 미스터리, 고난, 흥분, 위험, 그리고 고약한 냄새까지 모든 것이 있다. 헤닝 브란트(Hennig Brandt)는 연금술이 오늘날 화학의 모습을 갖춰가고 있던 17세기 중반 함부르크의 연금술사였다. 그에 대해서 유일하게 알려진 사실은 그가 유리 제조업자였고 비금속을 금으로 변환시켜주는 '철학자의 돌'이 존재한다고 믿었다는 것이다. 철학자의 돌을 발견하기만 하면 단번에 부를 거머쥘 수 있으므로 연금술사들은 수 세기 동안 이에 관심을 가졌다. 그는 첫 번째 아내가 가져온 지참금으로 연구소를 운영하다가, 아내가 사망한 후에는 부유한 여성과 재혼하여 부인의 재정적 지원을 받았다. 하지만 이런 방법으로는 한계가 있었으므로 브란트는 언제나 연금술 연구를 통해 수익을 내려고 촉각을 곤두세웠다. 그러다 한 가지 이상한 생각이 머리를 스쳤다. 소변을 증류하면 철학자의 돌의 핵심 성분을 얻을 수 있다고 생각한 것이다. 대략 1669년부터 그는 소변을 모으고 증류를 거쳐 고체 잔여물을 추출하기 시작했다.

▶ 조지프 라이트, 《연금술사, 철학자의 돌을 찾아서(The Alchymist, In Search of the Philosopher's Stone)》(1771년). 영국 더비시립박물관과 미술관.

브란트는 플라스크에 정말로 어떤 물질이 남아 있는 것을 발견했다. 이 물질은 가열하면 마늘 냄새가 나는 액체가 되었다. 이 액체는 고유의 빛을 내며 타올랐고 공기와 접촉하

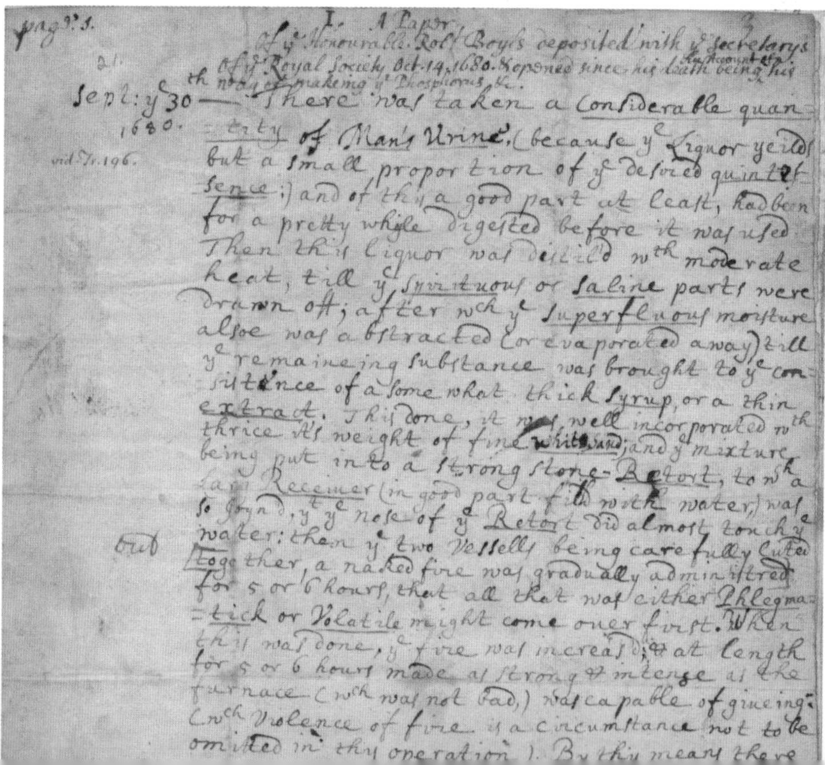

pag 9. 1.
I. A Paper
of ye Honourable Robt Boyle's deposited with ye Secretarys
of ye Royal Society, Oct. 14. 1680. & opened since his death being his Account of
the making of ye Phosphorus &c.
Sept: ye 30 1680. — There was taken a considerable quan-
-tity of Man's Urine, (because ye Liquor yeilds
but a small proportion of ye desired quintes-
sence;) and of this a good part at least, had been
for a pretty while digested before it was used.
Then this liquor was distilled wth moderate
heat, till ye spirituous or saline parts were
drawn off; after wch ye superfluous moisture
alsoe was abstracted (or evaporated away) till
ye remaineing substance was brought to ye con-
sistence of a somewhat thick syrup, or a thin
extract. This done, it was well incorporated wth
thrice it's weight of fine white sand, and ye mixture
being put into a strong stone-Retort, to wch a
large Receiver (in good part fill'd with water) was
so joyn'd, yt ye nose of ye Retort did almost touch ye
water: then ye two Vessells being carefully luted
togeather, a naked fire was gradually administred
for 5 or 6 hours, that all that was either Phlegma-
-tick or Volatile might come over first. When
this was done, ye fire was increas'd, & at length
for 5 or 6 hours made as strong & intense as the
furnace (wch was not bad,) was capable of giveing:
(wch violence of fire is a circumstance not to be
omitted in this operation). By this means there

▶ 소변으로 인을 만드는 방법. 로버트 보일, 《인을 만드는 방법(Way of Making Phosphorus)》(1680년). 런던 영국학술원.

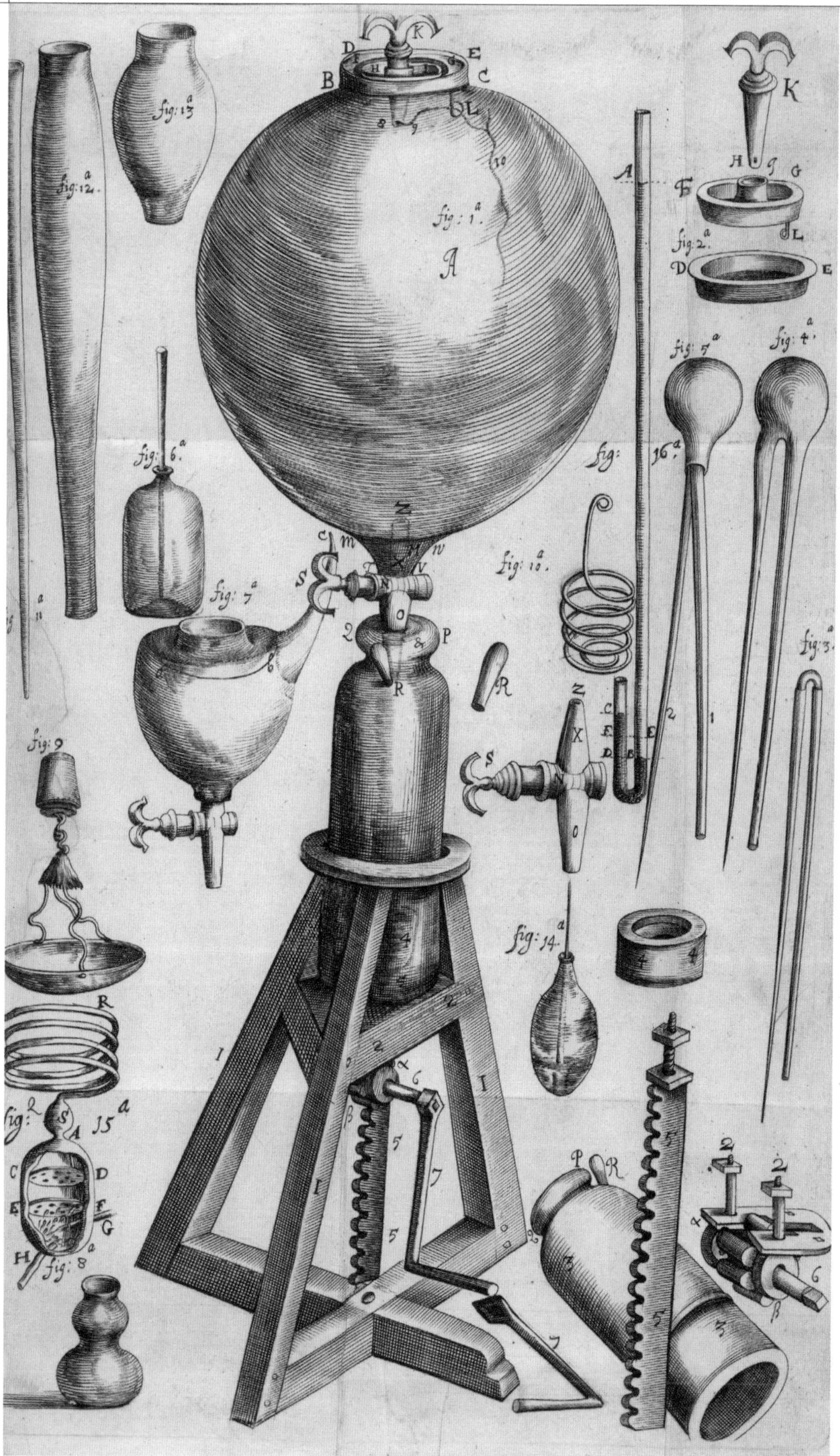

◀ 로버트 보일의 공기 펌프(공압식 엔진)와 구성품에 관한 동판화. 《새로운 물리역학 실험(New Experiments Physico-Mechanicall)》(1660년). 필라델피아 과학사연구소.

면 불꽃을 내며 폭발했다. 그는 6년 동안이나 이 부드러운 고체를 몰래 모아서 철학자의 돌을 만들려고 했다. 한 세기 후 영국 더비의 화가 조지프 라이트(Joseph Wright)로 인해 그의 발견이 후세에 길이 전해지게 되었다. 중세 고딕 양식의 이 작품은 지하실처럼 보이는 연구실에서 무릎을 꿇고 있는 연금술사를 담았다. 연금술사는 신성한 계시를 받는 수도사처럼 보이기도 한다. 그의 앞에 있는 플라스크에서 나오는 빛은 주변을 밝게 비추면서 극적인 그림자를 만든다. 라이트는 신의 계시를 받는 종교적 경험과 과학적 발견에서 느끼는 경이로움의 유사성을 그려냈다. '계몽'의 과정을 보여주는 이 그림은 과학 시대가 도래하고 있음을 상징한다.

브란트는 비밀리에 실험했지만 퍼져나가는 소문을 막지는 못했다. 1670년대 중반에 비텐부르크대학교 화학과 교수 요한 쿤켈(Johann Kunckel)은 그 소식을 듣자마자 브란트를 찾아내기로 결심했다. 하지만 그를 찾겠다는 사람이 쿤켈만은 아니었다. 쿤켈은 드레스덴에 있는 동료 다니엘 크라프트(Daniel Krafft)에게 편지를 썼고, 크라프트 역시 그 이야기가 연구 가치가 있다고 판단했다. 소문에 따르면 크라프트가 먼저 브란트를 찾아내 빛나는 물질을 공급하는 조건으로 가격을 협상하던 중 쿤켈이 나타나 제조 비법을 알려달라고 간청했다고 한다. 브란트는 그것이 소변에서 나왔다는 것만 밝혔다. 이 정보만 갖고 쿤켈은 직접 소변을 증류하기 시작해 1676년 이 물질을 만드는 데 성공했다.

크라프트는 이미 새로운 물질인 '인(phosphorus)'을 판매하고 있었다. 말 그대로 빛을 가져온다는 뜻이다(그리스어로 'phos'은 빛, 'phorus'는 운반자다—옮긴이). 인이 새로운 원소라는 사실을 아무도 몰랐기에, 이 단어는 17세기에 스스로 빛을 내는 물질들을 이르는 데 쓰였다. 크라프트는 유럽 법원 인근에서 인의 속성을 시연하겠다며 그 대가로 엄청난 금액을 요구했다. 로버트 보일(Robert Boyle)은 세상의 모든 새로운 것에 관심이 있는 자연철학자들의 모임인 런던 왕립학회에 그 소식을 알렸다.

1677년 9월, 크라프트는 여러 유리병과 튜브, 액체와 고체가 들어 있는 플라스크를 들고 런던에 있는 보일의 집, 라넬라흐하우스를 방문했다. 보일에 따르면, 그중 하나에 '불에서 꺼낸 대포 총알처럼 새빨간' 액체가 들어 있었다고 한다. 크라프트는 그 인광성 물질의 일부에 손가락을 담근 다음 '신(DOMINI)'이라는 단어를 적었다. 그가 고급 카펫 위에 그 물질의 조각들을 뿌리자 그 조각들이 별처럼 빛났다.

뛰어난 화학자이자 호기심이 많았던 보일은 이 물질의 제조법을 간절하게 알고 싶었다. 하지만 크라프트가 말해줄 수 있는 것은 그 물질이 '사람의 몸'에서 나왔다는 것뿐이었다. 보일은 인이 소변에서 나왔으리라 추측했고, 암브로세 고트프리 한크비츠(Ambrose Godfrey Hanckwitz)라는 독일인 조수를 고용해 그 물질을 만들고자 했다. 고트프리는 브란트에게 정보를 얻기 위해 함부르크로 갔다. 고트프리의 역할은 독일 철학자 고트프리트 라이프니츠(Gottfried Leibniz)가 왕립협회에 보낸 편지로 인해 밝혀졌다. 고트프리는 런던에서 인을 증류하는 데 성공했고 보일에게 그 멋진 원소를 충분히 공급할 수 있었다.

인은 특이한 물질이다. 순수한 형태일 때 빨간색, 흰색, 검정색 등 다양한 색을 띤다. 가장 흔한 백린(white phosphorus)은 무르며 밀랍 같고 녹는점이 섭씨 44도다. 산소에 노출되면 화학 반응이 일어나서 빛이 난다. 두 원소가 빛을 발산하는 화합물을 만들기 때문이다. 인은 공기 중에서 스스로 불꽃을 내며 타오르기 쉬워서 발화 무기에 사용되거나 '예광탄'으로 쓰이기도 한다.

인은 무시무시한 물질이다. 피부에 닿으면 심각한 화상을 일으킬 수 있고 중독성도 강하다. 그러나 역설적이게도, 인은 생명 체계에 필수적인 원소다! 인산염의 형태로 산소와 결합하여 뼈의 구성 성분이 되고 모든 생명체의 유전정보를 담고 있는 DNA 분자의 골격을 이룬다. 소변을 포함한 우리 몸 곳곳에 인은 풍부하게 존재하고, 대부분 소변과 함께 몸 밖으로 배출된다. 인은 천연의 모든 원소 중에서 가장 신비하면서도 놀라운 원소다.

안티모니

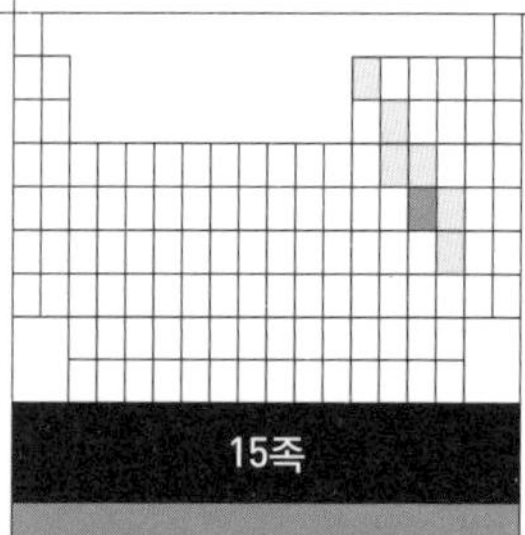

15족

51
Sb
안티모니

준금속

원자번호
51

원자량
121.76

상온·상압에서
고체

▶▶ 바질 발렌타인의 《안티모니의 개선차(The Triumphal Chariot of Antimony)》에 실린 테오도르 케르크링의 해설의 권두삽화(1624년). 로스앤젤레스 게티연구소.

원소 대부분은 다른 원소들과 결합해 있는 화합물 형태로 발견되고 명명되었다. 안티모니도 그중 하나였다. 안티모니는 로마인들이 스티비움(stibium)이라 부른 오늘날의 휘안석(stibnite)이라는 황화 광물에서 산출된다. 여기에 화학 기호 Sb의 기원이 있다. 이를 모른다면 Sb라는 화학 기호가 뜬금없게 느껴질 것이다.

무르고 검은 휘안석을 이집트인들은 분말로 만든 후 밀랍이나 기름과 섞어 화장품으로 썼다. '눈 화장품'에 해당하는 아시리아어 'guhlu'가 아랍어 'kuhl'의 어원이고, 오늘날에도 마스카라 같은 검은 눈 화장품을 콜(kohl)이라고 부른다. 당시에는 휘안석 연고로 눈 감염을 치료할 수 있다고 생각했고, 1세기 그리스의 디오스코리데스(Dioscorides)도 이를 약품으로 봤다.

▲ 검은 눈 화장(안티모니 성분의 화장품)을 한 여성이 시스트럼(고대 이집트 타악기)을 들고 있는 그림(데이르 엘 메디나, 테베, 고대 이집트 신왕조 기원전 1250~기원전 1200년경). 볼티모어 월터스미술관.

오래전부터 이 물질은 치료 효과가 있다고 여겨졌다. 13세기와 14세기에 카탈로니아의 연금술사 아르날드 드 빌라노바와 장 드 루페시사는 증류법을 통해 다양한 새로운 물질을 만들고 이들을 스피릿(spirit) 혹은 정수라고 불렀다. 아리스토텔레스가 천상에 있는 다섯 번째 원소 에테르를 물질의 정수라고 믿은 것의 잔재라고 할 수 있다. 이 물질 중 하나는 휘안석으로 만든 것으로, 식초에 녹이고 증류했다. 루페시사는 이 "새빨간 물방울"이 "꿀보다 훨씬 달다"고 주장했다.

콜은 '알코올(alcohol)'이라는 단어의 어원으로, 아랍어로 'al-kohl'이다(al은 정관사, kohl은 검은 안티몬 분말을 뜻한다—옮긴이). 검은색 광물을 나타내는 용어가 투명한 휘발성 용액을 가리키게 된다니 이상하지 않은가? 하지만 이는 연금술에서 드문 일이 아니다. 처음에 알콜(al-kohl)은 분말로 된 휘안석을 의미했다. 이후 종류 상관없이 분말을 의미하게 되었고, 나중에는 연금술사들이 증류법으로 만들어낸 물질 '진액(essence)'을 일컫는 데 모두 쓰였다. 결국 알코올은 진액 중 하나인 '순 알코올'만을 의미하게 되었다.

CVRRVS
TRIVMPHALIS
ANTIMONII.

▲ (증류에 사용되는) 증류기 한 쌍. 바질 발렌타인, 《안티모니의 개선차》에 실린 테오도르 케르크링의 1624년 해설(1671년). 로스앤젤레스 게티연구소.

◀ '화학 기호와 철학 문자 표', 바질 발렌타인, 《사망증명서와 유서(The Last Will and Testament)》(1671년). 필라델피아 과학사연구소.

안티모니(정확히 말하면, 휘안석 같은 안티모니의 화합물)는 파라셀수스가 선호하는 치료약이었고, 17세기에 그의 추종자들은 안티모니를 열렬히 추천했다. 파라셀수스의 사상을 따르는 '파라셀수스주의' 의사들은 의화학파(iatrochemist)라고 불렸다. 이들은 건강이란 신체의 네 가지 호르몬의 균형을 맞추는 것이 전부라는 옛 생각에 반대했다. 그들은 특정한 질병은 특정한 화학 약품으로 치료해야 하고, 이 약을 조제하고 처방하는 것이 의사가 해야 할 일이라고 주장했다. 이런 생각은 실용적 화학 연구를 활성화시켰지만, 항상 좋은 치료제가 만들어진 건 아니었다. 안티모니 자체는 독성이 상당히 강하다. 추측건대 모차르트는 의사가 처방해준 안티모니 가루약을 너무 많이 복용해서 사망했다. 빅토리아 시대에는 독살범들이 안티모니를 애용하기도 했다. 《안티모니의 개선차(The Triumphal Chariot of Antimony)》라는 17세기의 책에는 안티모니라는 이름이 'antimonachos'(안티-수도사 혹은 수도사 살해범이라는 뜻)로부터 유래했다고 주장한다. 안티모니 치료제를 복용한 베네딕트회 수도사들이 독살되었다는 소문 때문이다. 안티모니의 주요 광석인 휘안석이 흔

◀ 햇빛을 모아 안티모니를 태우는 모습. 니케즈 르 페브르, 《화학개론(Traité de la Chymie)》(1669년, 2권). 필라델피아 과학사연구소.

히 다른 광물들과 함께 발견되기 때문에 '혼자가 아니다'라는 의미로 안티모노(anti-monos)에서 유래한 이름이라는 의견도 있다. 안티모니라는 단어는 아랍의 연금술사가 저술한 11세기 책에서 처음으로 등장한다.

안티모니 전쟁

《안티모니의 개선차》로 인해, 프랑스에서는 파라셀수스주의자들과 전통 의학자들 사이에 안티모니 약품의 효능에 관한 신랄한 논쟁이 급속히 번졌다. 이 논쟁을 '안티모니 전쟁'이라고도 한다. 파라셀수스주의자들은 안티모니에 독성이 있지만 화학 공정을 거쳐 나쁜 성분을 분리할 수 있다고 믿었다. 파라셀수스주의자와 전통주의자 들은 프랑스 궁정에서 영향력을 다투는 경쟁 세력이었고, 안티모니 문제에서 누가 옳은가는 의학계 전반의 우열을 다투는 일이었기에 이 논쟁은 치열했다. 또한 불가사의한 용어를 쓰며 연금술 시대나 들먹이는 파라셀수스주의자에게 화학을 맡겨도 될지, 아니면 화학이 투명하고 합리적인 과학이 되어야 하는지를 두고 다투는 문제이기도 했다.

순수한 안티모니 원소가 광물에서 언제 처음으로 분리되었는지는 알려지지 않았다. 분리는 그렇게 어렵지 않다. 공기 중에서 황화물을 가열하면 황이 제거되고 안티모니가 남는다. 고대에도 이 추출 작업을 한 것으로 추정된다. 기원전 3000년 이전부터 중동과 이집트에서 안티모니를 함유한 물체가 있었다는 주장이 있었지만, 고고학자들에게 반박당했다. 순수한 안티모니 원소는 납과 비슷한 회색빛 금속으로 보이지만, 금속이 아니라 준금속이다. 그래서 금속만큼의 전기전도성이 없다. 안티모니는 납이나 주석 같은 다른 금속과 혼합해 합금을 만들 수 있다. 이렇게 만들어진 합금은 인쇄용 금형을 만드는 데 쓰이기도 하는데, 냉각되면서 굳어질 때 약간 늘어나 모서리가 예리한 물체로 주조할 수 있기 때문이다.

안티모니의 독성은 배탈을 일으키기에 중세인들은 변비 치료를 위해 순수한 안티모니로 된 작은 알약을 사용했다. 이 알약은 값이 싸지 않았기 때문에 변비 치료 후 약이 몸 밖으로 배출되면 조심스럽게 다시 회수해 재사용하곤 했다. 어떻게 회수했을지 너무 자세히는 생각하지 않는 것이 좋겠다.

플로지스톤

파라셀수스는 황이 '연소의 원리(principle of combustion)'라고 믿었다. 그는 물질이 함유하는 성분 때문에 연소가 일어난다고 생각했다. 파라셀수스가 생각한 '원리'는 오늘날 말하는 원소의 개념과 달랐다. 그것은 분리하거나 정제할 수 있는 물질이 아니었다. (하지만 연금술사들이 만들어낸 모든 노란색 광물과 은빛 액체를 금속의 구성성분으로 여겨지던 '황'과 '수은'으로 봤다는 이견도 있다.) 그런데 이 '원리'들이 점차 원소와 비슷한 의미가 되었다. 18세기, 연소의 원천이 된다는 이 물질은 '존재한 적 없는 원소' 중 가장 유명한 원소가 되었다. 초기 화학자들은 '불을 지른다'라는 의미의 그리스어를 참고해 이 원소를 플로지스톤(phlogiston)이라고 명명했다.

이 과정은 점진적이었다. 우선 독일의 연금술사 요한 요하임 베허(Johann Joachim Becher)가 파라셀수스의 이론적 틀을 수정해 세 가지 유형의 '흙'이 있다고 주장했다. 수은 같은 액체 종류, 소금 같은 고체 종류, 황처럼 기름지고 불이 붙기 쉬운 종류였다. 베허는 17세기 말 유럽을 여행하며 사람들에게 금을 만들어줄 테니 돈을 달라고 했다는 이상한 연금술사의 면모가 있었다. 그의 기술은 명성을 얻진 못했지만, 할레대학교의 화학자 게오르크 에른스트 슈탈(Georg Ernst Stahl)의 귀를 솔깃하게 했다. 슈탈은 1703년 광물에 관한 베허의 논문을 새롭게 편집하고 출간했는데, 거기서 베허가 말한 '기름진 흙'을 플로지스톤으로 다시 명명했다. 슈탈은 어떤 물질이 탈 때, 그 안에 있는 플로지스톤이 공기 중으로 방출된다고 믿었다. 나무가 타면서 가벼워지는 것도 그 때문이고, 재는 원 물질의 일부라고 봤다. 또한, 황은 오늘날 황산이라 불리는 '비트리올(vitriol)'이 플로지스톤과 결합한 것이라고 보았다.

▲ 기름진 흙(terra pinguis)을 소개한 요한 요하임 베허의 《지하의 자연학(Physica Subterranea)》의 권두 삽화(1738년). 미슈콜츠대학교.

연소에 대한 질문

슈탈의 이론에는 합당한 부분이 많았기 때문에 18세기 대부분의 화학자가 플로지스톤 이론을 따랐다. 그들은 플로지스톤으로 연소의 원리뿐 아니라 호흡, 산, 알칼리 등을 설명했다. 연소가 일어날 때 플로지스톤이 방출되는데, 공기가 플로지스톤으로 '포화'되어 더는 흡수할 수 없는 상태가 되면 연

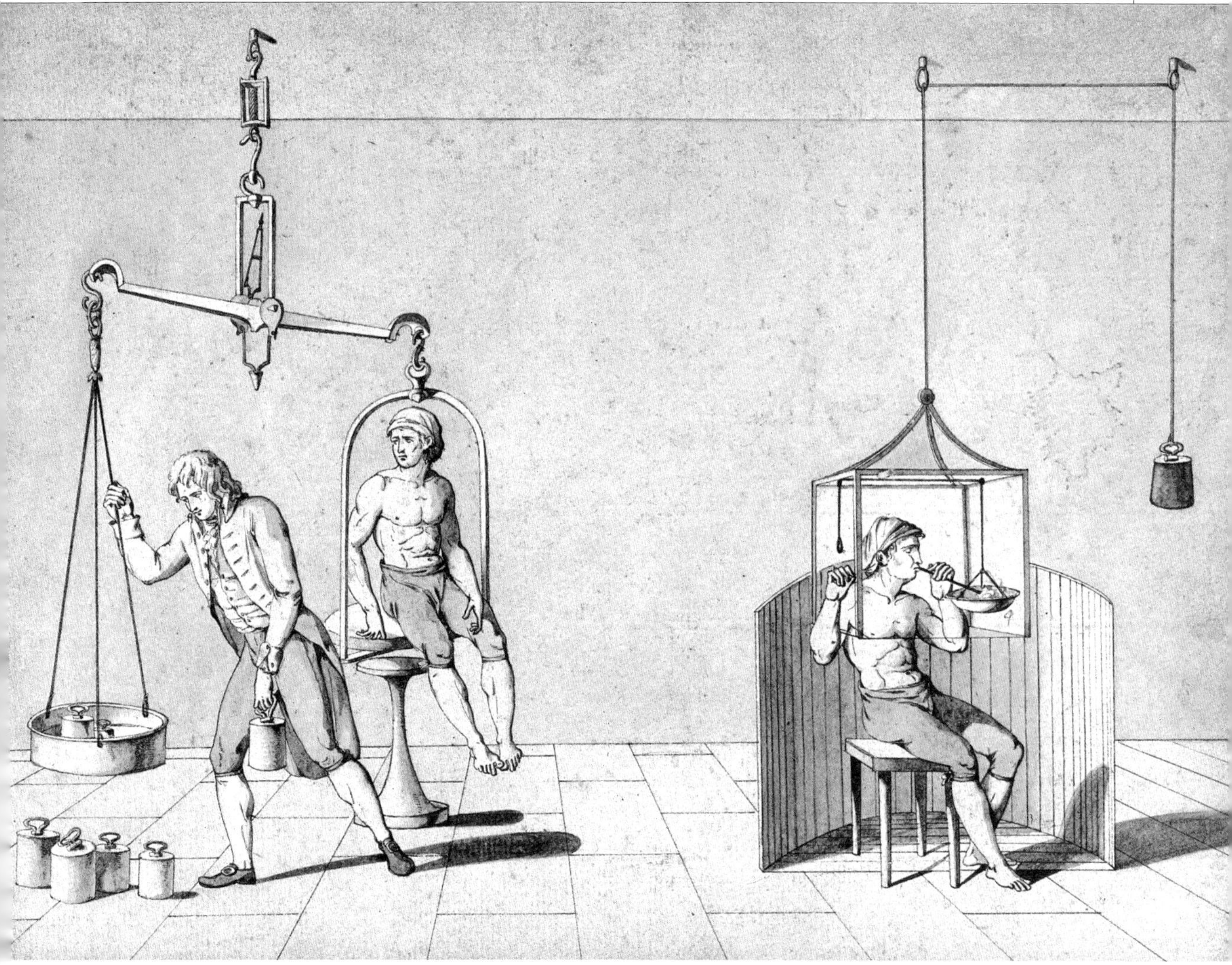

▲ 호흡에 관한 앙투안 라부아지에의 실험. 마리안 라부아지에가 펜과 물감으로 그린 수채화(1789년경). 런던 웰컴컬렉션.

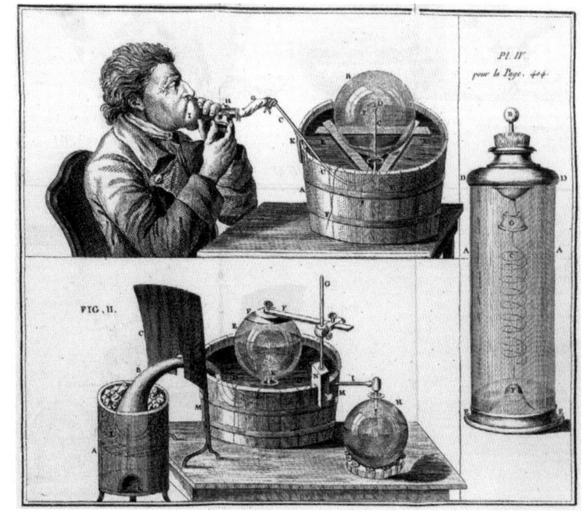

▶ 플로지스톤이 소거된 공기를 호흡하는 기구. 얀 잉엔하우스, 《다양한 물리적 사물에 대한 새로운 실험과 관찰(Nouvelles Expériences et Observation Sur Divers Objets de Physique)》(1789년, 2권, 4판). 런던 웰컴컬렉션.

소가 끝난다고 생각했다. 이런 논리로 불이 붙은 양초에 유리 덮개를 씌웠을 때 불이 꺼지는 이유를 설명할 수 있었다. 따라서 공기에서 플로지스톤을 제거할 수 있다면 연소가 계속된다는 게 당시 생각이었다. 18세기 영국의 과학자 조지프 프리스틀리(Joseph Priestley)는 산화수은을 가열하여 얻은

◀ 볼프강 필리프 킬리안, 〈화학자 요한 요하임 베허의 판화〉(1675년). 런던 웰컴컬렉션.

산소 기체가 불타는 재를 더 밝게 타게 한다는 것을 발견했고, 이 기체가 '플로지스톤이 소거된 공기'라고 생각했다. 반면 금속과 산을 반응시켜 산소를 얻은 이들은 산소가 불을 강하게 하는 것을 보고 산소가 순수한 플로지스톤일 것이라고 예상했다.

플로지스톤에 대한 반론

플로지스톤 이론에는 문제도 있었다. 첫째로, 공기 중에서 금속을 가열하면 플로지스톤을 방출하는 만큼 금속의 무게가 줄어들지 않고 오히려 늘어났다. 일부 화학자들은 플로지스톤이 '음의 무게'를 가질 수 있다고 강하게 주장했다. 그러나 1780년대 프랑스의 화학자 앙투안 라부아지에(Antoine Lavoisier)의 정밀한 실험 끝에 플로지스톤 이론이 틀렸음이 밝혀졌다. 물질의 연소는 일부 원소(플로지스톤)를 방출하는 것이 아니라 공기 중의 원소를 흡수하거나 그 원소와 결합한다는 것을 그는 증명했고, 그 원소를 산소라고 불렀다. 금속은 불이 붙으면 산소와 결합하여 산화물을 형성하기 때문에 무게가 증가한다. 라부아지에의 이론은 18세기 말부터 점차 받아들여졌지만, '프랑스 이론'에 거부감을 가진 영국 사람들은 마지못해 이를 수용했다. 프리스틀리는 1804년 죽음을 맞이할 때까지도 플로지스톤 이론을 우겨댔다.

플로지스톤은 화학 원소에 관한 이론 중 가장 잘못된 것이었다는 불명예를 안게 되었다. 하지만 비웃을 만한 이론은 아니다. 플로지스톤 이론은 물질이 반응하는 다양한 방식에 질서를 부여하는 데 도움이 되었고, 화학의 발전에 이바지했다. 플로지스톤 이론은 라부아지에의 연소 이론과 정확히 반대인, 대부분 옳은 이론이었다. 라부아지에는 기존의 연소 개념을 혁신적으로 뒤엎지 않은 채 간단히 플로지스톤 이론의 자리를 대신했다. 과학 연구에서 실용적인 이론은 정확한 이론만큼이나 중요하다는 것을 보여주는 예다.

▶ 증류기 및 기타 실험 기구. 드니 디드로, 장 르 롱 달랑베르, 《백과사전 혹은 과학, 예술, 기술에 관한 체계적인 사전(Encyclopédie, ou Dictionnaire Raisonné des Sciences, des Arts et des Métiers)》(1763년, 2부). 시카고대학교.

▶▶(70~71쪽) 화학 실험실과 원소표. 드니 디드로, 장 르 롱 달랑베르, 《백과사전 혹은 과학, 예술, 기술에 관한 체계적인 사전》(2부). 런던 웰컴컬렉션.

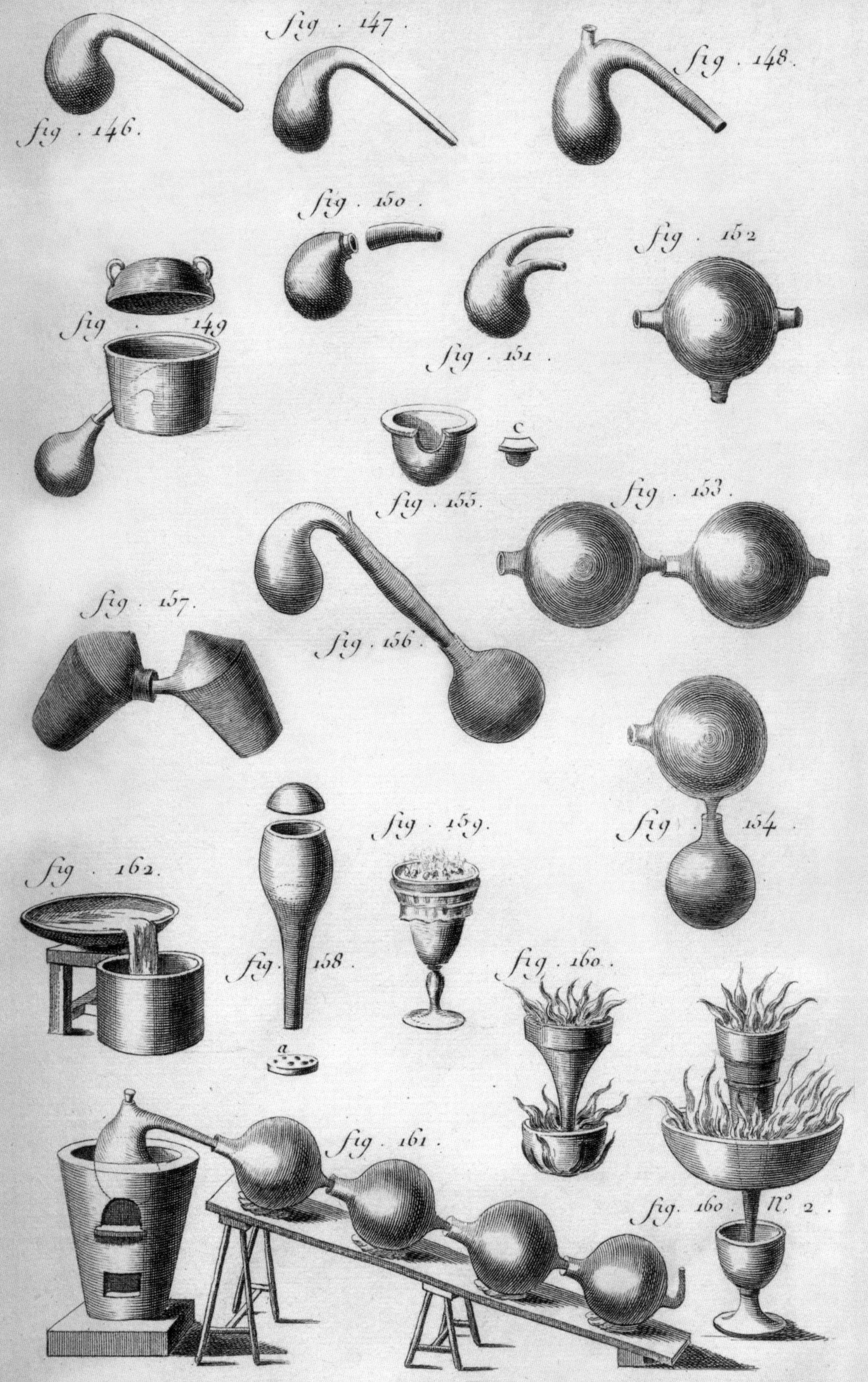
fig . 146.
fig . 147 .
fig . 148.
fig . 150 .
fig . 152
fig . 149
fig . 151 .
c
fig . 155.
fig . 153 .
fig . 157.
fig . 156 .
fig . 154 .
fig . 159.
fig . 162.
fig . 158.
a
fig . 160 .
fig . 161 .
fig . 160 . N.° 2 .

⟷	⊖	⦶	⊕	🜄	⊖	⊖	*SM ☉	SM ☽*	🜍
⊖	♃	☉	🜍	⊕	⊕	⊕	*⦶	⊖*	⊖
⊖	♛	♀	⊖	⦶	⦶	⦶	*⊖	⊖*	♂
▽	♀	♄	⊖	⊖	⊖	⦶	*⦶	⦶*	♀
SM	☽	☿	🜄	*⁜	⁜	*⁜	*⁜	⁜*	♄
	☿	☽	♂	*▭	*▭	*▭			☽
			♀	*🜍	*🜍	*🜍			♛
			☽						♀
	☉								☉

☿	♄	♀	☽	♂	♛	▽	* ▽S	* ▽S
⊙	☽	☿	♄	♛	♂	▽S	* ▽	* ▽
☽	♀	PC	♀	☽♄ ♀	☽♄ ♀	⊖	* ◆◆◆	* ℞
♄								
♀								
♂								
♛								

원소란 무엇일까?

연금술이 연상시키는 유사과학적, 신비주의적 이미지를 바로잡기 위해 과학사학자들은 많은 노력을 해왔다. 상당히 최근까지 연금술은 야바위꾼이나 사기꾼, 멍청이들이 금을 만들 수 있다고 주장하고 직접 시도하는 모습으로 묘사되거나 정신적 계몽이 필요한 문제로 풍자되었다. 그러나 사실 연금술의 상당 부분은 화학을 이용하여 안료나 염료, 비누, 의약품 같은 유용한 물질을 만드는 실용적인 기술이었다. 그 물질 중 상당수가 효과가 없었다는 건 인정한다. 17세기 이전의 과학기술이 대부분 그랬듯 연금술사들은 자신들의 일을 제대로 이해하지 못했거나, 적어도 현대 화학자들이 인정하는 용어로 표현하지 않았다. 17세기에 이르러 연금술은 오늘날의 화학(chemistry) 바로 전 단계인 '키미스트리(chymistry)'의 모습을 갖추기 시작했다.

◀ 요한 커스붐, 《명예로운 로버트 보일 경의 초상화(the Shannon Portrait of the Hon. Robert Boyle F. R. S.)》(1869년), 필라델피아 과학사연구소.

연금술에 대한 오해 때문에, 17세기의 선구적인 '과학자'(당시에는 과학자라는 말이 없었다)들이 연금술에 전념했다는 사실은 잘 알려지지 않았다. 아이작 뉴턴 같은 위대한 사상가가 연금술 연구를 했다는 사실은 당황스러운 일로 여겨져 역사에서 잘 다뤄지지 않았다. 로버트 보일도 마찬가지다. 아일랜드 귀족 집안의 자손으로 태어나 영국에서 자란 보일은 17세기 말의 위대한 자연철학자로 꼽히며 뉴턴과 어깨를 나란히 한다.

보일의 가장 유명한 책 《회의적 화학자(The Sceptical Chymist)》(1661)는 연금술사들의 기만과 속임수에 대한 공격으로 여겨지곤 했지만 사실은 전혀 그렇지 않다. 보일은 비금속이 금으로 변할 수 있다는 주장 등 연금술의 상당 부분을 믿었고, 금을 만들어준다고 알려진 '철학자의 돌(philosopher's stone)'을 찾기 위해 노력했다. 하지만 그는 책을 통해 불가능한 일을 할 수 있는 척하거나 무지를 현란한 언어로 치장해서 감추는 신비주의자, 사기꾼과 그 앞잡이, 제조법을 마구잡이로 따라하는 사람들과 달리, '화학'은 실험과 주의 깊은 관찰을 바탕으로 한 과학임을 끄집어내고자 했다. 그는 다음과 같이 썼다. "나를 믿으시라. 장담하건대 나는 사기꾼과 연구실 조수 정도의 화학자들과 진정한 전문가를 구분할 수 있다." 전문가란 자신과 같이 학식이 높은 학자를 의미했다. 그는 연금술에 미덥지 않은 주장과 기법 들이 많다고 주장했지만, 그의 말 역시 연금술사들이 입버릇처럼 하는 말과 크게 다르지 않았다. "다른 사람들은 무지한 야바위꾼이거나 사기꾼이지만 저는 올바른 지식을 갖고 있습니다."

《회의적 화학자》는 보일의 저서 중 가장 과학적이거나 쉽게 이해할 수 있는 작품은 아니다. 그 책은 스위스 연금술사이자 의학자인 파라셀수스를 추종하는 이들이 펼치는 주장, 즉 "모든 물질은 세 가지 '원리' 황, 소금, 수은으로 구성되어 있다"는 논리를 주로 공격한다. 보일은 다음과 같이 썼다. "그것은 간단한 문제가 아니다. 그 세 가지가 물질의 기본 구성성분인 **원소**라는 확실한 증거도 없다. 고대 그리스의 4원소설로 돌아가서는 안 된다. 우리는 사물에서 그 네 가지 원소를 추출할 수 없었다. 금을 생각해보라. 여태 금에서 그 네 원소 중 하나라도 추출해낸 적이 있었던가! 원소는 네 가지 이상이 있는 것 같다. 하지만 아직 누구도 원소의 수를 밝혀내기 위해 합리적으로 연구하지 않았다."

그러면 이런 의문이 생긴다. 도대체 원소란 정확히 무엇인가? 그리고 어떤 물질이 원소인지 아닌지 어떻게 알아볼 것인가? 화학 원소에 관해 현대적 관점과 유사한 정의를 내렸다고 평가받는 첫 번째 책으로 알려진《회의적 화학자》에는 다음과 같은 구절이 있다. "원초적이고 단순한, 또는 완벽하게 순수한 사물들, 이들은 다른 사물로 만들어지지도, 서로 섞여서 만들어지지도 않은 요소들이다. 완전하게 혼합된 사물은 이 요소들이 결합한 것이며, 혼합된 사물이 분해되면 결국 이 요소들이 된다." 즉 원소는 나누거나 쪼개서 더 단순한 무언가로 만들 수 없다.

하지만 이런 사고방식은 여전히 원소를 추상적이고 철학적으로 보고 있다. 그리고 보일은 그런 원소가 무엇인지에 대해선 침묵했다. 사실 그 역시도 근본적이고 더 이상 나누어질 수 없는 것이 정말 존재하는지 궁금해했다. 보일의 원소는 앙투안 라부아지에가 18세기 말에 내놓은 원소의 정의와 유사한 것으로, 더는 화학적 반응을 통해 분해할 수 없는 순물질이었다. 하지만 라부아지에의 정의는 실제적인 화학에 훨씬 더 단단하게 뿌리를 두고 있다. 그는 화학 분석의 대가였다. 화학 분석이란 말 그대로 물질을 쪼개서 기본적인 요소들로 분리하는 것이다. 그러나 보일에게 원소는 편리한 개념적 도구에 지나지 않았다. 그는 '현대 화학과 비슷한 연금술'을 통해 금을 만들 수 있다고 평생 생각했기 때문에 금이 '기본적인 원소'라고 생각하지도 않았다. 수 세기 동안 연금술사들을 유혹한 그 목표에 그 역시 사로잡혀 있었다.

'현대적'이고 이해하기 쉽게 쓰인 17세기의 몇 가지 화학 교과서 중 보일의《회의적 화학자》가 훌륭한 본보기이자 원소 개념에 혁신을 가져온 책으로 손꼽히는 것은 약간 이상한 일이다. 원소에 관한 탐구는 가장 근본적인 순간, 도형, 논제를 찾으려는 과학사의 유구한 경향으로 볼 수 있다. 상당히 최근까지도 연금술에 관한 보일과 뉴턴의 관심은 의도적으로 무시하거나 덮어두는 분위기였고, 대신 이 두 사람이 주도한 왕립학회를 현대 과학의 기본 틀로 삼고자 하는 경향이 지배적이었다.《회의적 화학자》는 새로운 경향의 기원은 아니었지만 그 일부이긴 했다. 이 새로운 경향이란, 원소와 화학에 관한 개념이 사물이 어떠해야 한다는 선입견보다는 주의 깊은 관찰과 실험을 통해 결정되어야 한다는 과학적인 태도였다.

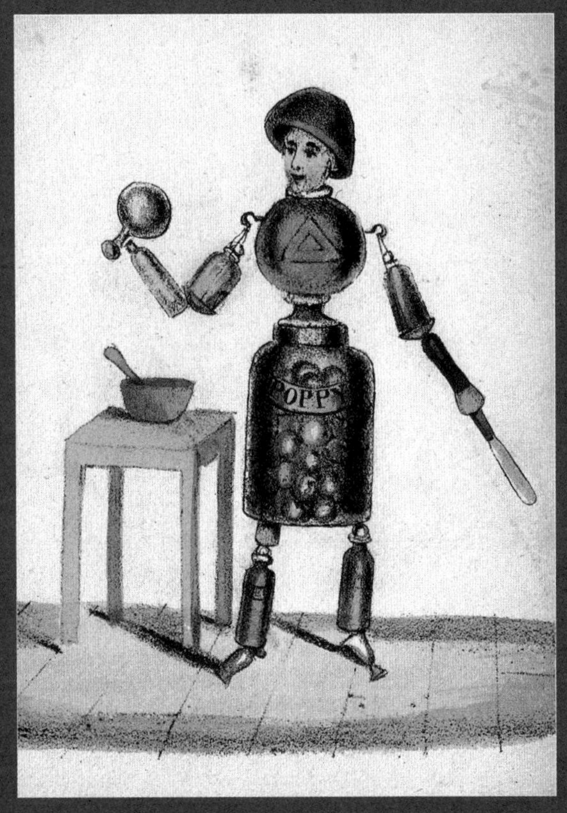

▲ 화학 실험 도구, 화학 기호, 화학 물질로 만들어진 인간을 표현한 컬러 석판화(19세기 초). 런던 웰컴컬렉션.

knapp

4장

광업이 찾아낸 새로운 금속

◀ 광물 채굴하기. 화판에 그려진 한스 헤세의 《안나베르크산의 계단(Annaberg Mountain Altar)》(성안나교회, 독일 안나베르크 부흐홀츠, 1522년).

새로운 금속

1451~1506년
이탈리아의 탐험가 크리스토퍼 콜럼버스의 생몰년. 그는 네 차례의 대서양 횡단을 통해 유럽이 아메리카 대륙을 식민지로 만드는 길을 열었다.

1517년
마르틴 루터가 〈95개조 반박문〉을 발표하며 종교개혁의 불을 지폈다.

1533년
니콜라우스 코페르니쿠스가 《천구의 회전에 대하여》에서 지구는 태양 주위를 공전한다고 주장했다.

1564~1642년
이탈리아의 천문학자이자 물리학자. 태양중심설과 코페르니쿠스주의를 옹호한 갈릴레오 갈릴레이의 생몰년.

1600년
윌리엄 길버트가 전기와 자기에 관한 연구서 《자석에 관하여》를 펴냈다. 그는 지구 전체가 자석이라고 주장했다.

1602년
네덜란드 동인도회사가 설립되어 아시아의 식민지화가 시작되었다.

1618~1648년
중부유럽에서 30년전쟁이 발발했다.

1687년
뉴턴의 운동법칙이 소개된 《자연철학의 수학적 원리》가 출간되었다.

광업의 역사는 고대부터 시작되었다. 고대에는 풍요로운 광물이 국가와 제국에 힘을 가져다주었고 왕 혹은 황제가 그 영광을 누렸다. 중세 시대에는 상인 계급이라는 새로운 수혜자가 나타났다. 일부 상인은 엄청난 부를 소유하면서 영주 및 통치자와 어깨를 나란히 하는 정치적 영향력을 행사했다. 권력과 권위는 더 이상 신성한 법령에 따라 부여되는 것이 아니라 지구의 광물 자원처럼 캐낼 수 있었다. 그렇게 서양 세계의 금속 상거래는 사회 구조 전체를 바꾸어놓았다.

예를 들어 아우구스부르크의 푸거가를 살펴보자. 요한 푸거(Johann Fugger)는 1360년대에 아우구스부르크에서 면직물 사업을 시작했다. 사업이 번창하자 푸거는 실크 같은 고급 직물로 사업을 다각화하고 이어서 향신료를 수입했다. 아들 한 명이 오스트리아의 티롤에서 은 사업권을 딴 후 15세기 중반 푸거가는 엄청난 부자가 되었다. 그들은 티롤의 대공들을 상대로 대부업을 시작했다. 1491년에는 막시밀리안(Maximilian) 대공에게 빌려준 돈을 탕감하는 조건으로 요한의 손자 야콥(Jakob)이 티롤에 있는 모든 구리와 은 광산의 경영권을 넘겨받았다. 1493년 신성로마제국의 황제가 된 막시밀

▲ 알브레히트 뒤러, 〈유럽 전역에 광산 제국을 건설한) 〈'부호' 요한 푸거〉(1518년), 아우구스부르크 주립미술관.

▼ 광석을 제련하는 원형 반사로. 반노초 비링구초, 《신호탄에 대하여(De La Pirotechnia)》(1540년). 워싱턴 D.C. 스미소니언도서관.

리안은 푸거가에게 더 많은 빚을 지게 되었고, 푸거가는 스페인에서 헝가리까지 유럽 전역에 광산업 제국을 확장했다. 16세기 초반에 푸거가는 전 세계 기독교 국가에서 가장 영향력 있는 대부업자로 꼽혔다.

금속 채굴은 독일에서 가장 수익성이 높은 사업이었다. 납과 은은 10세기부터 하르츠산맥에서 채굴되었고, 1136년에는 작센과 보헤미아 사이에서 은 매장지가 발견되었다. 독일 광부들의 채굴 기술이 유럽에서 유명했기 때문에, 독일어는 유럽 광업계의 공용어가 되었다.

광업과 과학의 발전

광산 사업의 규모는 1556년 독일의 게오르기우스 아그리콜라(Georgius Agricola)가 광업에 관해 쓴 논문《금속에 관하여(De Re Metallica)》에서 짐작할 수 있다. 논문의 목판화를 보면 수직 갱도에서 광물을 끌어내 갈아 부수는 거대한 수차가 있다. 물줄기가 방향을 바꿔 수차를 돌리고 광물을 씻어낸다. 목재와 연료 공급을 위해 나무가 벌목되고 있다. 작업장에서는 광물을 분리한 다음 녹이고 있다. 수직 갱도는 깊이가 150미터 이상일 수 있어서 갱도에서 물을 올리는 강력한 기계가 필요하다. 아그리콜라의 글을 보면 채광 사업이 자연 훼손이라는 큰 대가를 치른다는 사실이 분명히 드러난다. 하지만 아그리콜라는 탐욕적인 개발을 비판하기보다 광산 소유주들의 편을 든다. 금속을 채굴하면 골치 아픈 일들이 생기고 환경이 파괴되지만 이보다 금속의 무한한 유용성이 훨씬 중요하다고 주장한 것이다.

광산업을 통해 부를 획득할 수 있으니 광물과 금속을 이용하는 방법을 더 열심히 개발하게 되었다. 광업으로 인해 이론과학과 실용 기술이 긴밀히 협조하게 되었다. 둘은 당시 연금술의 일종이었다. 푸거가는 광업 학교를 설립해서 수습생들에게 금속 제조 기술을 가르쳤다. 은, 구리, 주석, 납 등 독일 산지에서 생산되는 주요 금속들의 상업적 가치도 충분했지만, 금속 세공인들은 고대부터 전해 내려오는 광물학 저작들에 소개되지 않은 다른 금속 원소들을 발견할 수도 있다는 사실을 알아채기 시작했다. 새로운 원소를 발견하기만 하면 시장에서 잘 팔려나갔기 때문에 일부 금속 세공인은 수익을 창출하는 자신만의 틈새시장을 갖고 있었다.

▲ 갱 속으로 내려가기. 게오르기우스 아그리콜라, 《금속에 관하여》(1556년, 6권). 런던 웰컴컬렉션.

비스무트

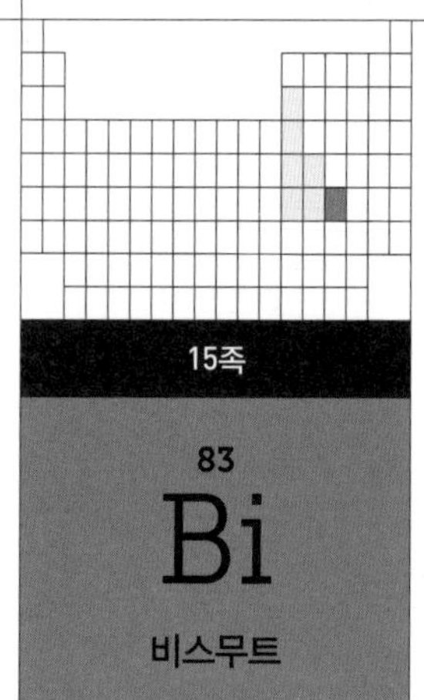

후전이 금속

원자번호
83

원자량
208.98

상온·상압에서 고체

고대의 철학자와 장인 들은 7가지 금속이 존재한다고 생각했다. 금, 은, 수은, 구리, 철, 주석, 납이었다. 멋진 체계였다. 각 금속에 태양과 달, 당시 알려진 다섯 가지 행성인 화성, 금성, 수성, 목성, 토성을 하나씩 대응시킬 수 있기 때문이다. 많은 자연철학자는 서로 다른 사물들 사이에 이와 같은 '대응 관계'가 성립하는 것이 자연법칙이라고 생각했다.

하지만, 이렇게 딱 맞아떨어지는 아이디어로 청동이나 양은 같은 합금은 설명하기가 난감했다. 합금도 다른 금속으로 봐야 할까? 위의 7가지 외에 고대부터 알려져 있던 금속을 우리는 이미 알고 있다. 납처럼 흐릿한 광택을 가진 안티모니가 있고, 납처럼 밀도가 높고 은회색을 띠지만 핑크빛이 돌고 더 무른 금속인 비스무트도 있었다.

비스무트라는 이름의 기원은 미스터리이다. '안티모니와 비슷하다'는 의미의 아랍어 'bi ismid'에서 나왔다는 설, '하얀 덩어리'라는 의미의 독일어 'Wismuth'에서 만들어진 단어라는 설 등이 있다. 비스무트를 함유한 청동 물건은 고대부터 있었지만, 청동에 사용된 주석의 천연 불순물로 우연히 들어간 것으로 추정된다. 하지만 (15세기 말에 번성한) 마추픽추라는 잉카 도시에서 발견된 의례용 청동 칼에 약 18퍼센트의 비스무트가 함유되어 있는 것을 보면 청동을 다루기 쉽게 만들기 위해 의도적으로 비스무트를 첨가한 것으로 보인다.

유럽에서는 1400년대 초에 비스무트가 등장한 것으로 보이지만, 그 자체로 금속으로 인정받기보다는 납, 주석, 안티모니로 혼동되거나 아연으로 알려진 예도 있었다. 그러나 15세기 후반기에는 비스무트를 전문적으로 가공하는 금속 세공인이 있었고 그들만의 동업조합도 있었다. 16세기 중반에 게오르기우스 아그리콜라는 비스무트 원석을 채굴하고 제련하는 방법을 설명했다. 그의 저서에 베르마누스라는 전문 야금학자와 나에비우스라는 견습공의 대화가 소개되어 있다. 베르마누스가 제자에게 비스메튬(bismetum)이라는 '고대인들이 몰랐던' 금속에 대하여 설명했다. 제자가 "그럼 선생님의 말씀은 7가지보다 더 많은 금속이 있다는 뜻입니까?"라며 놀라서 묻자, 베르마누스는 그렇다고 입증했다.

스페인의 광부 알바로 알론소 바르바(Álvaro Alonso Barba)는 1640년《금속의 기술(Arte de los Metales)》에서 같은 견해를 표명했다. 그는 보헤미아 산맥에서 "비사무토(Bisamutto)라고 불리는 금속을 발견했다. 납 같기도 하고 주석 같기도 하고 그 중간에 있는 금속인데 분명 주석도, 납도 아니다." 하지만 1671년에 영국의 존 웹스터(John Webster)는《금속 조직학, 혹은 금속의 역사(Metallographia, or A History of Metals)》에서 영국 땅 어디에서도

▶ 비스무트, 코발트, 비소, 니켈의 광석. 루이 시모냉, 《지하의 생명(La Vie Souterraine)》(1869년, 5판). 토론토대학교 과학정보센터.

K
I
G
G
G
G
H
H
H
A
C
B
D
E
B

▲ 요크셔 로우해러깃의 온천수. J. 스터브스의 석판화(1829년). 런던 웰컴컬렉션.

비스무트를 채굴할 수 없다고 적었다(열심히 찾지 않은 듯하다). 그러나 비스무트는 당시 100년 동안 영국 레이크 지방의 구리와 납 광산에서 생산되고 있었다. 비스무트는 주석과 합금하면 단단한 백랍이 되었다. 어떤 사람들은 이 백랍을 '화학자의 바실리스크'라고 불렀다. 전설 속의 뱀 바실리스크가 눈이 마주친 사람을 돌로 만들어버리듯 연금술로 단단한 물질을 만들어냈다는 뜻이다.

비스무트는 화장품에도 쓰였다. 비스무트가 질산과 반응하면 하얀 질산염 분말인 '비스무트 묘약'이 만들어지는데 이를 피부의 잡티를 가려주는 미백제로 사용한다. 이 화합물을 황화수소 기체에 노출시키면 검은색 황화비스무트가 만들어진다. 전해지는 바에 따르면, 19세기에 한 여성이 비스무트 분말로 미백을 한 후에 해러깃의 유황 온천수에서 목욕하다 몸이 까맣게 변하는 것을 보고는 소리를 지르며 기절했다고 한다.

이토록 오래 사용된 비스무트는 1753년, 프랑스의 화학자 클로드 프랑수아 조프루아(Claude François Geoffroy)가 공언할 때까지 '공식적으로는' 발견되지 않은 원소였다. 당시에는 무엇을 '원소'라고 할 것인가에 대하여 명확한 기준이 없었던 탓이다.

◀ 용융 비스무트 모으기. 게오르기우스 아그리콜라, 《금속에 관하여》에 실린 목판화(1556년, 9권). 로스앤젤레스 게티연구소.

아연

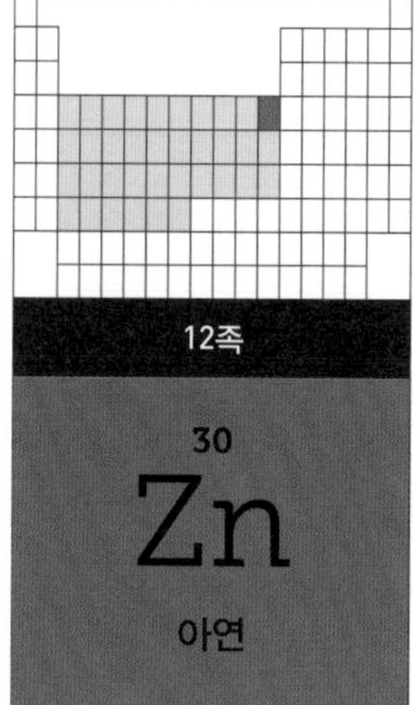

12족

30
Zn
아연

전이 금속

원자번호
30

원자량
65.38

상온·상압에서
고체

1558년, 아그리콜라가 쓴 책에 등장하는 인물 베르마누스가 언급한 다른 금속이 있다. 지금의 폴란드에 해당하는 슐레지엔 지역에서 발견할 수 있는 '징쿰(zincum)'이었다. 하지만 그는 그것을 금속이 아닌 광석의 일종으로 생각한 듯하다.

아연 광석은 흔히 아연의 산화물로 발생한다. 이 산화물은 테베를 건설한 그리스 영웅 카드무스의 이름을 따서 고대에 '카드미아(cadmia)'라고 알려졌다. 1세기에 로마의 작가 디오스코리데스(Dioscorides)는 카드미아가 구리 제련 과정에서 생성된다고 했다. 구리 광석은 종종 아연을 상당량 함유하고 있다. 디오스코리데스는 사이프러스에서 발견되는 '황철광이라는 돌을 태워서' 카드미아를 만들 수도 있다고 덧붙였는데, 이 역시 구리 광석이었을 것이다. 그는 구리 용광로의 굴뚝에서 생성되는 '폼폴릭스(pompholyx)', '투티아(tutia)', '스포도스(spodos)'도 언급했는데, 모두 아연 화합물로 추정된다. 이에 더해 비교적 흔한 아연 광석이 또 있었다. '블랙 잭'이라는 별명으로 알려진 검은색 황화물이다.

금속 원소들은 화학적으로 비슷해서 광물 안에 함께 존재하곤 한다. 그래서 금속 원소는 식별해내기가 어렵다. 고대의 제련공과 야금학자는 자신들이 보고 있는 금속이 이미 알려진 금속의 다른 형태인지, 새로운 금속인지 판단하기 어려웠다. 예컨대 구리와 아연의 합금인 황동은 구리보다는 덜 붉고 금빛이 더 난다. 아연을 풍부하게 함유한 광석에서 구리를 제련할 때 우연히 만들어졌을 것으로 추정되는 황동은 아연이 금속으로 인정받기 훨씬 전에 알려졌다. 중동 및 중부 유럽 일부 지역에서 발견된 황동은 기원전 3000년 전에 만들어진 것으로 추정되고, 중국에서는 더 이른 시기에 등장했다. 황동 제조 기술은 로마에서 발달했고, 디오스코리데스는 구리 제련에서 나온 카드미아로 황동을 만드는 방법을 설명했다. 로마인들은 황동으로 '듀폰디우스(dupondius)'나 '세스테르시우스(sestertius)' 같은 동전을 만들어 사용했다.

제일 먼저 순수한 아연 금속을 만든 사람이 누구인지는 모르지만 아연은 기원전 500년

▶ 중세 아연 동전. 북서인도 히마찰프라데시(1892년). 대영박물관.

경의 그리스 유적뿐 아니라 일부 로마 유적에서도 발견되었다. 스트라본이 언급한 '모조 은'이 아연일지도 모른다. 13세기경에는 아연이 인도에서 최초로 대규모로 생산되었다. 이 기술의 전파로 16세기에 중국에서 아연이 생산되었다. 서양에서도 비슷한 시기에 아연이 처음으로 명확하게 언급되었다. 파라셀수스가 1518년경에 쓴 금속에 관한 책(1570년 발표)에는 다음과 같은 구절이 있다. "일반적으로 알려지지 않았지만 '징켄(zinken)'이라는 금속이 있다. 고유의 특성과 원광이 있어서 (…) 다른 금속과 색이 다르고, 다른 방식으로 생산된다." 그는 아연이 '구리의 서자'라고 했다.

인도의 금속

그러나 아연(zinc)이라는 단어는 파라셀수스가 만든 것이 아니고, 전부터 가끔 사용되던 단어였다. 일부 14세기 스페인 문서에 등장하는 'cinc'(현대 스페인어로 아연)는 황동을 의미했던 것 같다. 어떤 사람들은 아연이라는 이름이 중국의 금속을 가리키는 아랍어 'sini'와 페르시아어 'cini'에서 유래했다고 생각한다. 어쨌든 유럽인들은 16세기 말 인도와 동아시아에서 아연을 수입했고, 아연을 '인도 주석'으로 부르곤 했다. 셰익스피어의 《십이야(Twelfth Night)》에 나오는 '인도의 금속'은 아연으로 추정된다. 황동을 만들 때 카드미아(산화아연)보다 아연이 훨씬 낫다고 인정받는다. 밝게 빛나고 금처럼 보이기 때문이다. 게오르크 슈탈은 "카드미아보다 아연이 구리와 합금해 더 아름다운 색을 만들기 때문에 '왕금(prince's metal)'으로 알려지게 되었다"고 적었다.

독일의 한 광업 공무원은 1617년 아연이 다른 금속들과 다르다는 점을 분명히 했다. "주석과 상당히 비슷하지만 더 단단하고 덜 늘어나며, 작은 종처럼 소리가 울린다." 구리 제련 과정에서 아연을 얻을 수 있지만, "가치가 낮아 하인들과 인부들이 술값을 마련할 때만 아연을 모은다. 연금술사들은 주석과 합금할 때 아연을 많이 찾는다."

아연에 관한 혼동은 계속되었다. 1673년 로버트 보일은 '투테네그(Tutenâg)'라는 금속으로 진행한 실험을 언급했다.

▲ 람멜스베르크 은 제련 공장의 벽에서 긁어내고 있는 산화아연 부산물. 라자루스 에르커, 《광석과 시금법에 관한 논고(Beschreibung Allerfürnemisten Mineralischen Ertzt uund Bergkwercks Arten)》에 실린 목판화(1574년). 런던 웰컴컬렉션.

그는 이 금속이 동인도에서 수입되었고 "유럽의 화학자들에게 알려지지 않았다"고 했는데, 사실 '아연'과 같은 금속이었다. 투테네그라는 이상한 단어는 산화아연이라는 뜻의 고대 라틴어 투티아(tutia)와 관련이 있었다. 원소의 이름은 확정 전까지 항상 혼란스러운 과정을 거친다. 옛 단어가 새로운 의미로 쓰이고, 같은 물질이 여러 이름으로 불리기도 했다. 혹시 '카드미아'라는 이름이 익숙하다면……. 자, 이 이름은 어떻게 될지 두고 보자.

코발트

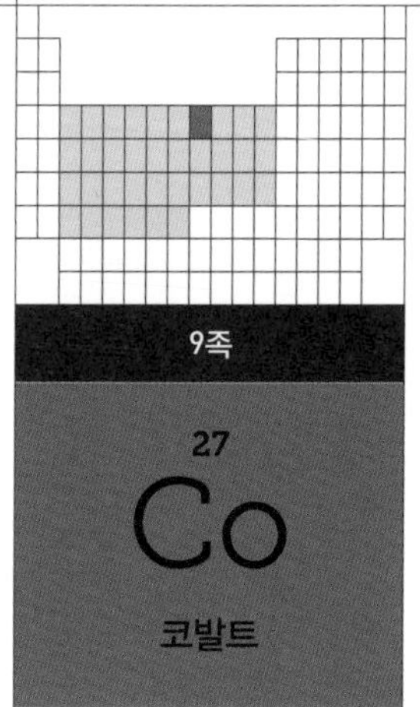

전이 금속

원자번호
27

원자량
58.933

상온·상압에서
고체

채굴업은 위험하고 힘든 일이라 초창기부터 노예의 노동력을 이용하곤 했다. 갱부들은 붕괴와 매몰 사고의 위험을 안고 일했고, 독성과 만성 폐쇄성 폐질환을 일으키는 먼지에 노출되었으며, 작업 중 부상이나 영구적인 신체 손상을 입을 가능성도 있었지만, 지하세계로 들어가 숨겨진 영역을 탐구했다. 그곳은 어떤 자연의 법칙이 지배하는지, 어떤 종류의 존재가 기다리고 있을지 전혀 알 수 없었다.

《금속에 관하여》에서 게오르기우스 아그리콜라는 특정 광물을 주의하라고 경고했다. "어떤 황철광은 특이하게도 부식성이 상당히 강해서 철저하게 예방하지 않으면 광부의 손과 발이 부식된다." 독일의 광부들은 이 무시무시한 물질이 지하의 존재와 관련이 있다고 생각했다. 사람들은 땅속 신령이나 도깨비가 갱에 출몰해서 광부들을 괴롭힌다고 생각했다. 광부들이 도깨비의 독일어 코볼트(kobold)에서 이름을 땄기 때문에 코발트가 되었다. 다른 금속들과 마찬가지로, 코발트도 다량 흡수할 때만 독성을 발휘한다. 비타민 B_{12}에서 가장 중요한 원소인 코발트는 우리 몸에 반드시 소량 필요하기 때문이다. 그러니 아그리콜라의 시대의 광부들이 두려워했던 광석이 코발트였는지는 알 수 없다. 비소였을지도

◀ 울리카 파쉬, 〈토르베른 올로프 베리만의 초상화〉(1779년). 쇠데르만란드 마리에프레드 국립초상화미술관.

▶ 동정녀의 옷에 입혀진 코발트 기반 '샤르트르블루'(노트르담드라벨베리에르 스테인드글라스 유리창, 12~13세기). 샤르트르대성당.

▲ 광부를 괴롭히는 지하세계의 도깨비(코볼트). 올라우스 마그너스의 목판화, 《북방 민족의 역사(Historia de Gentibus Septentrionalibus)》(1555년, 22장). 노르웨이국립도서관.

모른다. 비소 광물은 코발트, 니켈, 아연, 비스무트의 광물과 함께 있는 경우가 많기 때문이다. 코발트 광물의 가장 큰 특징은 짙은 파란색이라는 점인데, 이 색은 르네상스 시대에 산화코발트 재퍼(zaffre)의 색으로 알려졌다. 재퍼라는 단어는 '사파이어(sapphire)'와 관련이 있지만, 사파이어의 파란색은 약간 다르다.

재퍼는 고급 청색 유리를 만들 때 용광로에 약간 첨가해 사용했다. 로마인들이 알고 있던 이 기술은 중세 시대에 북부 유럽에 전승되지 못했다. 샤르트르 같은 고딕 양식 대성당에 있는 파란색 스테인드글라스는 대체로 로마 시대의 코발트블루 유리를 재사용한 것이다. 비잔티움, 이슬람 등에서 들여온 유물들도 활발하게 거래되었다. 11세기에 에게해에 가라앉은 난파선에서 수 톤에 달하는 파란색, 초록색, 호박색 유리 조각들이 발견되었는데, 유럽의 유리 제조업자들에게 팔려고 운반한 것으로 추정된다. 12세기에는 독일의 수도

◀ 코발트블루 유리괴(기원전 14세기, 시리아산으로 추정, 청동기 시대 울루부룬 난파선에서 발견, 터키 카스 인근). 텍사스 해양고고학연구소.

사 테오필루스가 이 깊은 푸른색에 대하여 다음과 같이 썼다. "같은 색상의 작은 그릇들이 다양하게 발견되었다. 프랑스인들이 수집한 것들이었다. (…) 그들은 그 파란색을 용광로에서 녹이기까지 했다. (…) 그것으로 고가의 파란색 판유리를 만들어 유리창을 만드는 데 유용하게 사용했다."

어떤 종류의 코발트블루 유리는 곱게 갈아서 물감으로 쓰였다. 이 화감청색 물감은 이상적인 물감은 아니었다. 질감이 거칠고, 기름이 섞여서 햇빛이 교회 창문을 통과할 때 빛나던 웅장하고 화려한 파란색과는 거리가 멀었다. 19세기에 화학자들은 코발트 화합물의 진한 파란색을 잘 이용하는 방법을 발견했다. 1802년 프랑스의 루이자크 테나르(Louis-Jacques Thénard)가 알루미늄산 코발트 화합물을 만드는 방법을 발견했고, 이는 코발트블루 안료로 판매되었다.

코발트 광석이 언제 처음으로 '제련되어' 은빛 코발트 금속이 되었는지 우리는 모른다. 하지만 코발트가 원소라고 제일 처음으로 주장한 사람은 스웨덴의 화학자 게오르그 브란트(Georg Brandt)였다. 그는 파란 코발트 광석을 연구했고, 1739년에 이 광석에 알려지지 않은 금속이 들어 있다는 결론을 내렸다. 3년 후에 그는 코발트 원소를 분리하는 데 성공했고, 코발트에 자성이 있다는 사실을 발견했다. 순수한 코발트 시료는 토르베른 베리만이 1780년에야 만들었다. 브란트는 '반금속'의 목록에 수은, 비스무트, 아연, 안티모니, 비소와 더불어 코발트를 올려놓았다. 화학 원소의 목록이 예상했던 것보다 더 길어지게 되는 증거들이 계속 나오면서 자연스럽게 이런 질문이 생겼다. 원소가 왜 이렇게 많은가? 이 목록이 어디에서 끝날까?

▼ 유색을 입힌 유리 제품을 만들고 있는 유리 제조인 조합. 《황실 할례 축제에 관한 책(Surname-i Hümayun)》(1582~1583년, 제1344호 원고). 이스탄불 톱카프궁전박물관.

비소

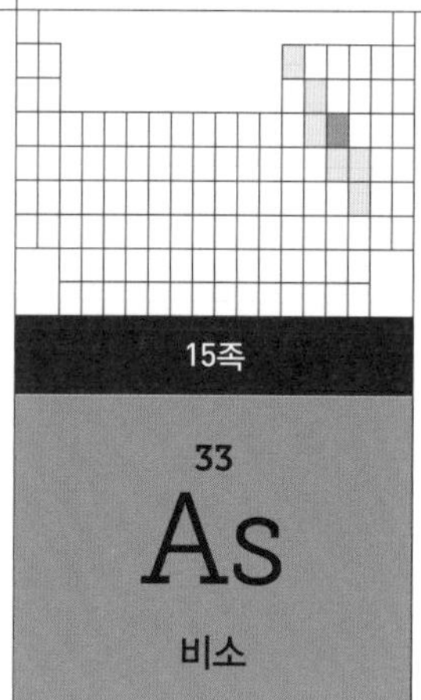

15족

33
As
비소

준금속

원자번호
33

원자량
74.922

상온·상압에서
고체

비소는 금속이 아니지만 르네상스 시대에 채굴되던 코발트나 아연 같은 새로운 금속과 밀접한 관련이 있다. 비소를 포함한 가장 흔한 광물은 웅황과 자황인데, 이들은 모두 비소 황화물이며 색이 선명하다. 웅황(orpiment)은 노란색이고, 고대 이집트에서 기원전 2000년경부터 안료로 쓰였다. 'orpiment'라는 이름은 라틴어 금색 물감(aurum pigmentum)에서 유래했는데, 귀금속을 연상시키기 때문에 일부 화가들이 웅황을 '왕의 노란색(king's yellow)'이라고 불렀다. 비소에 해당하는 아랍어 'al zarniqa'는 '금색'이라는 뜻인데, 지금의 영어명 'arsenic'의 어원이 되었다. 웅황은 고대 그리스어로도 'arsenikon'이라 불렸다.

웅황은 희귀하고 값비싼 금속이었기 때문에 탄탄한 재정적 지원을 받는 미술가만이 사용할 수 있었다. 그들은 웅황이 위험하다는 사실을 씁쓸한 경험을 통해 알고 있었다. 이탈리아의 화가 첸니노 첸니니(Cennino Cennini)는 1390년경 자신의 회화 기법 책에서 웅황이 "독성이 있다"고 경고했고, "웅황이 절대로 입에 묻지 않게 해야 한다"고 조언했다. 주황색이 나는 계관석도 마찬가지였다. 계관석은 19세기까지 하나뿐인 순수한 주황색 안료였

▼ 앙투안 와토, 《이탈리아 코미디언(The Italian Comedians)》(1720년경). 노란색 안료로 웅황이 쓰이고 주황색 안료로 계관석이 쓰였다. 워싱턴 D.C. 국립미술관 새뮤얼H.크레스컬렉션.

▶▶(89쪽) 알베르투스 마그누스, 비소 만드는 법을 설명한 《광물과 5가지 금속(De Mineralibus et Rebus Metallicis Libri Quinque)》의 양피지 문서(이탈리아, 1260~1290년, 원고 제20호). 슐라트 철전문도서관.

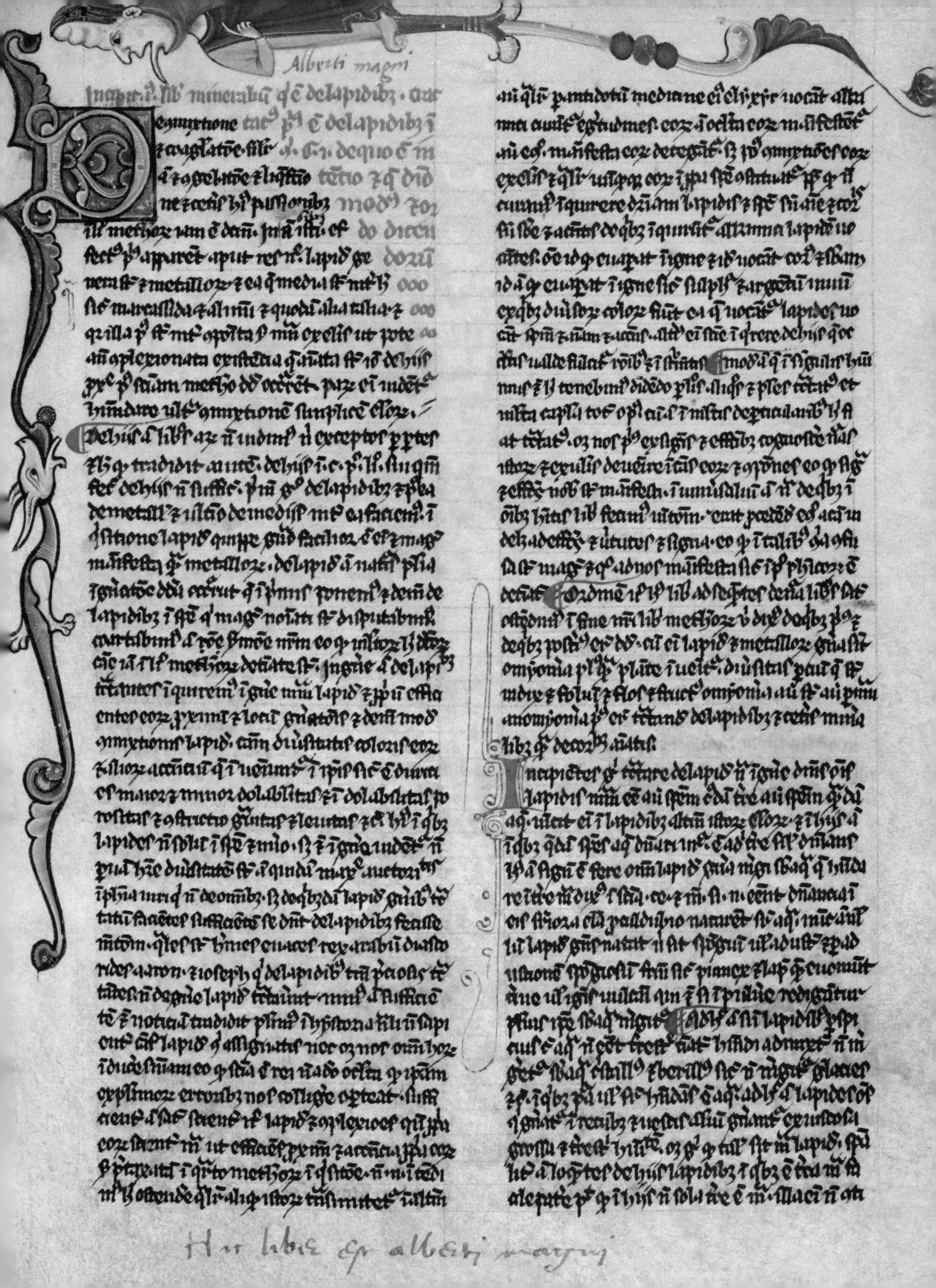

Alberti magni

Incipit .i. lib' mineraliu q e de lapidibz. tract

De mixtione tat[us] p[rimu]s e[st] de lapidibz i[n]

[illegible]

Hic liber est alberti magni

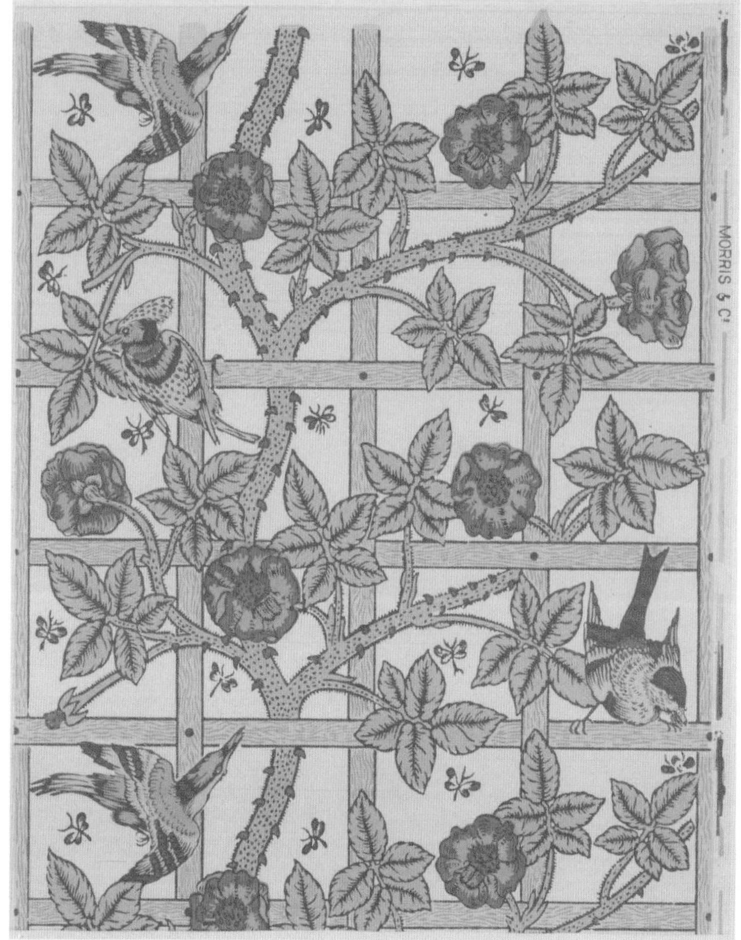

▶ 존 리치가 제작한 이 목판화가 잡지 《펀치(Punch)》에 실리기 일주일 전, 화학자 A. W. 호프만은 비소가 함유된 혼합물 구리 아비산염과 구리 아세토아비산염(셸레그린과 파리스/에메랄드그린)으로 만들어진 녹색 드레스와 화환, 조화에 독성이 있다는 내용의 기사를 발표했다. 〈비소 왈츠: (녹색 화환과 드레스 상인에게 바치는) 새로운 죽음의 춤〉, 《펀치》(1862년 2월 8일), 런던 웰컴컬렉션.

◀ 비소를 함유하고 있는 파리스/에메랄드그린 안료는 화가의 물감과 벽지에 사용되었다. 윌리엄 모리스의 첫 번째 격자무늬 벽지(1862년 디자인, 1864년 생산). 뉴욕 메트로폴리탄미술관.

다. 계관석이 없으면 빨간색과 노란색을 섞어서 써야 했다. 계관석을 뿌리치기는 힘들었다. 하지만 첸니니는 "계관석을 자주 사용해선 안 된다"라고 했다.

아그리콜라는 코발트, 아연, 은이 있는 갱에서 일하는 독일 광부들이 카드미아 금속을 우연히 발견하곤 했다고 기록했는데, 당시 알려지지 않은 광물이라서 부정확하게 말한 듯하다. 마늘 냄새가 나는 광물이라고 알려져 있기에 현재에는 비소 화합물을 함유한 광물일 것으로 추정한다.

안티모니처럼 비소도 준금속이다. 은회색이지만 전기 전도성이 낮다. 이전에 소개된 금속들과 마찬가지로 순수한 비소가 언제 처음 천연 광석에서 분리되었는지 알 수 없다. 서양 연금술의 아버지인 고대 그리스의 작가 조시모스가 기원전 3세기 샌드락(sandarach, 계관석의 옛 이름)을 가열해 오늘날 우리가 알고 있는 삼산화비소를 만드는 방법을 설명했다. 삼산화비소를 기름으로 가열해 산소를 제거하면 비소가 만들어진다고 했다. 하지만 오래된 연금술 설명이라 정확하게 무엇이 어떻게 진행된 것인지 알기는 어렵다. 게다가 이 실험은 상당히 위험하다. 이런 방식 혹은 비슷한 방식으로 순수한 비소를 검출해낸 것처럼 보이는 이야기는 13세기 도미니크회 수사들과 알베르투스 마그누스(Albertus Magnus)가 쓴 것으로 여겨지는 원고에도 등장한다.

1830년대 마시테스트(Marsh test)라고 불리는 화학적 방법이 발달하여 사후분석으로 비소의 흔적을 추적하는 것이 가능해지기 전까지 비소는 독살범들이 애용한 물질로 악명

THE ARSENIC WALTZ.
THE NEW DANCE OF DEATH. (DEDICATED TO THE GREEN WREATH AND DRESS-MONGERS.)

이 높았다. 마시테스트는 비소 중독을 분명하게 밝혀냄으로써 법과학 최초의 증명이라는 기록을 남겼다. 1873년 의붓아들인 찰스 에드워드 코튼(Charles Edward Cotton)을 비소 중독으로 살해한 혐의로 유죄 선고를 받은 메리 앤 코튼(Mary Ann Cotton)의 재판은 세상을 깜짝 놀라게 했다. 그는 4명의 전남편들도 같은 방법으로 살해해 생명 보험금을 수령한 것으로 추정된다. 남편들의 차에 단맛을 내기 위해 비소가 가미된 설탕을 넣은 연쇄 살인범의 아이디어는 대중의 상상력을 사로잡았다. 코튼의 범행은 마시테스트로 발각되었는데 의붓아들의 시체를 부검하자 극미량의 비소가 검출되었기 때문이다.

비소의 독성이 잘 알려져 있었지만 비소를 함유한 구리 화합물 두 가지는 19세기 내내 녹색 안료로 널리 사용되었다. 파리스그린 혹은 에메랄드그린이라고 하는 안료는 화가들의 물감뿐 아니라 벽지에 무늬를 만들 때도 사용되었다. 그런데 1860년대에 이 벽지로 도배된 방에 습기가 차자 비소 증기가 나와 아이와 어른을 막론하고 수면 중에 사망에 이른 사건이 일어났다. 이 녹색 안료의 주원료였던 비소는 19세기 후반 윌리엄 모리스(William Morris)가 경영하는 콘월의 광산에서 생산되었다. 그가 디자인한 꽃무늬 벽지는 큰 인기를 얻었다. 그는 산업화에 거슬러 전통적인 생산 방법으로 돌아가자고 주장하는 미술 공예 운동의 리더로서 명망이 높았지만, 이 치명적인 화합물을 생산해서 큰 이익을 얻었다. 전해지는 이야기에 따르면 나폴레옹 보나파르트(Napoleon Bonaparte)가 세인트헬레나섬에서 유배 중일 때도 숙소 벽에 도색된 녹색 페인트가 그의 죽음을 앞당겼다고 한다.

망가니즈

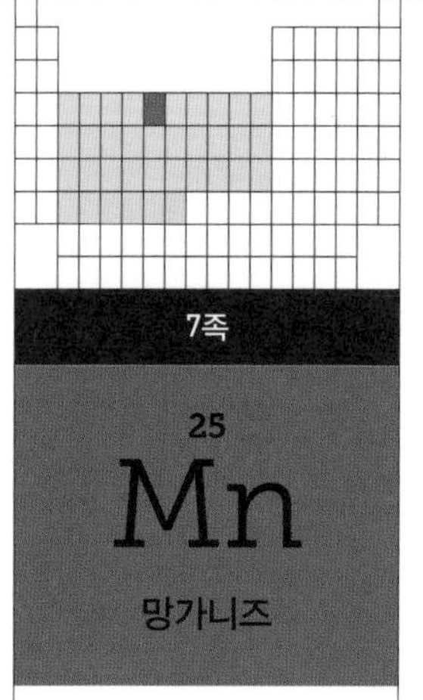

전이 금속

원자번호
25

원자량
54.938

상온 · 상압에서
고체

원소인 줄도 모르면서 오랫동안 이용해온 금속들이 있다. 그중 하나인 코발트는 고딕 양식의 교회가 건축되던 시대에 찬란한 파란색 유리의 주재료로 쓰였다. 망가니즈도 고대와 중세 시대의 유리 제조업자가 유용하게 사용한 원소다.

놀랍게도 투명 유리보다 색유리를 만들기가 더 쉽다. 유리는 일종의 이산화규소다. 투명한 석영처럼 실리콘과 산소 원소로 이루어져 있지만, 유리는 원자들이 불규칙한 형태로 결합해 있다. 유리는 기원전 2500년경부터 재나 천연 소다(로마인들은 이를 나트론[natron]이라고 불렀다)와 함께 모래를 녹여서 만들었다. 다른 금속 광물을 소량만 첨가하면 원하는 색을 얻을 수 있었지만, 첨가물을 넣지 않아도 모래 안의 불순물 때문에 고대의 유리는 연한 색을 띠었다. 불순물이란 미량의 다른 원소들로, 일부는 강렬한 색을 내는 화합물을 형성했다. 철은 유리를 옅은 녹색, 노란색, 빨간색으로 만들었다. 망가니즈는 용광로에 공기가 얼마나 잘 주입되느냐에 따라 보라색 유리나 노란색 유리를 만들었다. 여기다 철을 약간 섞으면 화려하고 붉은 사프란색 유리가 만들어졌다. 제조업자들은 이런 색이 나는 이유를 몰랐기에 원하는 색을 만들어내기가 쉽지 않았지만, 진한 색의 유리는 가치가 높았다.

한편 기술공들은 망가니즈 원석이 유리를 탈색시켜 석영처럼 투명한 유리를 만든다는 사실도 발견했다. 플리니우스는 이 투명한 유리가 제일 높이 평가된다고 말했다. 제조업

▶ 실험 장치. 카를 빌헬름 셸레, 《공기와 불에 관한 화학 논문(Chemische Abhandlung von der Luft und dem Feuer)》의 속표지(1777년). 워싱턴 스미소니언도서관.

자들이 가마에 파이로루사이트(pyrolusite, 연망가니즈석)라는 광물을 소량 넣었다고 알려졌는데, 파이로루사이트는 그리스어로 '불 세척제'라는 뜻이었다. 불타는 용광로에서 연망가니즈석이 유리의 모든 색조를 씻어냈기 때문이다. 중세에는 이 물질을 '유리 비누'라고 부르곤 했다. 그러나 아무도 이런 결과를 예상하지 못했다. 연망가니즈석 자체는 검은색이었고, 실제로 1만 7000년 전 동굴 벽화를 그리던 일부 예술가들이 검은색 안료로 사용했기 때문이다.

얀 밥티스타 판 헬몬트는 1662년에 출간된 저서에서 이런 속성을 서술했다. "가마에서 완전히 끓은 유리나 불로 직접 녹인 유리에서 이 광물은 무언가를 끄집어낸다. 유리 덩어리가 끓는 동안 이 광물 조각을 아주 조금 넣으면 녹색 유리든 노란색 유리든 하얀색이 된다." 그는 연망가니즈석을 자석이라는 의미의 '로드스톤(lodestone)'이라고 했다. 이 광물은 실제로 약간 자성을 띤다. 때문에 연망가니즈석은 중세 시대에 자석석을 총칭하는 마그네시아(magnesia)로 불렸다. 16세기 중반에 반노초 비링구초(Vannoccio Biringuccio)라는 이탈리아인이 금속 가공에 관한 논문에서 마그네시아의 철자 몇 개를 바꿔 망가니즈(manganese)라고 불렀다. 이후 200여 년 동안 연망가니즈석은 망가니즈라는 이름으로 알려지게 되었다.

18세기 후반의 화학자들은 이 광물이 막연히 '토류'의 일종이라고 생각하는 데 만족할 수 없었다. 어떤 원소가 들어 있는지 파악하고 싶었다. 스웨덴의 화학자이자 약제상인 카를 빌헬름 셸레(Carl Wilhelm Scheele)는 연망가니즈석에 새로운 원소가 숨어 있다고 추측하고 이것을 연구해보기로 했다. 하지만 그는 그 원소를 분리해내진 못했다. 이 원소는 1774년 토르베른 베리만의 조수였던 요한 고틀리브 간(Johan Gottlieb Gahn)이 발견했다. (그러나 순수한 망가니즈를 처음 검출한 사람은 3년 전 논문을 제출한 빈 출신의 젊은 화학자 이그나티우스 카임[Ignatius Kaim]이었을 가능성이 높다.) 베리만은 마그네시아가 사실은 공기 중에서 금속을 태웠을 때 형성되는 물질이라는 뜻으로 '새로운 금속의 금속회'라고 적었다. 그는 간이 어떻게 마그네시아에서 '레귤러스(regulus)'를 얻어냈는지를 보고했다. 레귤러스라는 단어는 순수한 금속 조각이라는 의미로 사용했다. 하지만 베리만의 단어 선택은 화학을 배우는 학생들을 혼란스럽게 만들었다. 망가니즈를 마그네슘이라고 불렀기 때문이다. 마그네슘은 망가니즈와 놀라울 정도로 비슷하지만 완전히 다른 원소고, 그때까지 발견되지 않았다. 원소들이 발견될 때, 특히 원소가 은색 금속처럼 보일 때, 원소들을 분간하기는 정말로 어렵다. 하지만 이후에도 수많은 은색 금속 원소들이 발견된다.

▲ 독일의 화학자 프리들리프 페르디난트 룽게가 1858년에 출간된 저서 《물질의 형성 경향(Der Bildungstrieb Der Stoffe)》에서 크로마토그래피를 이용한 '룽게 패턴'을 보였다. 이 색들은 산화망가니즈 등 다양한 금속염으로 만들었다(오라니엔부르크, 독일, 1858년, 16판). 필라델피아 과학사연구소.

텅스텐, 백금, 팔라듐

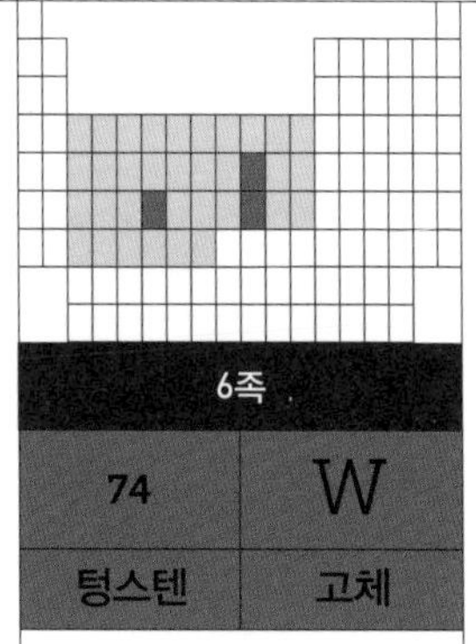

6족	
74	W
텅스텐	고체

전이 금속
원자량: 183.84

10족	
78	Pt
백금	고체

전이 금속
원자량: 195.08

10족	
46	Pd
팔라듐	고체

전이 금속
원자량: 106.42

광업과 광물학은 16세기부터 18세기 중반까지 원소 발견을 이끈 주역이었다. 색이나 밀도, 결정의 모양으로 새로운 광물을 발견하는 일은 어렵지 않았다. 광물이 금속의 원천이라는 것도 오래전부터 알고 있었다. 하지만 동시에 여러 물질이 혼동되는 일이 많았다. 서로 다른 광물이 같은 금속을 함유할 수 있고, 하나의 광물에 한 가지 이상의 금속 원소가 들어 있을 수 있으며, 어떤 '돌'이 다른 돌과 혼동될 수 있었기 때문이다. 원소의 이름을 지어 붙이는 일은 끔찍하게 힘들었다. 장소에 따라 광물의 이름이 달랐고, 광물과 금속을 혼동하는 일이 잦았으며, 특히 금속의 변형에 관한 분야에선 연금술의 용어와 이론이 여전히 남아 있었다.

독일에는 주석 광석이 있는 곳에서 종종 발견되는 광석이 있었다. 16세기 중반에 광부들은 이 물질을 볼프룸(Wolfrumb) 또는 볼프람(Wolffram), 볼프샤움(Wolffschaum, 늑대 거품)이나 볼프샤르(Wolffshar, 늑대 털)라고 불렀다. 검고 섬유질 구조의 결정을 가졌기 때문이었다. 이 광석은 주석 광석과 섞여 있으며 주석을 제련할 때 주석을 망가뜨린다고 알려져 있었다. 1747년 독일의 광물학자 요한 프리드리히 헨켈(Johann Friedrich Henckel)은 이 골치 아픈 물질을 라틴어로 '목성의 늑대(lupus jovis)'라고 불렀다. ('볼프람'이 늑대처럼 주석을 집어삼키기 때문에 이런 이름이 붙여졌다는데, 사실인지는 분명하지 않다. 후세에 일부 작가들이 기발한 상상력으로 추정한 것이다.)

18세기 중엽 악셀 프레드리크 크론스테트(Axel Fredrik Cronstedt)가 '무거운 돌'이라는 물질을 보고했다. 스웨덴어로 텅스텐이었다. 카를 빌헬름 셸레가 이 광물을 연구하여 금속을 분리하는 데까지 성공했고, 텅스텐이라는 이름으로 알려졌다. 그러나 텅스텐 발견의 공은 스페인 화학자 후안 호세(Juan José)와 파우스토 엘후야르(Fausto d'Elhuyar)에게 돌아간다. 이들은 당시 텅스텐으로 알려진 광석과 볼프람을 면밀히 비교 관찰했다. (후안 호세는 셸레를 만나기도 했다.) 1785년, 그들이 〈볼프람에 관한 화학적 분석(A Chemical anlysis of Wolfram)〉이라는 보고서에서 볼프람에 새로운 금속이 들어 있음을 발표했다. 두 광물이 같은 금속을 함유하는 것도 분명했다. 이 영어 보고서 역시 이 금속을 '볼프람'이라고 했다. (오늘날 이 금속이 들어 있는 원석을 'wolframite'[철망간중석]라고 한다.) 하지만 프랑스에서는 이 금속을 텅스텐(tungstène)이라고 불렀다. 옌스 야코브 베르셀리우스(Jöns Jacob Berzelius)는 19세기 초반 원소기호를 할당하며 텅스텐의 경우 '볼프람'에서 철자를 딴 'W'를 사용해야 한다고 판단했다. 이 때문에 오늘날 텅스텐이 주기율표에서 W로 표시되고 있다.

텅스텐은 밀도가 높은데, 밀도는 과학자들이 새로운 금속의 증거로 내세울 수 있는 믿을 만한 증거 중 하나였다. 백금은 밀도가 큰 은색 금속으로 상당히 쉽게 발견되었다. 자연

◀ 광물에서 금속을 추출하는 모습. 라자루스 에르커, 《주요 광석 가공 및 채광 방법에 대한 설명(Beschreibung Allerfürnemisten Mineralischen Ertzt unnd Bergkwercks Arten)》 속표지의 목판화(1580년). 필라델피아 과학사연구소.

에서 '천연' 원소 형태로 생성되기 때문이다. 백금은 18세기 초 콜롬비아에서 처음 발견되었다. 핀토강 유역 충적지에서 출토된 은처럼 생긴 금속을 '작은 은'이라는 뜻의 스페인어 플래티나(platina)라고 불렀는데, 여기서 백금의 원소명 플래티넘(platinum)이 나왔다. 은과 금처럼 백금도 반응성이 낮은 금속이라서 쉽게 부식되지 않는다. 이런 속성 때문에 장신구를 만들기에 적합했다. 실제로 콜롬비아와 에콰도르 인근 원주민들은 스페인 사람들이 도착하기 전 수백 년 동안 백금으로 장신구를 만들었다.

천연 백금에는 불순물이 많았다. 백금은 철을 비롯하여 다른 금속들이 조금씩 들어 있는 합금이었다. 백금은 유럽에 널리 알려져 있었지만 누가 제일 먼저 백금이 원소라고 밝혔는지는 분명치 않다. 스페인의 행정관이자 탐험가, 과학자였던 안토니오 데 울로아(Antonio de Ulloa)가 스페인으로 돌아가는 프랑스 배에서 영국인들에게 붙잡혀 런던의 왕립학회에 지식을 공유한 것이 백금이 알려진 계기였다. 1750년대에 유럽인들이 백금을 연구하기 시작했고, 곧이어 원소 명단에 들어가게 되었다.

화학자 윌리엄 하이드 울러스턴(William Hyde Wollaston)과 스미슨 테넌트(Smithson Tennant)는 백금을 자세히 연구했다. 백금의 녹는점은 섭씨 1768도로 금속의 녹는점 중 가장 높다. 하지만 염화수소산과 질산의 혼합액(진한 염산과 진한 질산의 혼합액을 '왕수[aqua regia]'라고 한다)에 용해될 수 있다. 울러스턴은 이 용액에 백금을 녹였고, 노란색 결정이 침전된 남은 용액을 가열하자 결정이 분해되어 은색 금속이 생겼다. 그는 옛사람들이 금속과 천체를 대응시켰던 것에 착안해 1802년에 발견된 소행성 팔라스(pallas)의 이름을 따서 이 금속을 팔라듐이라고 명명했다.

울러스턴은 1805년에 왕립학회에 논문을 제출하여 이 새로운 금속을 공개했고, 팔라듐으로 이익을 취할 수 있는 권리를 인정해달라고 주장했다(그러나 같은 주장을 하는 사람들이 몇몇 있었다). 그사이 울러스턴의 동료 테넌트는 백금이 왕수에 녹았을 때 남은 검은색 잔여물에 오스뮴과 로듐이 포함되어 있다는 사실을 발견했다. 이리듐, 팔라듐과 더불어 이들도 백금족 원소다.

▶▶(96~97쪽) 광물 채굴. 한스 헤세의 패널화, 〈안나베르크 산 제단(Annaberg Mountain Altar)〉(성안나교회, 안나베르크부흐홀츠, 독일, 1522년).

우라늄

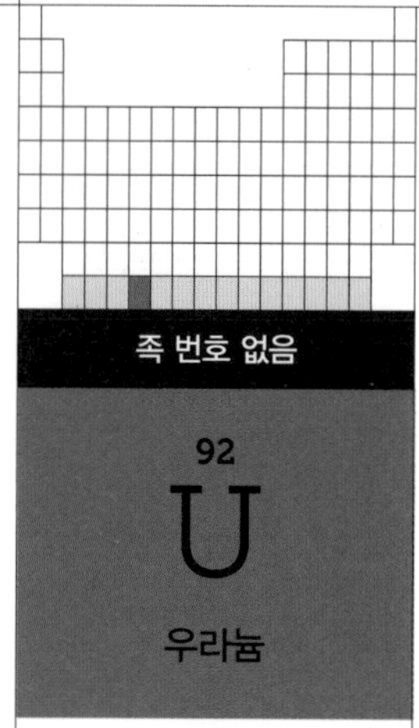

악티늄족

원자번호
92

원자량
238.03

상온·상압에서
고체

윌리엄 울러스턴이 새로운 원소를 팔라듐이라고 명명한 것을 보면, 천체와 금속이 '대응'한다는 미신적인 믿음을 버린 후에도 화학자들이 그 아이디어에 얼마나 오랫동안 애정을 가졌는지 알 수 있다. 1789년에 독일의 광물학자 마르틴 클라프로트(Martin Klaproth)도 또 다른 고밀도 금속 원소에 천체의 이름을 붙였다.

클라프로트는 보헤미아의 은 광산에서 흔히 발견되는 검은 광물 피치블렌드(pitchblende)를 연구하고 있었다. 피치블렌드는 타르나 역청(pitch)처럼 색이 검다는 뜻과 '속인다(blende)'는 뜻의 독일어가 합쳐져 생긴 이름이다. 금속이 들어 있는 것처럼 무겁지만 아무 금속도 추출되지 않는 광물을 블렌드라고 했던 것이다.

클라프로트가 피치블렌드에서 순수한 금속을 추출하지는 않았다. 그는 이 광물을 질산에 용해한 다음 이 용액에 알칼리를 첨가하면 노란색 물질이 침전되는 것을 발견했다. 그것을 가열하자마자 검은색 분말이 만들어졌다. 그는 그것을 새로운 금속이라고 추정하고 이름을 붙였다. 그는 "금속이 발견되는 수만큼 새로운 행성이 발견되지 못해서 새롭게 발견된 금속은 예전의 광물들처럼 행성에서 이름을 따는 영예를 얻지 못하고 있다"라고 적었다. 그런데 이 영예를 얻을 새로운 기회가 막 생겼다. 1781년 영국의 윌리엄 허셜(William Herschel)이 망원경으로 새로운 행성을 발견하고 그리스 신화에 나오는 하늘의 신 우라노스(Uranus)의 이름을 따서 명명한 것이다. 클라프로트는 새로운 원소를 "우라나이트(우라늄)라고 부르기로 했다. 그는 천문학계에서 새로운 행성 우라노스(천왕성)가 발견된 시기에 화학사에 의미 있는 새로운 금속이 발견되었다는 것을 기념하고자 했다"고 발표했다.

방사능의 새 장을 열다

그러나 클라프로트가 발견한 흑색 분말은 우라늄이 아니라 산화우라늄이었다. 순수한 우라늄을 처음으로 분리한 것은 1841년 프랑스의 화학자 외젠 펠리고(Eugène Peligot)였다. 우라늄은 처음에 유리나 도기의 착색제로 쓰였다. 산화우라늄을 함유한 유리는 형광이 도는 황록색 색조를 띠었다. 이후 우라늄 화합물은 진한 주황색 도기 유약에 쓰였고, 1930년대와 1940년대에 다양한 식기류를 통해 대중화되었다. 사실, 1912년에 옥스퍼드에서 연구하던 한 과학자는 로마제국 시대의 별장에서 나온 일부 담록색 유리 모자이크 조각에 소량의 우라늄이 함유되어 있으며, 계획적으로 우라늄 광석을 첨가한 것이 틀림없다고 주장한 바 있

▶ 보헤미아(현재 체코공화국) 쿠트나호라의 은광. 콰이어북 채색본(1490년). 런던의 소더비경매상.

▲ 우라늄 유약을 입힌 오지 그릇의 광고 책자(호머로플린 제품, 1937년). 1943년에 우라늄이 전쟁 물자로 공급되자 붉은색 유약의 생산이 중단되었다.

다. 이 발견이 사실인지는 아직도 논쟁의 여지가 있다. 일부 과학자들은 고대 로마제국 시대에 영국 콘월에서 우라늄이 생산되었을 것이라고 추정했지만 우라늄이 함유된 로마의 유리가 있다고 알려진 적이 없기 때문이다.

수십 년 동안, 우라늄은 진기한 금속이었다. 피치블렌드에

▶ 빌헬름 뢴트겐이 뷔르츠부르크 연구실에서 아내 안나 베르타의 손을 찍은 X선 사진(독일, 1895년 12월 22일). 런던 웰컴컬렉션.

는 특이한 속성이 있다. 빛을 쏘인 다음 어두운 곳에 두면 빛을 발한다. 이를 인광 현상이라고 한다. 매우 신기한 특성이었고 상점을 장식할 때 사용할 수 있었지만 별다른 쓸모는 없었다. 하지만 이 현상에 관심을 가진 프랑스의 물리학자 알렉상드르에드몽 베크렐(Alexandre-Edmond Becquerel)이 19세기 중반에 이를 주의 깊게 연구했다.

1895년에 독일의 과학자 빌헬름 뢴트겐(Wilhelm Röntgen)은 새로운 종류의 '방사물(emanation)'을 연구해 발표하면서 이를 X선이라고 불렀다. X선은 빛처럼 사진 유제 위에 상을 남겼지만, 살 같은 고체 사물은 바로 통과할 수 있었다. 이 X선이 일부 물질에서 인광이 생기게 할 수 있다는 사실도 곧 발견되었다. 1896년 초, 베크렐의 아들 앙리(Henri)는 우라늄염과 같은 인광성 물질이 정말로 X선을 방사하는지 의문을 제기했다. 그는 사진 건판 몇 개를 검은 종이로 감싸서 빛에 노출되지 않게 했다. 그런 다음 다양한 인광 물질을 그 위에 올려놓고 햇빛에 노출시켜 인광체를 자극했다. 사진 건판에는 우라늄 화합물의 상 이외에 아무런 상도 남지 않았다.

앙리 베크렐은 우라늄염의 인광 물질에 빛이 들어가서 이런 결과가 나왔다고 추정했다. 하지만 그때 그는 우연히 사진 건판 몇 개를 서랍에 넣고 닫은 채로 며칠 동안 놔두었다. 2월의 날씨는 우중충해서 햇빛이 별로 들지 않았다. 그는 본능적으로 우라늄의 인광 물질에 노출되지 않은 사진 건판을 현상해야겠다고 생각했다. 그리고 놀랍게도 여전히 검은 무늬가 나타난 것을 발견했다. 그는 우라늄 화합물 자체가 다른 광선을 방사하고 있다는 결론을 내리고, 이에 우라늄선이라고 이름을 붙였다. 베크렐은 우라늄에 방사능이 있다는 것을 발견했다. 하지만 그것이 진정으로 무엇을 의미하는지를 이해하는 건 다른 사람들이 몫으로 남겨졌다. 그리고 그건 원소를 발견하는 것과는 별개의 문제였다.

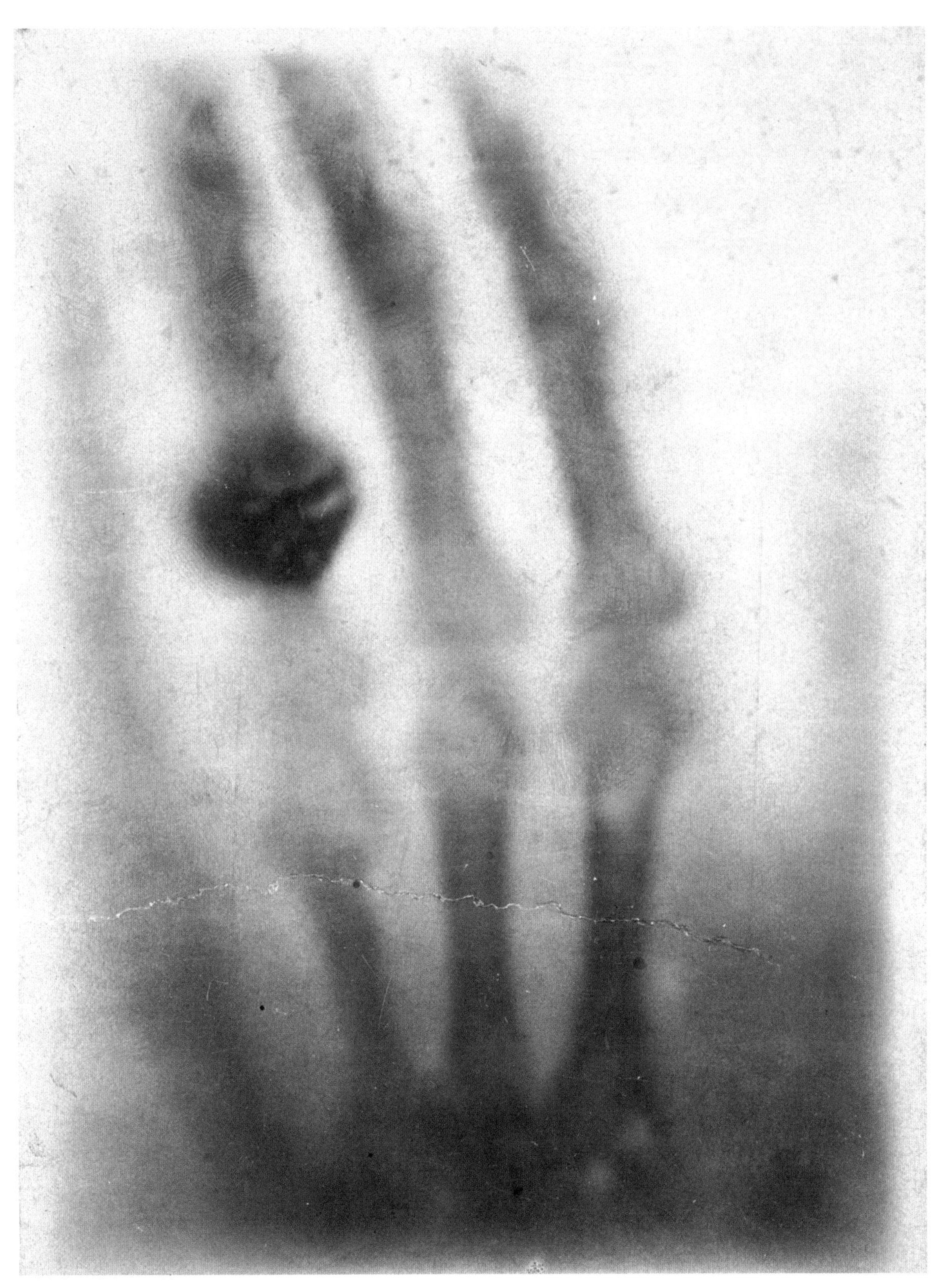

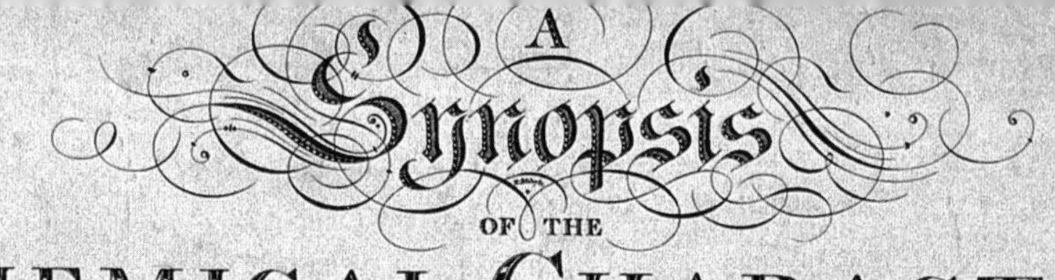

CHEMICAL CHARACTE

Adapted to the **NEW** *Nomenclature,*

By Mess.rs **HASSENFRATZ** and **ADET**,

Systematically arranged by W. Jackson, Practical Ch.

The CHEMICAL CHARACTERS of the NEW NOMENCLATURE are divided into two Classes simple & compound, conta six Genera & fifty five Species, each Genus has a Sign proper to itself which with some Modifications expresses the diffrent Species in each and by the Combinations & Positions of the six Generical Characters the constituent principles & proportions are expressed of all compound B

GENERICAL CHARACTERS

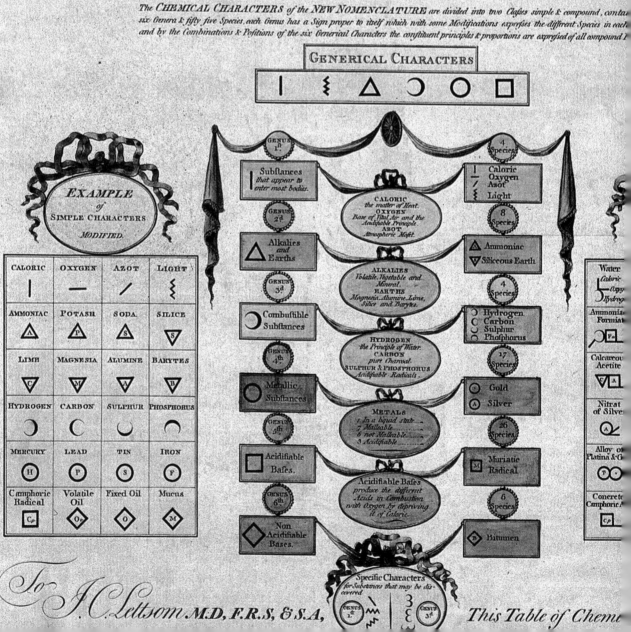

EXAMPLE *of* SIMPLE CHARACTERS *MODIFIED.*

CALORIC	OXYGEN	AZOT	LIGHT
AMMONIAC	POTASH	SODA	SILICE
LIME	MAGNESIA	ALUMINE	BARYTES
HYDROGEN	CARBON	SULPHUR	PHOSPHORUS
MERCURY	LEAD	TIN	IRON
Camphoric Radical	Volatile Oil	Fixed Oil	Mucus

Genus	Substances	Description	Species
GENUS 1.st	Substances that appear to enter most bodies.	CALORIC the matter of Heat. OXYGEN Base of Vital Air and the Acidifiable Principle. AZOT Atmospheric Mofet.	4 Species: Caloric, Oxygen, Azot, Light
GENUS 2.d	Alkalies and Earths	ALKALIES Volatile, Vegetable and Mineral. EARTHS Magnesia, Alumine, Lime, Silice and Barytes.	8 Species: Ammoniac, Siliceous Earth
GENUS 3.d	Combustible Substances	HYDROGEN the Principle of Water. CARBON pure Charcoal. SULPHUR & PHOSPHORUS Acidifiable Radicals.	4 Species: Hydrogen, Carbon, Sulphur, Phosphorus
GENUS 4.th	Metallic Substances	METALS 1 In a liquid state .... 7 Malleable .... 6 not Malleable .... 3 Acidifiable	17 Species: Gold, Silver
GENUS 5.th	Acidifiable Bases.	Acidifiable Bases produce the different Acids in Combustion with Oxygen by depriving it of Caloric.	26 Species: Muriatic Radical
GENUS 6.th	Non Acidifiable Bases.		6 Species: Bitumen

Water
Caloric
Oxyg
Hydrog
Ammoniac Formiat
Calcareous Acetite
Nitrat of Silve
Alloy of Platina & G
Concrete Camphoric

Specific Characters for Substances that may be discovered
GENUS 1.st
GENUS 3.d

To J. C. Lettsom **M.D, F.R.S, & S.A,** *This Table of Chemi*

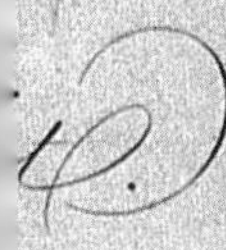

5장

연금술에서 화학으로

◀ 윌리엄 잭슨, 〈화학 원소 기호표〉. 채색 판화. 장앙리 하센프라츠와 피에르오귀스트 아데트가 명명한 원소 기호를 정리했다(1799년). 런던 웰컴컬렉션.

화학의 황금기

1780년경
영국에서 기계화된 방적 기술이 발달해 급속한 산업화가 일어났다.

1783년
파리조약으로 미국독립전쟁이 종식하다.

1789~1799년
프랑스혁명.

1803년
영국과 프랑스 간의 나폴레옹전쟁 발발. 1815년 워털루전투에서 나폴레옹 보나파르트의 패배로 끝났다.

1826년
미국 발명가 새뮤엘 모레이가 내연기관 특허를 획득했다.

1848~1858년
캘리포니아 골드러시.

1853~1856년
프랑스, 영국, 오스만제국, 러시아 등이 참전한 크림전쟁.

1867년
자본주의 경제의 출현을 숙고한 카를 마르크스의 《자본론(Das Kapital)》 출간.

18세기의 화학에는 연금술의 전통이 여전히 뚜렷하게 남아 있었고, '연소의 원리'로 여겨지던 플로지스톤이 핵심적인 위치를 차지하고 있었다. 19세기가 시작하면서 화학은 현대적인 형태를 갖춰나갔다. 여러 원소가 알려졌고, 원자와 분자의 개념이 막 생겨나기 시작했으며, 원자들이 결합해 분자를 이루는 화학적 결합에 대한 개념도 어렴풋하게나마 알아가고 있었다.

18세기는 화학혁명의 시대라고 불리곤 한다. 화학혁명은 17세기의 과학혁명에 약간 뒤처졌지만 그와 견줄 만했다. 역학으로 분석하고, 수학적으로 기술하며, 정밀하고 체계적인 실험을 통해 결론을 도출하는 현대 과학 지식의 기본 틀이 세워진 것이 과학혁명이었다. 화학혁명과 과학혁명, 이 두 용어는 확실히 너무 단순화한 표현이다. '혁명'이 언제나 과학의 진보를 말하는 것은 아니다. 과학은 과거의 오류투성이 아이디어들이 대담하고 새로운 이론들과 어깨를 나란히 하고, 2보 전진한 후 1보 후퇴하면서 발전했다. 인간의 사고는 뒤죽박죽한 논쟁을 벌이고 오류를 범하여 혼돈에 빠지면서 진전했다.

당시 화학 발전 과정의 실용적인 측면은 종종 간과되곤 한다. 산업혁명이 가속화되면서 새로운 물질과 공정에 관한 수요가 유례없이 늘었다. 원석에서 금속을 추출하는 기술, 섬유 산업에 쓰이는 염료, 표백제, 매염제, 그리고 페인트, 종이, 잉크, 비누, 향수 등의 물질 덕에 중산층은 쾌적한 삶을 누릴 수 있게 되었다. 과학이 새로운 아이디어를 내놓으면 기술이 이를 이용해서 돈을 벌기만 한 것이 아니었다. 기술이 과제를 던져주면 이 과제를 해결하기 위해 새로운 과학적 발견이 필요했다.

과학과 기술은 대개 실험 연구를 통해 만났다. 화학은 예나 지금이나 전형적인 실험과학이다. 18세기에 화학자들은 원소들이 어떻게 결합하는지, 어떻게 하면 새로운 원자 배열을 만들어낼 수 있는지 이해하기 시작했다. 화학은 정량화되었다. 무엇이 무엇과 반응하느냐가 아니라 어떤 비율로 반응하느냐가 중요했다. 화학 실험에는 원소를 가열하고 증류하는 용광로와 증류기 등의 용기뿐 아니라 화학반응 전과 후의 양을 정확하게 계량하는 저울도 필요했다. 세세한 사항에 깊은 주의를 기울여야 화학반응 과정을 이해할 수 있었고, 산업계도 귀중한 재료를 낭비하지 않고 효율적으로 사용할 수 있었다.

화학자들은 원소들의 결합을 정량적으로 바라보게 되었다. 원소들이 서로 '사랑'해서 화학적 결혼을 하는 것이라는 오래된 개념들은 물러나고 '친화력', 프랑스어로 라포(rapport)라는 개념이 그 자리에 들어섰다. 화학자들은 서로 다른 원소들이 얼마나 쉽게 결합하는지를 보여주는, 즉 원소 간의 친화도를 보여주는 표를 점점 더 정교하게 만들었다. 결합이 생길 때 친화도가 높은 원소가 비교적 친화도가 낮은 원소를 대체할 수 있다는 것도 알게 되었다. 이 법칙

A TABLE OF AFFINITIES BETWEEN SEVERAL SUBSTANCES, BY MR. GEOFFROY.

1. Acid Spirits	2. Marine Acid	3. Nitrous Acid	4. Vitriolic Acid	5. Abſorbent Earth	6. Fixed Alkali	7. Volatile Alkali	8. Metallic Subſtances	9. Sulphur	10. Mercury	11. Lead	12. Copper	13. Silver	14. Iron	Regulus of Antimony	Water
Fixed Alkali	*Tin*	*Iron*	*Phlogiſton*	*Vitriolic Acid*	*Vitriolic Acid*	*Vitriolic Acid*	*Marine Acid*	*Fixed Alkali*	*Gold*	*Silver*	*Mercury*	*Lead*	*Regulus of Antimony*	*Iron*	*Spirit of Wine*
Volatile Alkali	*Regulus of Antimony*	*Copper*	*Fixed Alkali*	*Nitrous Acid*	*Nitrous Acid*	*Nitrous Acid*	*Vitriolic Acid*	*Iron*	*Silver*	*Copper*	*Lapis Calami-naris*	*Copper*	*Silver Copper Lead*	*Silver Copper Lead*	*Neutral Salts*
Abſorbent Earths	*Copper*	*Lead*	*Volatile Alkali*	*Marine Acid*	*Marine Acid*	*Marine Acid*	*Nitrous Acid*	*Copper*	*Lead*						
Metallic Subſtances	*Silver*	*Mercury*	*Abſorbent Earths*		*Acetous Acid*		*Acetous Acid*	*Lead*	*Copper*						
	Mercury	*Silver*	*Iron*		*Sulphur*			*Silver*	*Zinc*						
			Copper					*Regulus of Antimony*	*Regulus of Antimony*						
			Silver					*Mercury*							
	Gold							*Gold*							

▲ '여러 물질 간의 친화도를 나타내는 표'. 피에르 조세프 마케르, 《화학사전(Dictionnaire de Chymie)》 1권(1766년)의 영어판(1777년). 필라델피아 과학사연구소.

은 모든 원소의 반응에 적용되었다.

정량적 분석 연구는 프랑스에서 가장 활발하게 이루어졌다. 1760년대에 화학자 앙투안 라부아지에는 원소가 결합하고 분리되는 비율을 매우 정밀하게 측정했다. 라부아지에는 화학적 분석 원리를 연구한 주요 인물이었다. 그는 어떤 화합물을 분해해 어떤 원소들이 들어 있는지 추론했다. 이런 방식으로 라부아지에는 원소를 정의하는 명확한 기준을 세웠다. 원소는 화학반응으로 더 이상 나눌 수 없는 물질이다!

1787년에 라부아지에는 동료 루이베르나르 기통 드 모르보(Louis-Bernard Guyton de Morveau), 클로드루이 베르톨레(Claude-Louis Berthollet), 앙투안 푸르크루아(Antoine Fourcroy)와 함께 연금술에서 명명한 물질의 옛 이름을 새로운 이름으로 바꿀 것을 제안하고 화학의 새로운 전망을 제시한 교과서 《화학명명법(Méthode de Nomenclature Chimique)》을 출간하며 '비트리올의 기름'은 황산으로, '아연의 꽃'은 산화아연으로 표기했다. 결정적으로, 화학명은 해당 물질을 구성하는 원소에서 따서 붙였다. 라부아지에와 동료들은 말 그대로 화학을 다시 썼다.

2년 후에 라부아지에는 《화학원론(Traité Élémentaire de Chimie)》을 통해 더 우월한 체계를 새로 제안했다. 이 책에서 그는 새로운 원소 목록을 만들었고 이 목록에서 33개 이상의 새로운 원소 이름을 제안했다. 화학의 실용적인 기술도 함께 다룬 이 책은 향후 수십 년간 화학 교육의 표준적인 교과서가 되었으며, 화학을 배우기 시작하는 순간부터 라부아지에의 화학적 견해가 영향력을 발휘하게 되었다.

그의 업적에 쏟아진 칭찬을 그는 오랫동안 즐기지 못했다. 그는 과학자였을 뿐 아니라 루이 16세 당시 재정총감과 화약감독관도 겸하고 있었는데, 1789년 프랑스혁명이 발발하고 로베스피에르(Robespierre)가 공포정치를 펼치는 동안 극단적인 혁명 세력의 표적이 되었다. 1793년 라부아지에는 프랑스 제1공화국의 반역자로 기소되어 1794년 5월, 단두대에 올랐다. 하나의 혁명을 일으킨 그는 또 다른 혁명에 스러졌다.

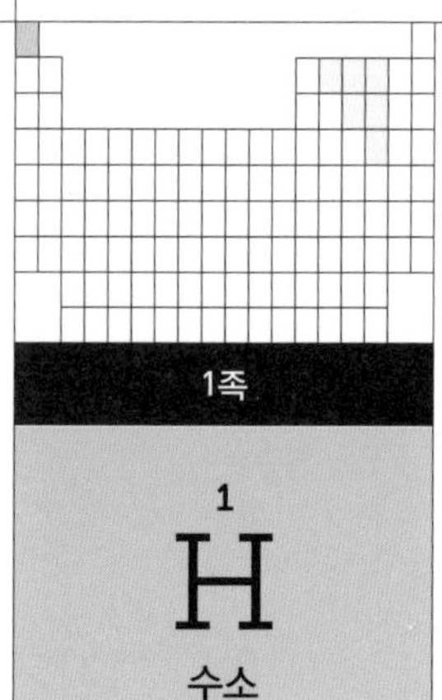

비금속

원자번호
1

원자량
1.008

상온 · 상압에서
기체

원소의 최초 발견자를 정하는 일은 까다롭다. 원소의 증거를 찾아낸 사람이 최초일까, 순수한 원소를 처음으로 분리한 사람이 최초일까? 아니면 자신이 만들어낸 물질이 기존 물질의 특정 형태가 아니라 원소라는 것을 알아낸 사람이 최초일까? 수소에도 같은 문제가 있다.

수소는 영국의 과학자 헨리 캐번디시(Henry Cavendish)가 발견했다고 알려져 있다. 그는 1766년 수소를 분리하고 그것에 관해 기술했다. 하지만 그는 자신이 발견한 것이 원소가 아니라 특별한 유형의 '공기'라고 생각했다.

캐번디시가 처음으로 수소를 분리한 사람은 아니었다. 수소는 우주 어디에나 있고, 우주에 있는 원자 열에 아홉은 수소다. 항성 대부분이 수소로 이루어져 있다. 수소는 항성과 행성을 구성하는 기체 구름의 주성분이다. 토성과 목성 같은 거대 기체 행성을 둘러싼 기체층의 80~96퍼센트가 수소다. 이와 반대로 지구의 대기에는 순수한 수소가 거의 없다. 모든 원소 중에서 가장 가벼워서 지구의 중력으로는 수소를 붙잡아둘 수 없기 때문이다. 수소는 지각과 지표에 있는 원소의 약 13퍼센트를 차지하지만, 대부분 화학적 화합물 안에, 특히 물의 형태로 결합해 있다.

순수한 수소를 만드는 가장 흔한 방식은 물 분자에서 수소 원자를 뽑아내는 것이다. 반응성이 강한 금속을 산에 용해할 때도 수소가 다소 발생한다. 1671년에 로버트 보일이 염산과 쇠 줄밥을 이용하여 이 반응을 일으켰다. 하지만 그보다 앞서 다른 사람들도 이런 실험에 성공했다. 수소는 공기보다 가벼워서 수소 기포를 채집할 수 있었다. 보일은 이 기체가 매우 불에 잘 탄다는 사실을 발견했다. 이 기체는 '펑'하고 불이 붙으며 밝은 빛을 냈다. 보일과 당대의 학자들이 판단하기에 이 기체는 '불이 잘 붙는 공기'였다. 그렇다면 거의 한 세기 후에 캐번디시에게 수소 발견의 영예가 돌아간 이유는 무엇일까? 아마도 캐번디시가 기체를 정확하게 측정했으며 화학 반응을 면밀하게 관찰한, 가장 철저한 실험가였기 때문일 것이다. 그는 진지하게 이 '공기'가 자체로 본질적인 물질이라고 생각했다.

캐번디시는 괴짜였다. 별난 사람이라는 과학계의 평판도 개의치 않았다. 공작의 백만장자 손자인 캐번디시는 당대의 다른 부유한 '귀족 철학자'처럼 집에 있는 실험실에서 개인적으로 연구했다. 친구나 손님을 맞이할 시간은 없었고, 옷차림이 허름했으며, 결혼도 하지 않았다. 그는 런던 최고의 과학 기관인 왕립학회에서 이 방 저 방을 돌아다니며 논쟁을 피하다가 가끔 '날카로운 소리'를 질렀다. 그를 실제로 본 어떤 사람은 캐번디시가 '병적이라고 할 정도로 수줍음이 많고 숫기가 없는 사람'이라고 표현했다.

캐번디시는 보일과 거의 비슷한 방식으로 수소를 추출했다. 그는 당시에 일반적으로 인

	Noms nouveaux.	Noms anciens correſpondans.
Subſtances ſimples qui appartiennent aux trois règnes & qu'on peut regarder comme les élémens des corps.	Lumière........	Lumière.
	Calorique........	Chaleur. Principe de la chaleur. Fluide igné. Feu. Matière du feu & de la chaleur.
	Oxygène........	Air déphlogiſtiqué. Air empiréal. Air vital. Baſe de l'air vital.
	Azote...........	Gaz phlogiſtiqué. Mofete. Baſe de la mofete.
	Hydrogène......	Gaz inflammable. Baſe du gaz inflammable.
Subſtances ſimples non métalliques oxidables & acidifiables.	Soufre...........	Soufre.
	Phoſphore........	Phoſphore.
	Carbone..........	Charbon pur.
	Radical muriatique.	Inconnu.
	Radical fluorique..	Inconnu.
	Radical boracique..	Inconnu.
Subſtances ſimples métalliques oxidables & acidifiables.	Antimoine........	Antimoine.
	Argent...........	Argent.
	Arſenic..........	Arſenic.
	Biſmuth..........	Biſmuth.
	Cobolt...........	Cobolt.
	Cuivre...........	Cuivre.
	Etain............	Etain.
	Fer..............	Fer.
	Manganèſe........	Manganèſe.
	Mercure..........	Mercure.
	Molybdène........	Molybdène.
	Nickel...........	Nickel.
	Or...............	Or.
	Platine..........	Platine.
	Plomb............	Plomb.
	Tungſtène........	Tungſtène.
	Zinc.............	Zinc.
Subſtances ſimples ſalifiables terreuſes.	Chaux............	Terre calcaire, chaux.
	Magnéſie.........	Magnéſie, baſe du ſel d'Epſom.
	Baryte...........	Barote, terre peſante.
	Alumine..........	Argile, terre de l'alun, baſe de l'alun.
	Silice...........	Terre ſiliceuſe, terre vitrifiable.

▶ 앙투안 라부아지에의 '홑원소 물질 원소 표'. 라부아지에, 《화학 원론》(1789년). 워싱턴 D.C. 국회 도서관, 희귀본·귀중본컬렉션.

정받던 플로지스톤 이론으로 수소의 가연성을 설명했다. 이 이론에 따르면 상상 속의 원소인 플로지스톤이 가연성의 원인이다. 화학자들은 사물이 타는 동안 플로지스톤이 공기 중으로 빠져나간다고 믿었다. 그러면 플로지스톤이 많이 들어 있는 물질일수록 가연성이 클 것이다. 캐번디시를 비롯한 일부 화학자들은 수소가 순수한 플로지스톤일 수도 있다고 생각했다.

캐번디시는 가연성 공기가 탈 때 어떤 일이 일어나는지 궁금했다. 플로지스톤은 보통의 공기에서 어떤 과정을 통해 빠져나갈까? 1781년, 그는 연소 과정을 통해 물이 만들어지는 것을 발견했다. 연소가 일어나는 용기의 벽면에 물이 응축되어 방울이 맺혔다. 그가 이 현상에 처음으로 주목한 사람은 아니었지만, 그는 인상적인 결론을 끌어냈다. "물은 보통의 공기와 가연성 공기로부터 만들어진다!" 플로지스톤 이론을 고집하던 그의 표현이 정확하지는 않지만, 그의 생각은 옳았다. 오늘날의 방식대로 설명하자면, 수소는 공기 중에 있는 산소와 결합하여 물을 만든다. 수소와 산소의 이름은 1780년대에 앙투안 라부아지에가 지었다. 그는 가연성 공기를 '수소(hydrogen)'라고 불렀는데, 이는 '물을 생성하는 것(generator of water)'이라는 뜻이다. 여기에는 물이 원소가 아니라 화합물이라는 뜻이 함축되어 있다.

▼ 영국의 과학자 헨리 캐번디시. 애쿼틴트 판화(찰스 로젠버그, 윌리엄 알렉산더, 19세기). 런던 웰컴컬렉션.

많은 화학자, 특히 영국의 화학자들이 플로지스톤 이론을 수소와 산소라는 새로운 원소로 대치하려는 라부아지에의 견해에 격분했다. 라부아지에의 승리는 치열한 논쟁을 거쳐 얻은 것이다.

논쟁과 무관하게 수소는 유용한 물질이었다. 공기보다 가벼운 수소로 가득 찬 풍선은 부력 때문에 하늘로 떠오른다. 1783년에 프랑스의 화학자 자크 샤를(Jacques Charles)은 커다란 기구에 수소를 채워 조수 니콜라루이 로베르(Nicolas-Louis Robert)와 기구를 타고 파리 상공을 날았다. 조제프미셸 몽골피에(Joseph-Michel Montgolfier)와 자크에티엔 몽골피에(Jacques-Étienne Montgolfier) 형제도 그로부터 며칠 전 열기구를 타고 날아올랐다. 열기구는 따뜻한 공기가 찬 공기보다 밀도가 낮아 부력이 생기는 원리를 이용했다.

기구 비행은 18세기 후반에 선풍적인 인기를 끌었다. 사람들은 처음으로 하늘에서 땅을 내려다볼 수 있었다. 19세기 중반에는 수소 풍선에 증기 엔진을 장착했고, 이후에는 프로펠러를 구동하는 전기 엔진을 장착했다. 이후 기구는 여가 활동, 화물 수송, 전쟁에 사용되는 운송수단으로 활약했다. 하지만 수소의 가연성에는 항상 위험이 있었다. 20세기 초에 대서양 노선을 정기적으로 운항하고 전 세계를 누비며 날아다닌 힌덴부르크 비행선이 1937년 미국 뉴저지에서 대참사를 맞으면서 비행선의 황금기는 막을 내렸다.

▶ 기구에 뜨거운 공기를 채우는 모습. 바르텔레미 포자드생퐁, 《몽골피에 형제의 열기구 비행 시험에 관한 설명(Description des Expériences de la Machine Aérostatique de MM. de Montgolfier)》(1783년). 필라델피아 과학사연구소.

산소

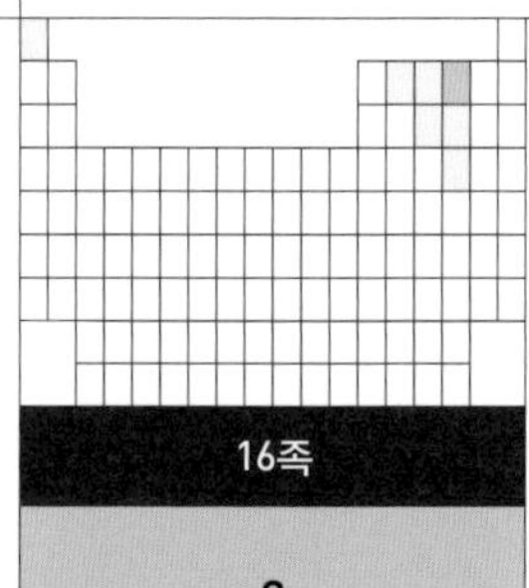

16족

8

O

산소

비금속

원자번호
8

원자량
15.999

상온 · 상압에서
기체

라부아지에의 새로운 화학 용어는 화학에 관한 그의 해석을 암묵적으로 수용하지 않고는 사용하기 어려웠다. 라부아지에의 화학 용어의 중심에는 그가 산소(oxygène)라고 명명한 원소가 있었다. 산소는 '산의 형성자'라는 의미로, 라부아지에는 모든 산에 산소가 들어 있다고 잘못 생각했다. 산소는 상온상압에서 기체이고, 공기의 5분의 1을 구성한다. 그가 최초로 화학 반응 과정에서 산소를 추출하고 발견한 것은 아니었지만, 산소가 하나의 원소라는 사실은 처음으로 인식했다.

18세기 후반은 '공기화학(pneumatic chemistry)'의 시대라고 한다. 당시의 화학자들은 기체를 공기라고 불렀다. 화학 반응 과정에서 '공기'가 발생한다는 건 보글보글 끓는 모습 등을 통해 오래전부터 알려진 사실이었다. 하지만 화학자들이 이런 반응을 명확히 구분하기 시작한 것은 이때부터였다. 기체를 채집하는 실험 도구의 발명과 수소를 채집한 헨리 캐번디시의 연구는 해당 유형의 연구가 떠오르게 한 밑바탕이 되었다.

비국교도 자유주의자이자 저명한 공기화학자인 조지프 프리스틀리(Joseph Priestley)는 20여 가지의 '공기'를 발견했다. 그중에는 오늘날 우리가 암모니아, 산화질소, 염화수소라고 부르는 화합물도 있었다. 동시대의 다른 사람들처럼 그는 이 공기들이 보통의 공기이며, 불순물이 함유되어 순도가 달라서 다양하게 보인다고 생각했다. 그는 플로지스톤 연소 이론을 굳게 믿고 있었다.

1774년, 프리스틀리는 붉은색 산화수은을 가열하여 생성된 이른바 '공기'를 채집했다. 프랑스의 약사 피에르 바이엔(Pierre Bayen)도 이전에 이 실험을 수행했고, 화학이 발달하지 않은 시기의 학자들과 연금술사들도 실험했던 것으로 추정된다. 프리스틀리는 채집한 기체가 채워진 용기에 불타는 초를 놓았을 때 초가 더 밝게 타고, 타오르는 숯덩어리에서 백열광이 나는 것을 발견했다. 프리스틀리는 이 '공기'가 함유한 플로지스톤이 적어 플로지스톤을 쉽게 빨아들이기 때문으로 판단했다. 그리고 이 '공기'를 '탈플로지스톤 공기'라고 불렀다. 그는 이 새로운 공기로 채워진 유리 용기 안에 있는 쥐가 보통 공기로 채워진 용기 안에 있는 쥐보다 더 오래 호흡할 수 있다는 것도 발견했다. 프리스틀리는 직접 이 공기를 호흡해보기까지 했다. 그는 "조금 지나자 한동안 숨이 매우 편안하게 잘 쉬어졌다"고 적었다.

이 놀라운 공기를 연구한 사람이 또 있었다. 스웨덴의 약제사 카를 빌헬름 셸레는 1771~1772년경 초석 또는 질산칼륨이라고 알려진 화합물을 가열하면 어떤 '공기'가 방출된다는 사실을 발견했다. 로버트 보일의 조수 존 메이오(John Mayow)도 그로부터 100년 전에 이 실험을 했다. 메이오는 이 공기에 노출된 혈액이 더 밝은 빨간색으로 변했다고 보

▶ 자크루이 다비드의 유화, 《앙투안로랑 라부아지에와 아내(마리안피에레테 폴즈)(Antoine-Laurent Lavoisier and His Wife(Marie-Anne-Pierrette Paulze))》(1788년). 메트로폴리탄미술관.

◀ 조지프 프리스틀리의 다양한 기체 실험에 사용된 채취용 수조와 기타 실험 도구. 프리스틀리, 《다양한 종류의 공기에 관한 실험과 관찰(Experiments and Observations on Different Kinds of Air)》(1774~1786년). 런던 웰컴컬렉션.

고했다. 셸레는 이 공기가 불을 더 잘 타게 한다는 사실을 발견하고는 이 공기를 '불의 공기'라고 칭했다. 프리스틀리는 셸레가 이런 연구를 했던 사실을 몰랐다. 셸레가 그 연구를 1777년까지 발표하지 않았기 때문이다. 프리스틀리는 자신의 탈플로지스톤 공기와 불의 공기 사이의 관계를 알지 못했다.

이 공기들이 모두 산소라는 것을 라부아지에가 정리했다. 1774년 10월 프리스틀리는 라부아지에를 찾아가 자신의 발견에 대해 논의했는데, 라부아지에는 이미 바이엔의 연구를 알고 있었다. 이후 프리스틀리가 라부아지에에게 자신이 채집한 기체의 시료를 보냈다. 라부아지에는 이 기체를 '순수'한 '진짜' 공기라고 판단했다. 1774년 말 셸레도 불의 공기에 관해 라부아지에에게 편지로 설명했다.

라부아지에는 모든 것을 종합해 공기의 4분의 1 정도(정확히 5분의 1에 가깝다)가 '진짜 공기'라는 기본적인 물질로 구성된다고 판단했다. 1777년에 라부아지에는 이 공기를 산소라는 새로운 원소로 발표했다. 연소를 일으키는 것은 플로지스톤이 아니라 산소라는 것이다. 물질이 연소할 때는 플로지스톤을 방출하는 것이 아니라 공기 중에 있는 산소와 결합한다. 그래서 금속이 공기 중에서 가열되면 무거워져서 금속 산화물이 되는 것이다. 캐번디시의 '가연성 공기'가 연소해서 만들어진 물은 수소와 산소가 반응한 결과였다.

산소의 발견자라는 영예가 누구에게 돌아가야 할지 많은 논쟁이 있었다. 이 논쟁은 상당히 비우호적으로 진행되었다. 라부아지에가 나머지 두 사람의 이전 연구를 인정하는 데 인색했던 것이 한 가지 이유였고, 영국과 프랑스의 경쟁의식도 작용했다. 오늘날 많은 역사학자는 그 논쟁을 중요하게 생각하지 않는다. 많은 과학적 발견이 그렇듯, 이 발견 역시 단번에 일어나지 않았다. 하지만 연소, 금속회 형성, 호흡 등 다양한 실험 결과들이 상충하는 가운데 산소라고 불리는 원소가 있다는 단 하나의 아이디어로 모든 실험 결과를 이해할 수 있게 만든 라부아지에의 업적은 인정받아야 한다.

▶ 〈공기 펌프 실험〉. 윌리엄 헨리 홀, 《최신 대백과사전(The New Royal Encyclopaedia)》에서 발췌한 판화(1795년, 제2판, 1권). 런던 웰컴컬렉션.

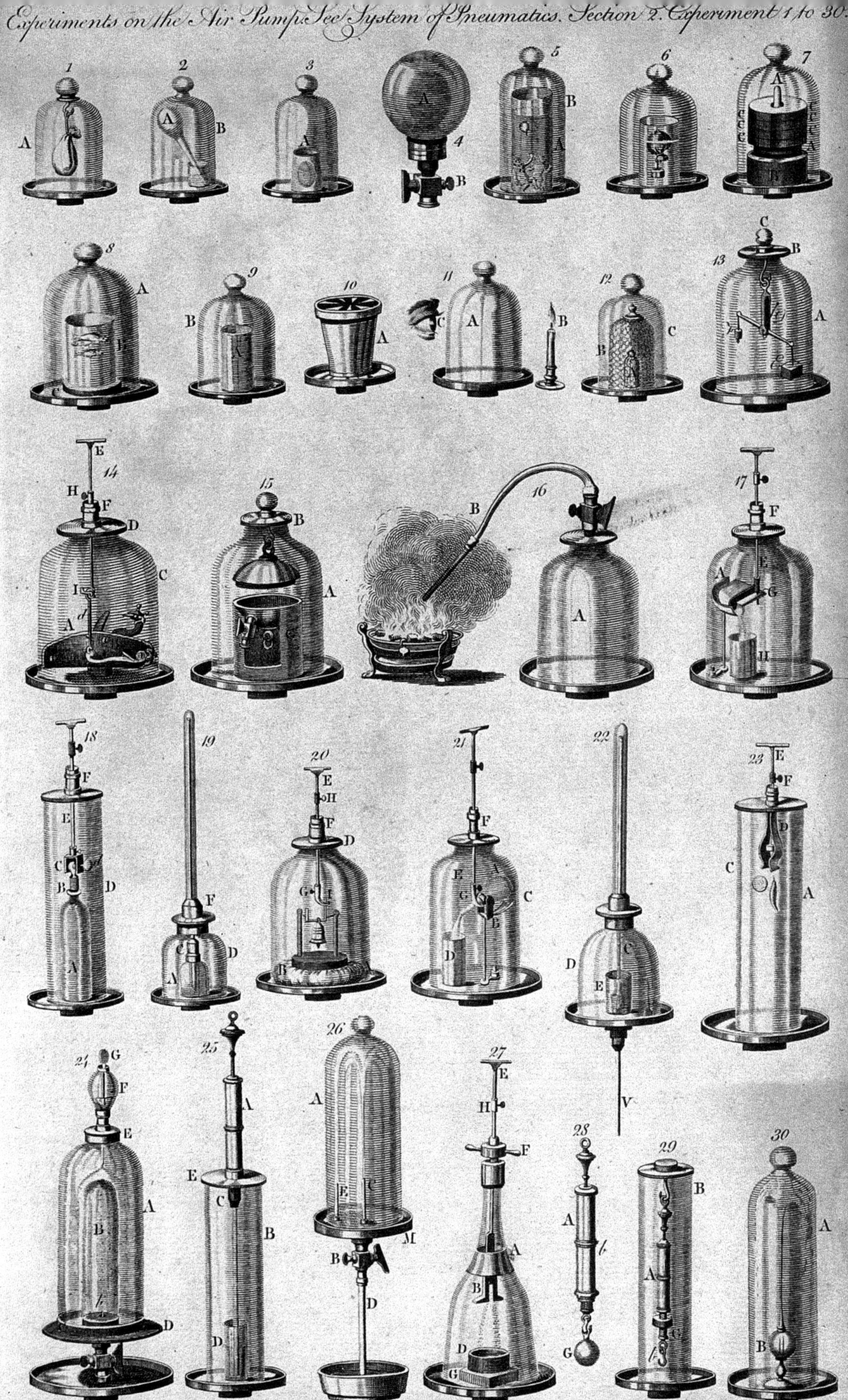

Experiments on the Air Pump. See System of Pneumatics. Section 2. Experiment 1 to 30.

질소

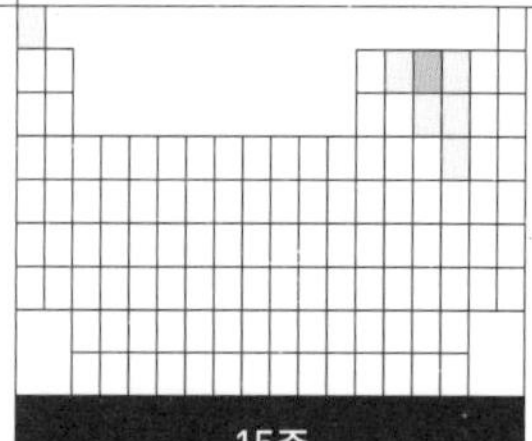

15족

7

N

질소

비금속

원자번호
7

원자량
14.007

상온 · 상압에서
기체

공기는 상당히 복잡하다. 우리는 공기 없이 살 수 없지만, 1770년대에 에든버러대학교에서 연구하던 젊은 공기화학자 대니얼 러더퍼드(Daniel Rutherford)는 공기 안에도 생명을 앗아갈 만큼 독성이 있는 물질이 있다고 생각했다.

러더퍼드의 스승 조지프 블랙(Joseph Black)은 1750년대에 석회(탄산칼슘)와 같은 탄산염을 가열하거나 산으로 처리할 때 방출되는 기체로 촛불을 끌 수도 있고, 이 기체를 동물이 들이마시면 죽게 된다는 사실을 보였다. 블랙은 이 기체를 '고정 공기(fixed air)'라고 불렀다. 이 기체를 생석회(산화칼슘)와 반응시키면 이 기체가 탄산에 '고정'될 수 있는 것처럼 보였기 때문이다. 블랙은 고정 공기가 우리의 날숨에도 있는 호흡의 산물이라고 말했다.

1772년, 러더퍼드의 의학 박사학위 논문에서는 이 기체를 전설적인 유독물의 그리스어 이름에서 따서 '유독한 공기(mephitic air)'라고 불렀다. 이 공기가 채워진 밀폐 용기 안에 작은 동물이 갇혀 있다면 약간의 '공기'가 용기 안에 남아 있더라도 결국 질식해서 죽

◀ 데이비드 마틴의 초상화, 〈조지프 블랙 교수(Professor Joseph Black)〉(《케미스트》, 1787년). 스코틀랜드 국립초상화미술관.

▲ 런던 왕립학회에서 열린 공기학 강의. 토머스 영이 질소산화물이 J. C. 히피슬리 경에게 미치는 영향을 증명하고 있고, 험프리 데이비 경은 풀무를 들고 있다. 청중에는 럼퍼드 백작과 스탠호프 경이 있다. 제임스 길레이의 컬러 동판화. 《과학적 연구!―공기학의 새로운 발견!―또는―공기의 영향에 관한 실험적 강연(Scientific Researches!―New Discoveries in Pneumaticks!―or―an Experimental Lecture on the Powers of Air)》. 런던 웰컴컬렉션.

을 것이다. 화학적 분석 결과, 이 '공기'의 일부가 정말로 유해한 것으로 밝혀져 러더퍼드의 추정이 옳은 것처럼 보였다. 그러나 하나 걸리는 것이 있었다. 생석회로 유독한 기체를 모두 제거한 후 나머지 '공기'를 호흡한 동물들도 죽었기 때문이다. 나머지 공기 안에 또 다른 '유독한 공기'가 있었던 것이다. 초가 공기 중에서 연소할 때 공기의 부피가 약 20퍼센트 감소한다는 조지프 프리스틀리와 헨리 캐번디시의 실험을 참고하면, 공기 일부는 불 때문에 소모되었고, 다른 일부는 남았을 것이다.

당시 플로지스톤 이론을 믿던 러더퍼드와 블랙의 생각을 그대로 가져와 이 결과를 설명하면 더 혼란스러울 것이므로, 몇십 년 후로 건너뛰어 비교적 최신의 화학 용어로 설명해 보자 . 블랙의 '고정 공기'는 허파에서 만들어져 우리가 숨을 내쉴 때 뿜어지는 이산화탄소다. 하지만 러더퍼드의 두 번째 '유독한 공기'는 질소다. 질소는 공기의 구성 성분으로서, 공기의 80퍼센트를 차지한다. 질소는 유독하지 않다. 질소가 유독하다면 우리는 살아갈 수 없었을 것이다. 그렇다고 질소가 생명을 유지해주지도 않는다. 공기 중에서 우리에게 반드시 필요한 것은 산소다. 질소는 화학 반응을 일으키지 않는, 배경 같은 기체일 뿐이다. 만약 우리가 러더퍼드의 쥐처럼 순수한 질소만 있는 공기를 마시게 된다면, 질소의 유독성 때문이 아니라 산소 부족으로 죽을 것이다.

러더퍼드는 공기에서 산소와 이산화탄소를 제거하여 거의 순수한 질소를 남겼다. (다른 기체 원소들도 미량 포함되어 있었고, 그 원소들은 이후에 발견되었다.) 러더퍼드는 그 기체를 질소라고 부른 적도 없고, 그것이 순수한 원소라는 사실을 인식하지도 못했지만, 질소의 발견자라는 영예를 얻었다.

질소(nitrogen)라는 이름은 '초석을 만드는 것(maker of nitre)'이라는 뜻이다. 오래전부터 화약의 주원료로 알려진 질산포타슘(potassium nitrate)에 질소가 들어 있기 때문이다. 러더퍼드의 연구를 알고 있던 앙투안 라부아지에는 1780년대에 보통의 공기에 두 가지 기체가 혼합되어 있다는 사실을 발견했다. 그는 '호흡하기에 상당히 좋은 공기'를 산소라고 불렀고, 산소보다 훨씬 양이 풍부하지만 호흡할 수 없는 공기를, 블랙이 '고정 공기'에 사용한 이름 그대로 '유독한 공기'라고 불렀다. 이것이 질소였다.

'공기'라는 용어를 버리고 새로운 원소 이름을 제안하던 라부아지에는 생명과 공존할 수 없다는 뜻의 그리스어에서 착안해 유독한 공기를 아조트(azot)로 부르기로 했다. 그는 이후 화학 실험을 통해 질소가 질산의 일부이고, 초석(nitre)의 주성분이라는 것을 보였다. 그는 질소(nitrogen)가 좋은 이름이라는 점을 인정했지만 아조트라는 이름을 버릴 수 없었다. 그래서 프랑스에서는 오늘날까지 질소를 아조트(azote)라고 부른다. 영국에서는 질소라는 단어가 유행했다. 당시 영국 사람들은 프랑스 사람들이 하는 것은 모두 반대로 하려고 했다.

▼ 식물에서의 질소 연구. 테오도르 드 소쉬르, 《식물에 관한 화학 연구(Recherches Chimiques Sur la Végétation)》(1804년). 필라델피아 과학사연구소.

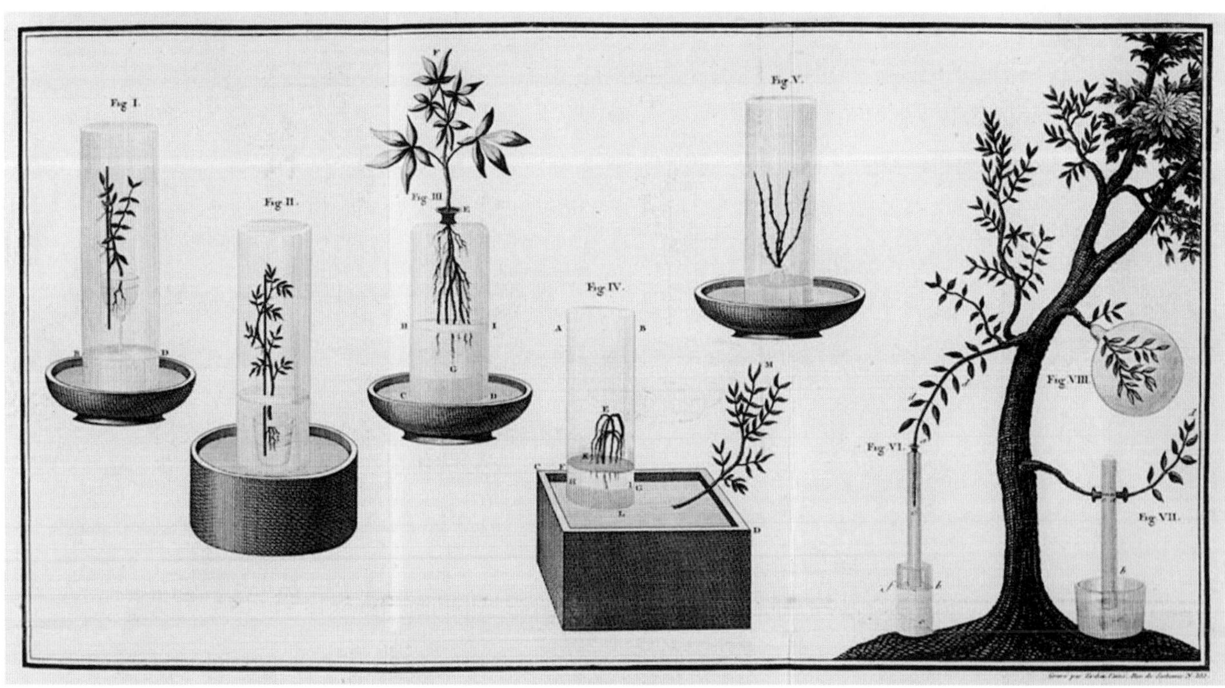

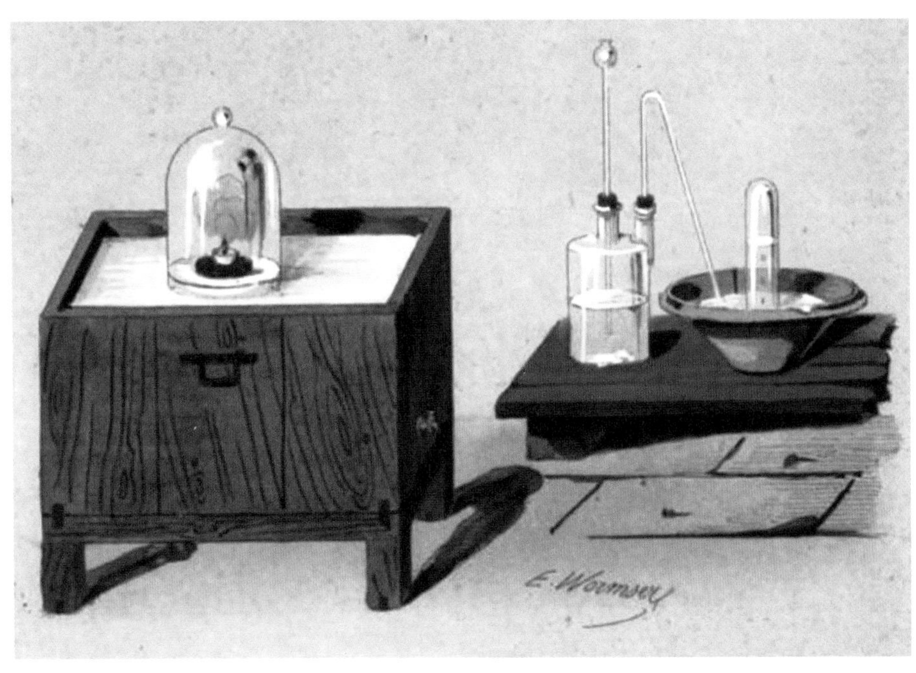

▲ 질소(왼쪽)와 산소(오른쪽)의 제조. J. 펠루즈, E. 프레미, 《화학의 일반 개념》(1853년, 2판). 피렌체 국립도서관.

광범위한 사용처

질소 분자는 질소 원자 2개가 단단히 묶여 있는 분자이기 때문에 쉽게 화학반응을 일으키지 않는다. 화학자들이 삼중결합이라고 하는 이 결합을 떼어내려면 많은 에너지가 필요하다. 질소는 생명체 안에도 가장 풍부하게 들어 있는 원소다. 단백질을 구성하는 아미노산 안에 있고, DNA에도 존재한다. 비활성 기체인 질소를 공기 중에서 추출하여 살아있는 유기체 안에 들어가게 하는 건 쉬운 일이 아니다. 이 과정은 대개 질소 자급 영양체라고 불리는 토양 미생물이 수행한다. 이중 다수가 식물과 공생 관계를 유지하며 존재하는 박테리아다. 이들이 가진 질소 고정 효소를 통해 독창적인 방법으로 강한 삼중결합을 분리할 수 있다.

질소는 식물의 성장에 필수적인 영양소이기 때문에 비료의 주요 성분이다. 이것이 초석이 쓰이는 한 예이다. 그런데 대기의 질소로부터 화학 비료를 만든다는 것은 기체 형태의 질소를 활성 화합물, 예를 들어 암모니아(질소와 수소의 화합물)로 '고정'하는 질소 자급 영양체의 능력을 복제하는 것을 의미한다. 이는 20세기 초부터 금속 촉매제를 이용한 하버 보슈 공정(Harber-Bosch fixation)을 통해 수행되었다. 하버 보슈 공정은 곡물 수확량을 늘리는 데 필수적인 비료를 공급하였고, 20세기의 엄청난 인구 증가에 가장 중요한 역할을 했다.

다이너마이트와 TNT에서 셈텍스까지 여러 폭발물이 질소 화합물이다. 질소 원자들은 이원자 분자로 재결합할 때 강하고 안정적인 결합을 이루면서 필요 없는 엄청난 에너지를 방출한다. 질소는 비활성 기체지만 이런 성질 때문에 일부 질소 화합물은 극도로 위험한 반응성을 띤다.

탄소

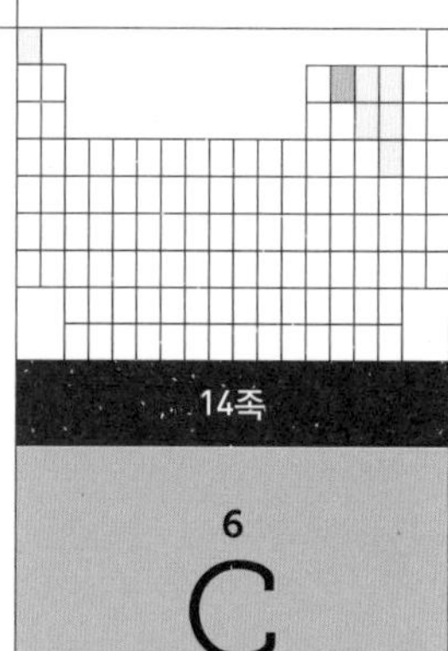

14족

6
C
탄소

비금속

원자번호
6

원자량
12.011

상온 · 상압에서
고체

탄소를 '발견'했다는 것은 적합한 표현이 아니다. 탄소는 지구상 모든 생물의 기반이다. 선사시대에 호모 사피엔스가 어둠침침한 곳에서 불을 피워 몸을 따뜻하게 하고 음식을 익혀 먹은 후 남은 검댕이나 숯이 바로 탄소다. 흑연과 다이아몬드는 순수한 형태의 탄소로 우리 주변에 항상 있었다. 특히 다이아몬드는 매혹적이고 눈부신 광택으로 우리의 눈을 황홀하게 했다. 탄소를 발견한 시점을 언제라고 해야 할까?

사람들은 오래전부터 목탄을 생산하고 가공해서 불의 연료와 동굴 벽화의 검은 안료로 사용했다. 목탄이 나무보다 더 잘 타기 때문이다. 이후 목탄이 일부 금속 광석을 환원해 순수한 금속을 만들어낸다는 사실이 발견되었다. 탄소는 구리, 주석, 철의 산화광물에서 산소를 제거한다. 탄소는 화약의 주성분이며, 의약품이나 보존제로도 종종 쓰였다. 숯이 물속의 불순물과 미생물을 잘 흡수하기 때문에 맛있는 물맛을 유지하려고 물을 검게 탄 통에 보관하기도 했다. 오늘날도 여전히 숯을 필터로 사용한다.

다이아몬드는 깊은 땅속에서 순환하고 있는, 탄소를 다량 함유한 유동체에서 형성되어 화산 활동으로 인해 가끔 지표로 나온다. 다이아몬드는 단단하고 내구성이 뛰어나기 때문에 고대 그리스인들은 '정복할 수 없다'는 뜻의 아다마스(adamas)라고 불렀다. 다이아몬드는 기원전 1000년경부터 인도에서 채굴되고 거래되었다. 인도는 18세기까지 세계에서 유일한 다이아몬드 산지였다. 영국 군주의 왕관에 있는 유명한 105.6캐럿 코이누르 다이아몬드가 이곳에서 채굴되었다. 빅토리아 시대에는 제국주의 약탈이 자행된 곳이었다.

탄소로 이루어진 다른 형태의 광물인 흑연도 수 세기 동안 채굴되었다. 고대에는 안료로 사용되었지만, 부드러운 성질 덕에 16세기경부터 포탄을 주조하는 틀의 윤활제로 수요가 급증했다. 이후에는 기계가 원활하게 가동되게 하는 데나 부드러운 연필심으로 쓰였다.

같은 원소, 다른 물질

흑연과 다이아몬드의 차이를 보면, 한 원소의 속성은 원자의 속성이 아닌 원자의 결합 방식에 달렸다는 사실이 극적으로 드러난다. 탄소 원자들 간의 화학 결합 방식이 이 두 물질에서 상당히 다르다. 다이아몬드는 탄소 원자들이 단단히 결합한 3차원 결정체로서 강도가 매우 높고 완전히 투명하다. 반면 흑연은 원자들이 육각형 고리 형태로 연결되어 서로 미끄러질 수 있는 층을 이루고 있는데, 이 구조 때문에 흑연에 닿는 가시광선을 거의 모두 흡수한다. 석탄의 경우 땅속의 유기물(대개 석탄기의 풍부한 식물체)에서 생성되는데, 오랫동안 높은 열과 압력을 받은 유기물이 결국 대개 흑연과 비슷한 탄소가 된다.

▲ 다이아몬드를 만들려고 하는 프랑스의 화학자 앙리 무아상(1890년경). 워싱턴 D.C. 미국 의회도서관 인쇄물 및 사진 부서.

흑연과 다이아몬드는 워낙 차이가 커 화학자들이 다이아몬드와 흑연/석탄/목탄이 동일한 단일 원소로 구성되어 있다는 것을 알아채기까지는 오랜 시간이 걸렸다. 다이아몬드는 연구하기가 특히 어려웠다. 값이 너무 비쌀 뿐만 아니라 너무 견고해서 분석하기가, 말 그대로 '깨부수어서' 성분을 조사하기가 힘들었다. 1694년에 피렌체의 쥬세페 아베라니(Giuseppe Averani)와 치프리아노 타르조니(Cipriano Targioni)가 렌즈를 사용하여 태양광의 초점을 다이아몬드에 맞췄고 열로 인해 다이아몬드가 증발할 수 있다는 것을 보였다. 놀랄 정도로 값비싼 이 실험은 토스카나의 대공의 재정 지원을 받았다. 약 100년 후 프랑스의 화학자 피에르 마케르(Pierre Macquer)와 그의 동료들이 이 실험을 재시연했고, 다이아몬드가 타서 없어질 뿐 아니라 어떤 환경에서는 목탄과 비슷한 물질로 변한다는 것을 보여주었다. 이 목탄 같은 물질이 프랑스어로 'charbone'이었다.

이 연구에 대한 소식을 들은 앙투안 라부아지에는 1770년대 초에 지름이 약 1미터인 거대한 렌즈를 이용해 유사한 실험에 도전했다. 라부아지에의 통찰력은 대단했다. 그는 다이아몬드가 단순히 증발하는 것이 아니라 공기 중의 산소와 화학 반응을 한다고 생각했다. 그는 다이아몬드가 타서 생긴 기체가 조지프 블랙이 '고정 공기'(114쪽 참조)라고 부른 이산화탄소임을 보였다. 이산화탄소는 목탄을 태울 때도 만들어졌다. 그렇다면 다이아몬드와 목탄이 같은 원소로 이루어졌다는 것 이외에 무슨 다른 의미가 있겠는가? 이 원소는 목탄에서 이름을 따게 되었다.

이상하고도 놀라운 결론이었다. 1700년대가 막을 내릴 무렵, 라부아지에가 단두대에 올라간 후에도 이 결론은 명쾌하게 증명되지 않았다. 1796년 12월, 영국의 화학자 스미슨 테넌트(Smithson Tennant)가 왕립학회에서 〈다이아몬드의 본질에 대하여(On the Nature of the Diamond)〉라는 논문을 발

▲ 시베리아 동부 사이안스크산맥 바토우갈에 있는 흑연 광산. 루이 시모닌, 《지하의 삶, 광산과 광부(La Vie Souterraine ou, Les Mines et Les Mineurs)》(1868년). 런던 과학사진도서관.

▶ 다이아몬드와 커런덤. 막스 헤어만 바우어의 지질학 책 《보석에 관한 학술서(Edelsteinkunde)》(1909년, 1판). 시카고대학교.

표했다. 라부아지에가 이미 목탄과 다이아몬드가 유사하다고 지적했지만, 그의 결론은 "각 물질이 가연성 물질 종류에 속한다"는 것에 지나지 않는다고 테넌트는 지적했다. 테넌트는 꼼꼼하게 수행한 실험 결과를 보고했다. 다이아몬드를 가열해서 사라질 때까지 생성된 고정 공기의 양을 측정해보니 같은 질량의 목탄을 태워서 나온 기체의 양과 같았다. 따라서 다이아몬드와 목탄은 같은 것이었다.

그렇다면, 저렴한 목탄이나 흑연을 값비싼 다이아몬드로 바꿀 수 있을까? 이런 기대는 이후 100년 동안 화학자들을 유혹했다. 그들은 목탄이나 흑연을 가열하면서 높은 압력을 가하면 다이아몬드가 될 수 있을 것이라고 기대했다. 1893년에 프랑스의 화학자 앙리 무아상(Henri Moissan)이 이 실험에 성공했다고 주장했지만 거짓으로 추정된다. 흑연류의 탄소에서 다이아몬드를 인공적으로 합성했다는 믿을 만한 주장은 1955년에 처음으로 보고되었다. 뉴욕 스케넥터디에 있는 제너럴일렉트릭의 연구원들이 400톤의 수압 프레스로 보통 대기의 10만 배에 달하는 압력을 가해 다이아몬드를 만드는 데 성공했다.

1.
7.
8.
6.
5.
2.
3.
4.
10.
9.
13.
12.
11.

열

18세기 말에 과학자들은 고대의 세 원소인 흙, 공기, 물의 화학적 본질을 알아냈다. 앙투안 라부아지에의 이론에 따르면 공기는 기체 원소인 산소와 질소의 혼합물이고, 물은 수소와 산소의 반응으로 형성된 화합물이다. '흙'의 종류는 여러 가지였다. 온갖 종류의 보석과 광물로 된 흙을 이미 알려진 원소와 새로운 원소 들이 구성하고 있었다.

네 번째 원소인 불은 무엇일까? 불은 물질이라기보다는 과정으로, 상당히 복잡한 연구 대상인 것 같았다. 불꽃 속에는 물질이 있다. 촛불이나 장작불을 보면 불꽃에서 검댕과 이산화탄소가 나오는 것을 볼 수 있다. 그리고 빛도 만들어진다. 하지만 가장 중요한 건 열이 발생한다는 점이다. '불이란 무엇인가?'라는 질문의 해답은 '열이란 무엇인가?'라는 질문의 해답을 찾은 후에 알게 되리라고 예상하는 것은 합리적인 수순이다.

물론 열이 불에서만 만들어지진 않는다. 손을 비벼도 열이 난다. 우리 몸은 열을 생성한다. 일반적으로 신체는 우리의 주변 환경보다 따뜻하다. 화학적 반응이 일어날 때 불꽃은 일어나지 않아도 대부분의 경우 열은 발생한다. 열은 전류에서도 나온다. 불꽃이 튀어 몸에 닿으면 불꽃의 열에 데일 수 있다. 벼락을 맞으면 훨씬 심하게 다칠 것이다.

열이 **흐르는** 것을 우리는 알고 있다. 철 막대의 한쪽 끝을 불에 대보자. 그러면 얼마 지나지 않아 반대쪽 끝도 뜨거워져 쥐고 있을 수 없다. 열이 막대를 따라 이동하기 때문이다. 열은 불꽃에서 흘러나온다. 흐르는 물

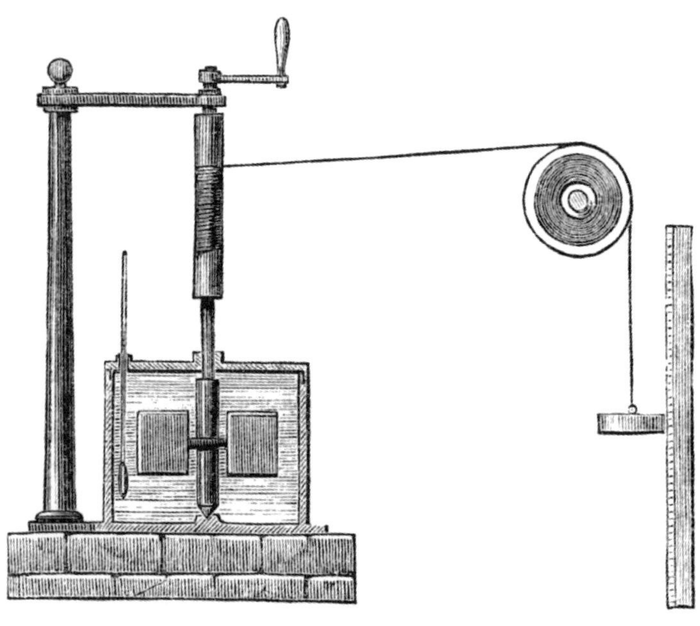

◀ 제임스 프레스콧 줄이 설계한 열의 일당량 측정 도구. 《하퍼스뉴먼슬리매거진》의 도안(231호, 1869년 8월).

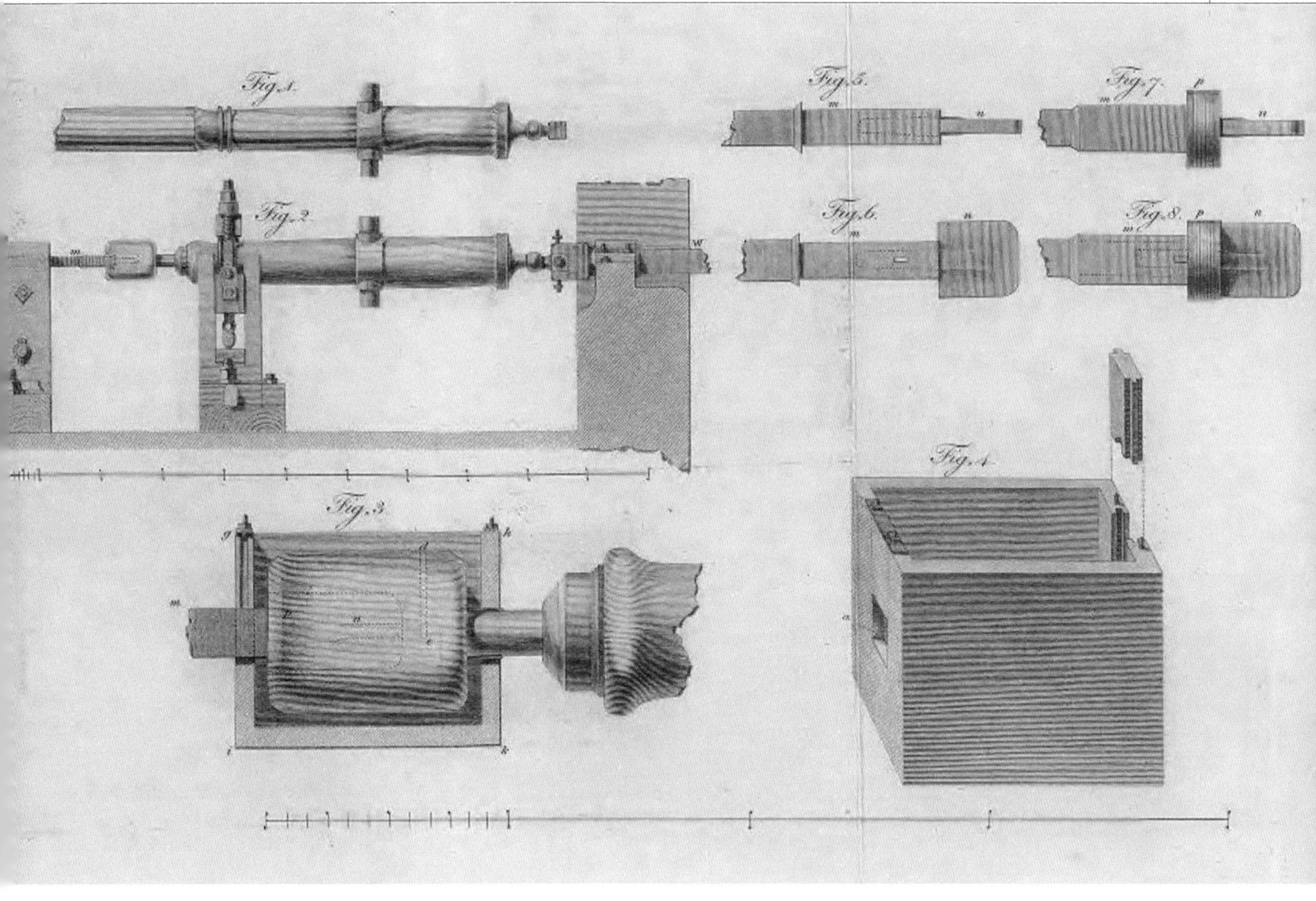

▲ 벤저민 톰프슨의 논문 〈마찰로 발생한 열원에 관한 연구(An Inquiry concerning the Source of Heat which is excited by Friction)〉. 《1789년 런던 왕립학회 회보(Philosophical Transactions of the Royal Society of London for the Year MDCCXCVIII)》(1798년, 1부, 88권) 런던 자연사박물관.

질은 곧 **유체**다. 시내와 강으로 흘러가는 물뿐 아니라 기체도 유체로 본다. 촛불에서 나오는 이산화탄소가 관을 타고 흘러가 용기에 채집될 수 있기 때문이다. 그렇다면, 고체 물질을 통과할 수 있을 정도로 미세하지만 열 역시 일종의 유체라고 가정할 수 있을 것이다.

냉기도 마찬가지다. 이번에는 철 막대를 얼음통에 넣어보자. 냉기가 막대를 따라 번진다. 고대의 일부 철학자들은 열과 냉기가 정반대의 물질 또는 성향이며, 본체에서 방출되는 입자 같은 것이라고 상상했다.

18세기 내내 연소에 관한 주류 이론이었던 플로지스톤 이론이 이 수수께끼를 어느 정도 설명하는 것으로 보였다. 플로지스톤 자체가 **열 물질**이었다. 플로지스톤 이론을 산소 이론으로 대체하려 한 라부아지에는 열을 설명할 새로운 방법을 찾아야 했다. 그는 열 물질이라는 개념을 버리지 않고 이름만 바꿨다. 1783년에 그는 열 물질이 '감지하기 어려운 유체'라고 말하며 칼로릭(caloric)이라는 용어로 불렀다. 어떤 사람들은 그러면 '냉각 물질'도 있을 수 있다고 생각했지만, 열이 없는 상태가 냉각된 상태라고 생각하는 사람들도 있었다. 라부아지에는 1789년 저서 《화학원론》에서 33개의 원소 목록에 열을 포함했다.

플로지스톤과 에테르 이론과 마찬가지로, 원소의 발견에 관한 책에 열을 등장시키는 것은 화학자들의 눈살을 찌푸리게 할지도 모른다. 열은 한 번도 원소인 적이 없었기 때문이다. 하지만 오늘날 틀렸다고 알려진 이론을 모두 제거한다면

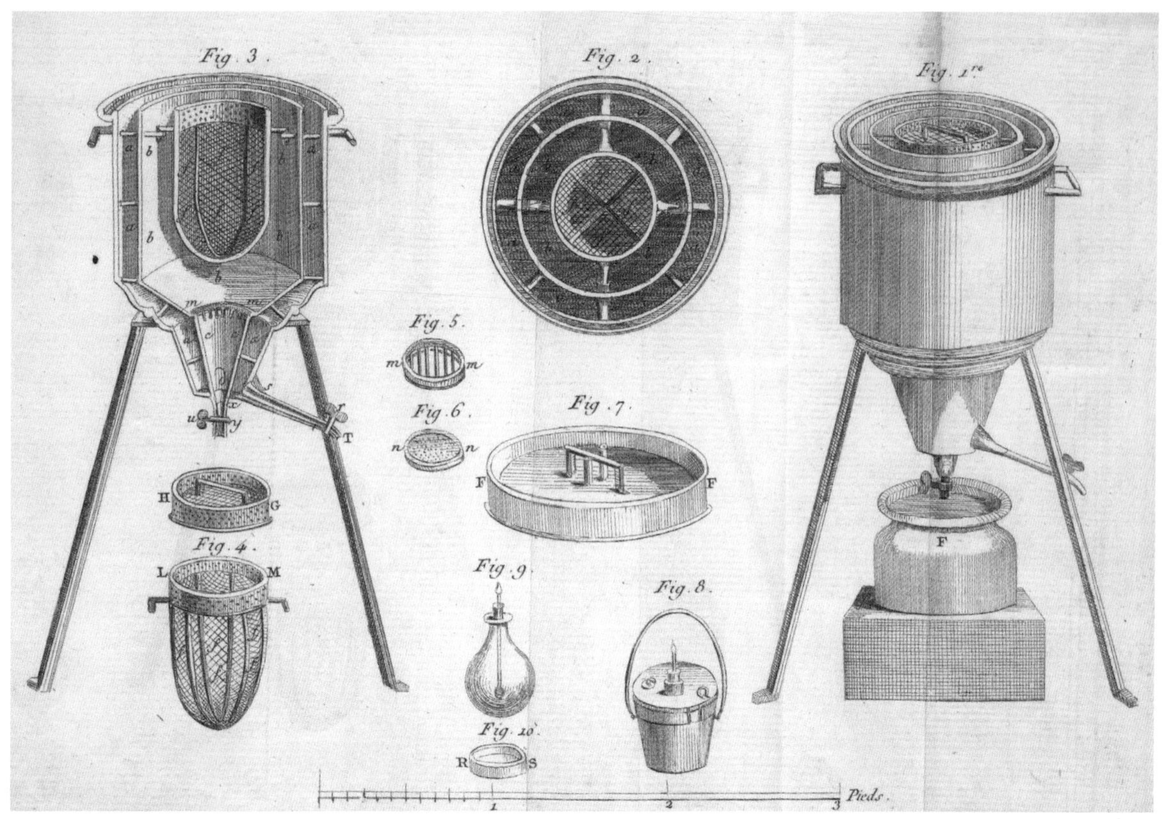

▲ 열을 측정하는 얼음 열량계. 앙투안 라부아지에, 《화학원론》(1789년, 6판). 필라델피아 과학사연구소.

역사를 올바로 이해할 수 없다. 과학자들이 올바른 결론에 이르기 위해 의존했던 개념들이 나중에 오류로 입증되더라도, 그 개념들이 없었다면 그런 결론에 이르지 못했을 것이다. 그 개념은 오류도 아니고 실수도 아니다. 세상을 더 잘 이해하기 위해 나아가는 길에 놓여 있던 이정표라고 보는 것이 맞다. 열이라는 개념은 몇 가지 관찰 결과를 이해할 수 있게 만들어주었다. 기체가 따뜻해지면 팽창하는 현상은 기체가 열 같은 특별한 유체를 흡수하기 때문이라고 말할 수 있다. 라부아지에는 물질 사이 '열의 흐름'을 측정하는 기구를 고안했다. 이 기술을 열량측정법이라고 하는데 오늘날에도 열의 변화를 측정하는 법을 같은 이름으로 부른다.

열역학의 탄생

1820년대 프랑스의 공병 장교 사디 카르노(Sadi Carnot)는 라부아지에의 칼로릭 이론을 이용해 증기기관처럼 열로 구동되는 엔진의 작동 방식에 관한 이론을 개발했다. 이 이론에 따르면 열은 뜨거운 물체에서 차가운 물체로 이동한다. 카르노의 연구는 열역학의 기초를 마련했다. 말 그대로 열의 움직임을 뜻하는 열역학은 오늘날에도 물리학 이론의 핵심이다.

그러나 당시의 이론이 전적으로 옳았던 것은 아니다. 1789년 미국 태생의 영국 과학자 벤저민 톰프슨(Benjamin Thompson)은 열에 관해 매우 다른 해석을 발표했다. 라부아지에는 열은 보존되며, 생성되거나 파괴되지 않고 한 곳에서 다른 곳으로 흘러갈 뿐이라고 추측했다. 반면 톰슨은 독일에서 대포의 천공 작업을 지휘하는 동안 수행한 실험 과정에서 마찰열이 많이 발생해 뜨거운 황동을 물로 냉각해야 했다는

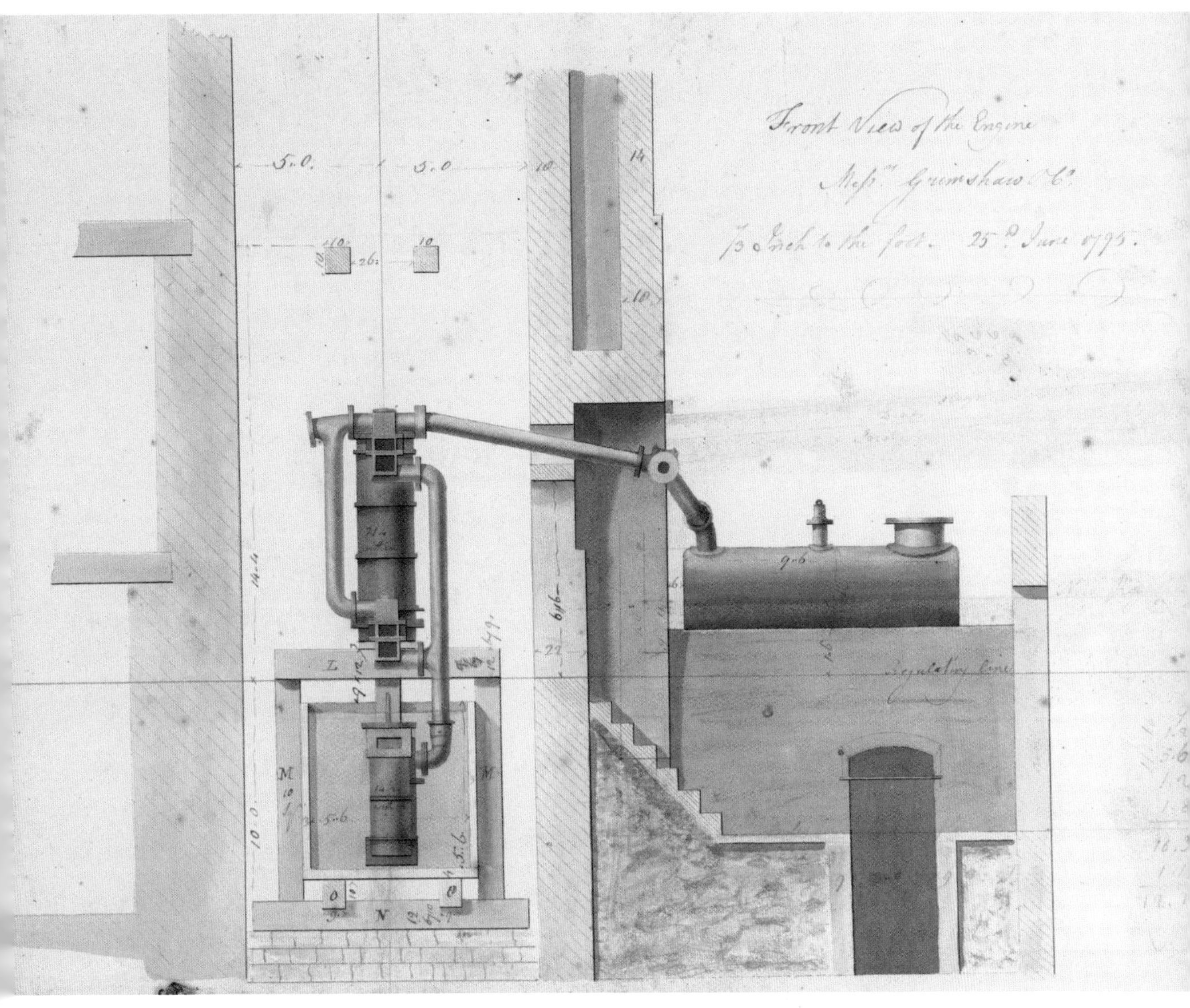

▲ 메서즈그림쇼앤컴퍼니를 위해 매튜 볼턴과 제임스 와트가 설계한 증기 엔진(1795년). 영국기계학회.

점을 강조했다. 톰프슨은 반복적인 천공 작업으로 가상의 열이 무한히 공급되는 것처럼 물이 계속 데워질 수 있다는 것을 보였다.

톰프슨은 열이 물질이 아니라 과정, 즉 **움직임**으로 인해 생성된다고 결론을 내렸다. 무엇의 움직임인지, 무엇으로 인한 움직임인지는 아직 알 수 없었다. 19세기 말 제임스 줄(James Joule)과 제임스 클러크 맥스웰(James Clerk Maxwell)은 물질을 구성하는 보이지 않는 작은 입자, 즉 원자와 분자의 운동으로부터 열이 생성되는 것이라는 이론을 발전시켰다. 이러한 열의 '운동론'(열이 운동과 관련되어 있다는 뜻)이 현대 열역학 이론의 기초가 되었다.

염소

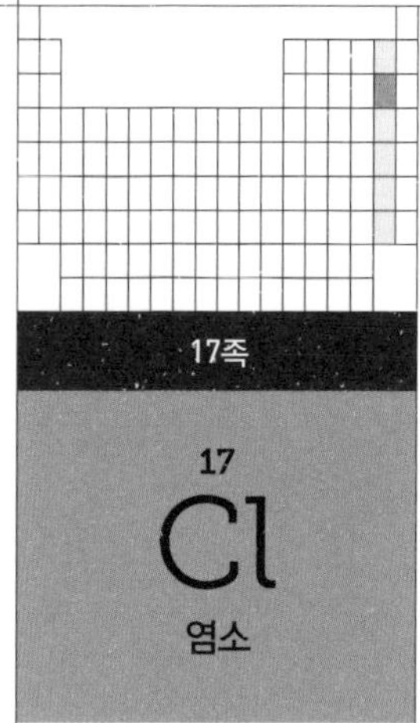

17족

17
Cl
염소

할로겐족

원자번호
17

원자량
35.45

상온 · 상압에서
기체

염소를 함유한 천연 화합물 중 인류에게 가장 중요한 것은 염화나트륨, 즉 항상 식탁에 놓여 있는 소금이다. 소금은 바닷물을 증발시켜 추출하는데, 이런 소금 생산 방법은 고대부터 지금까지 쓰이고 있다. 지질학적 과거에 바다였던 곳에서 물이 증발하여 생긴 대규모 소금 광산도 있다.

소금 분자는 염소 원자와 나트륨 원자가 강하게 결합한 것으로, 사람의 건강에 필수적인데 해로운 특성이 전혀 없다. 염소를 별개의 원소로 인식하게 된 것은 고대에 살 암모니악(sal ammoniac)으로 알려진 다른 소금 덕분이다. 이 하얀 광물은 염화암모늄으로, 화산 지역에서 자연적으로 생성되지만 흔하지 않다. 9세기경 아라비아의 연금술사들이 낙타 똥을 태워 염화암모늄을 얻을 수 있다고 보고한 후에 화학자들이 이 물질을 연구하기 시작했다. 페르시아의 연금술사이자 의사인 무함마드 이븐 자카리야 알라지(Muhammad ibn Zakariyyā al-Rāzī)는 10세기에 그 광물의 특성과 증류법에 관해 기술했다. 염화암모늄을 가열하면 암모니아와 염화수소라는 자극적인 기체가 분해되어 나온다는 것이었다.

이것은 중요한 발견이었다. 염화수소는 물에서 쉽게 용해되어 염산이 되기 때문이다. 오늘날에도 '소금의 영혼'이라는 연금술 용어로 불리곤 하는 염산은 황산, 질산과 더불어 무기산 중 하나이며 화학자들의 가장 강력한 시약 중 하나다. 앞서 우리는 염산과 질산의 혼합액이 반응성이 가장 낮고 금속의 '제왕'이라는 금을 녹일 수 있음을 살펴보았다. 따라서 이 혼합액은 왕수(王水, king of water)라는 이름을 얻었다. 하지만 염산이라는 놀라운 용제는 두 가지의 순수한 산을 섞은 것이 아니라 질산에 염화암모늄을 녹여서 만든 것이다.

▼ 무함마드 이븐 자카리야 알라지를 그린 그림. 자카리야 알라지, 《종합의학서(Kitab al-Hawi fi al-tibb)》의 번역본(1529년). 카타르국립도서관.

정확히 언제 처음으로 순수한 염산이 만들어졌는지는 알려지지 않았다. 아라비아 학자들은 염산을 만드는 방법을 알고 있었지만, 그들이 최초였는지는 알 수 없다. 16~17세기경 독일의 화학자 안드레아스 리바비우스(Andreas Libavius)와 요한 루돌프 글라우버(Johann Rudolph Glauber)가 염산을 만드는 방법을 처음으로 명확하게 기술해 발표하기 전에 여러 차례 우연히 염산이 만들어졌을 것이다. 리바비우스는 일반 소금을 점토 조각으로 증류해 염산을 만들었다. 초기 화학자들은 바다의 산(marine acid)이라는 뜻으로 '염화수소산(muriatic acid)'이라 불렀다.

염소의 분리

18세기 말이 되어서야 화학자들이 산에서 염소 원소를 얻어내는 방법을 알아냈다. 카를 빌헬름 셸레는 광물 형태의 산화망가니즈인 연망가니즈석과 함께 염산을 가열했을 때 연망가니즈석에서 깜짝 놀랄 만한 고밀도 녹색 기체가 방출되는 것을 발견했다. 그는 이 기체에서 숨 막힐 듯한 냄새가 났고 사람을 질식시킬 것 같았다고 보고했다. 셸레는 이 기체가 금속에 녹청(염화동) 막을 형성하고, 물에 용해되어 산을 만들고, 물병에 꽂아놓은 꽃을 탈색시키는 것을 발견했다.

물에 용해된 이 기체는 섬유 산업에서 표백제로 사용되었다. 기존의 일광 표백 방식보다 훨씬 빠른 표백 방법이었다. 1785년에 프랑스의 화학자 클로드 베르톨레는 이 기체를 수산화소듐 용액에 용해하여 더 나은 표백제를 만들 수 있다는 것을 보여주었다. 이렇게 만들어진 표백제는 차아염소산소듐으로 오늘날에도 가정에서 사용되고 있다. (강한 염소 냄새가 난다.)

셸레는 이 기체가 화합물이라고 생각했다. 플로지스톤 이론에 갇혀 있던 그는 이 기체를 플로지스톤이 빠진 염산이라고 불렀다. (당시 수소는 플로지스톤으로 자주 오해되었다. 그래서 염화수소에서 '플로지스톤을 빼내면' 염소가 남는다고 생각한 것이다.) 당시 사람들은 이 자극적인 기체를 그때까지 알려지지 않은 원소인 무리아티쿰(muriaticum)과 산

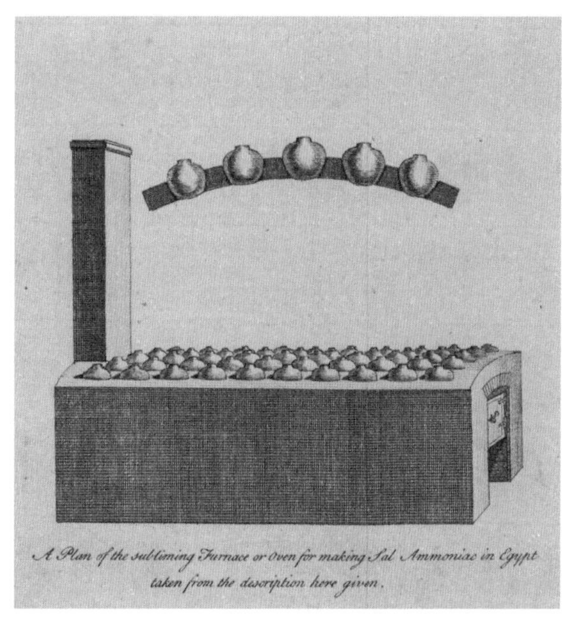

▲ C. 린네, 존 엘리스, 〈이집트의 살 암모니악을 만드는 방식〉. 런던왕립학회, 《왕립학회 회보(1683~1775년)》(1759년, 51권, 표11).

소의 화합물로 생각했다. 하지만 1809년에 프랑스의 조제프 루이 게이뤼삭(Joseph Louis Gay-Lussac)과 루이자크 테나르가 라부아지에의 이론을 바탕으로 염산 액체와 이 기체를 반응시켜 산소를 제거하려 했지만 아무 변화도 없었다. 혹시 이 기체가 원소일까?

영국의 화학자 험프리 데이비(Humphry Davy)는 이 질문을 진지하게 받아들였다. 데이비는 1810년에 같은 실험을 해서 같은 결과를 얻었고, 이 기체가 정말로 원소라고 발표하며 염소(chlorine)라는 이름을 제안했다. '연한 황록색'이라는 뜻의 그리스어 클로로스(chloros)에서 딴 이름이었다. (녹색 식물의 색소인 엽록소[chlorophyll]는 염소를 함유하고 있지는 않지만 어원이 같다.) 염소 기체는 섭씨 영하 34도에서 액화된다. 하지만 1823년에 데이비의 연구 조수 마이클 패러데이(Michael Faraday)가 '밤늦게 추운 날씨를 이용해' 노란색 액화 염소 시료를 만들었다. 극도로 차가운 기온은 아니었다.

플루오린, 아이오딘, 브로민

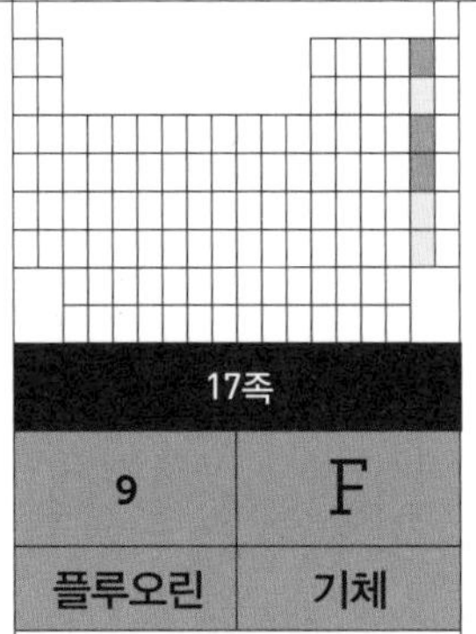

17족

9	F
플루오린	기체

할로겐족
원자량: 18.998

17족

35	Br
브로민	액체

할로겐족
원자량: 79.904

17족

53	I
아이오딘	고체

할로겐족
원자량: 126.90

카를 빌헬름 셸레가 열렬한 관심을 가진 광물이 또 있었다. 형석(fluorite)이라고 불리는 이 광물은 다른 광물보다 낮은 온도에서 녹기 때문에 '흐르는 것'이라는 뜻의 라틴어 '플루오에레(fluoere)'에서 그 이름이 파생되었다. 아그리콜라가 쓴 16세기 광물학 책의 주인공 베르마누스는 "태양 속 얼음처럼 불이 이 광물을 녹여 액체처럼 흐르게 만든다"고 했다.

형석은 열을 가하면 빛을 내는 성질이 있다. 이 성질 때문에 형광(fluorescence)이라는 단어가 생겼다. 이 광물은 지구의 자연 방사선이나 우주에서 쏟아지는 방사선 등 고에너지 방사선으로부터 흡수한 에너지를 결정의 완벽한 원자 순서가 와해된 부분, 즉 '구조상 결함'이 있는 부분에 저장한다. 이 에너지는 결정이 열을 받아 느슨해졌을 때만 빛으로 방출된다. 셸레는 원리는 몰랐지만, 형석의 형광성에 매료되었다.

셸레는 형석이 강하게 가열되면 산성 기체를 방출한다는 것을 발견하고, 이 기체를 플루오르 스파르산(fluor spar acid)이라 불렀다. 이후 1780년대에 라부아지에를 따르는 프랑스 화학자들이 화학 명명법의 합리적 개정을 요구하면서 이 기체를 플루오린산(fluoric acid)으로 부를 것을 제안했다.

◀ 스웨덴의 화학자 옌스 야콥 베르셀리우스. 요한 빌헬름 칼웨이의 석판화(1826년). 런던 웰컴컬렉션.

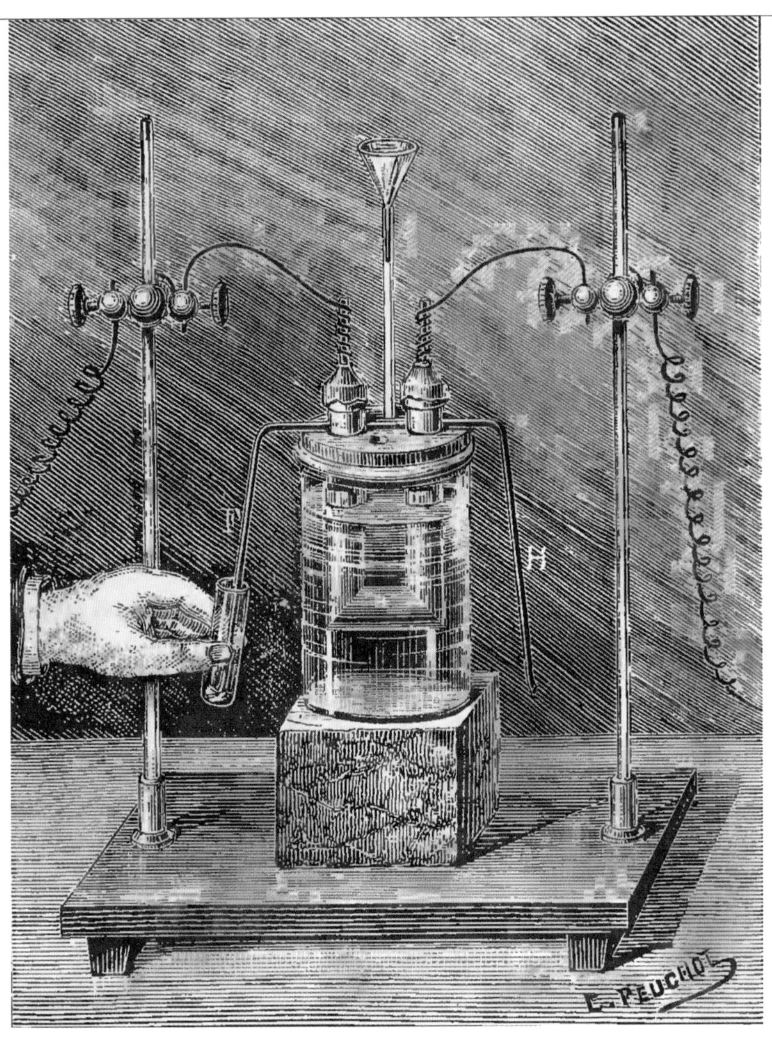

◀ 프랑스 화학자 앙리 무아상의 《플루오린 분리에 관한 연구(Recherches sur l'Isolement du Fluor)》(1887년). 하버드 카운트웨이의학도서관.

라부아지에는 이 기체가 염산처럼 어떤 원소와 산소의 화합물이라고 추측했다. 그러나 험프리 데이비가 염산에 산소가 없고 염소라는 원소가 들어 있다고 발표한 것을 본 앙드레마리 앙페르(André-Marie Ampère)가 데이비에게 편지를 보내 플루오린산도 마찬가지일 것 같다고 제안하며 플루오린산 안에 있는 가상의 새로운 원소에 '플루오린(fluorine)'이라는 이름을 붙이는 것이 어떠냐고 제안했다. 데이비는 그 생각이 마음에 들었고, 그 원소는 플루오린이 되었다.

해초의 원소들

1813년 험프리 데이비는 앙페르를 만나러 파리로 갔다. 전쟁 중이었지만, 데이비 같은 저명한 화학자는 나폴레옹이 특별히 통행을 허가해주었다. 그곳에서 앙페르는 데이비에게 1811년 베르나르 쿠르투아(Bernard Courtois)가 해초에서 분리한 물질의 시료를 주었다. 쿠르투아는 그 해초의 재로 알칼리를 만들고 있었다. 이것을 황산으로 처리하면 이상하고 불쾌한 냄새가 나는 보라색 증기가 발생하고 이것이 응축되면 흑연처럼 까맣고 금속 같은 광택이 나는 결정이 된다. 프랑스의 화학자들은 이 물질이 수소와 결합하여 염산과 비슷한 산을 만든다는 것을 발견하고 이 물질 역시 염소와 비슷한 새로운 원소라고 제안했다. 그들은 이 원소를 '보라색'이라는 뜻의 그리스어에서 따 아이온(ione)으로 불렀다. 하지만 데이비는 염소(chlorine)와 플루오린(fluorine)과의 유사함을 강조하기 위해 아이오딘(iodine)으로 불렀다.

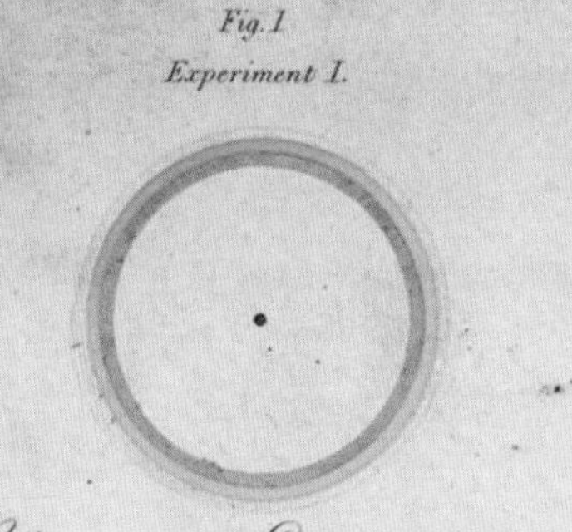

Chromatic Equivalents.

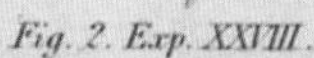

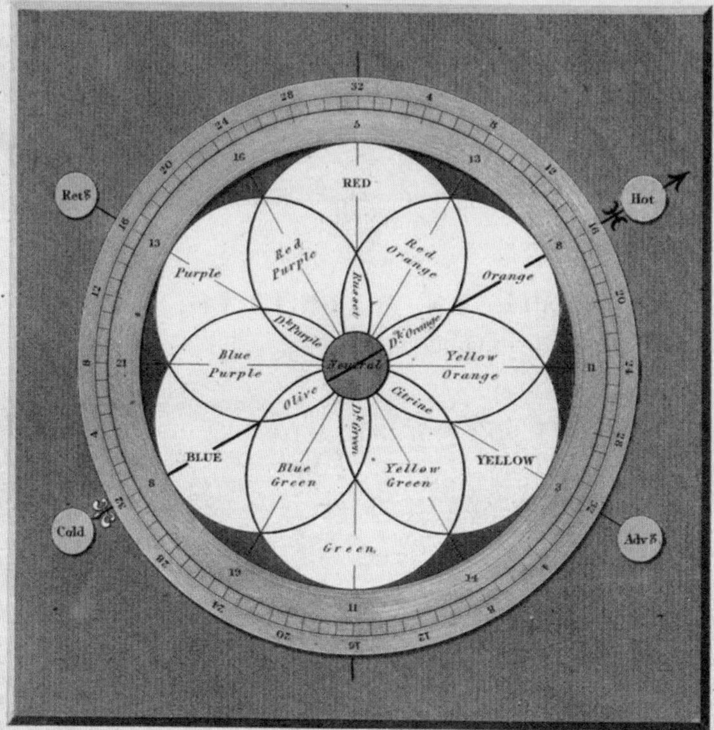

Definitive or Fundamental Scale of Colours

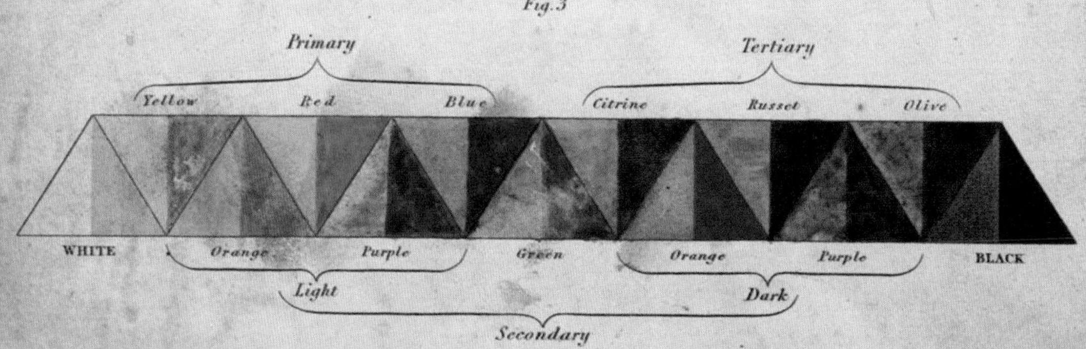

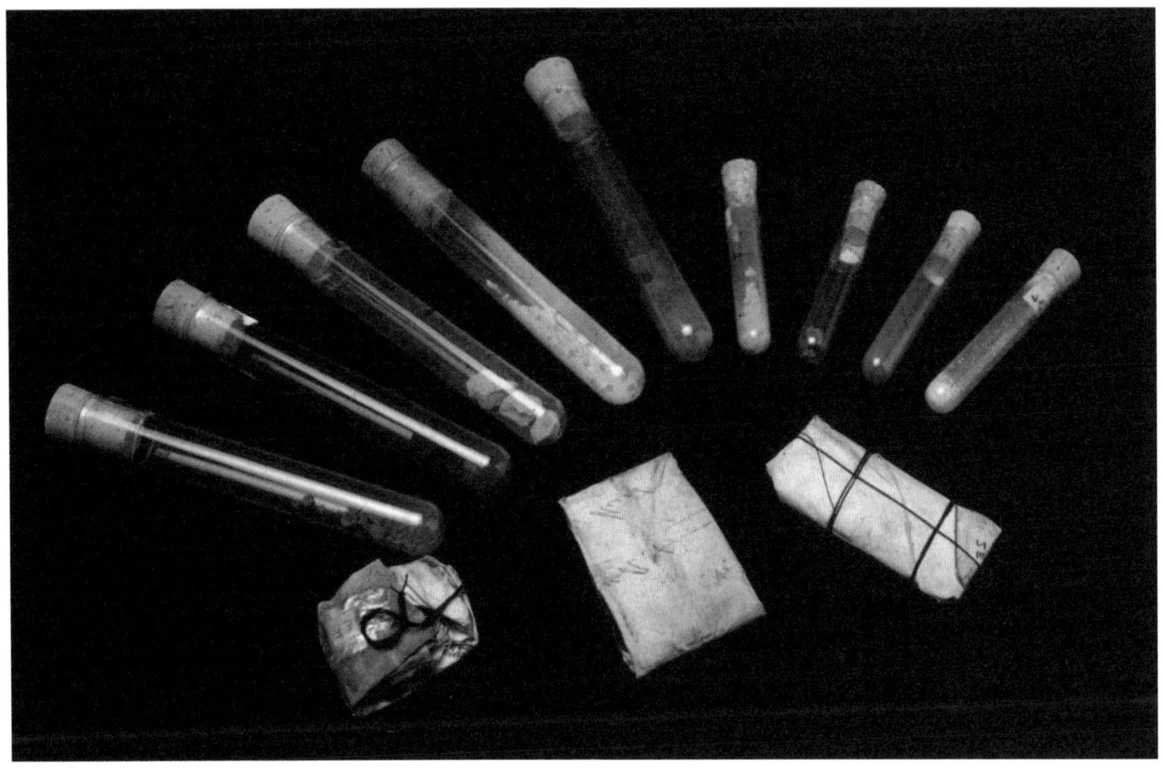

▲ 화가 조지프 터너의 작업장에서 발견된 건조 안료. 19세기 초에 니콜라스 루이 보클랭이 아이오딘주홍이라는 빨간색 안료를 아이오딘으로부터 개발했다. 터너는 이 안료를 《전함 테메레르의 마지막 항해(The Fighting Temeraire)》에 사용했다.

아이오딘의 존재를 밝힐 간단한 검사법이 곧 발견되었다. 아이오딘을 녹말 용액에 넣으면 청자색으로 바뀐다는 사실이 밝혀진 것이다. 1825년, 지중해 해초에서 채취한 아이오딘 시료를 연구하던 앙투안제롬 발라르(Antoine-Jerôme Balard)는 플라스크에 녹말과 아이오딘의 푸른색 층 아래로 진한 주황색 액체층이 또 있는 것을 발견했다. 바다에서 나왔기 때문에 처음에는 무리드(muride)라고 불렀으나, 톡 쏘는 냄새가 심하게 난다는 점에 주목해 '악취'를 뜻하는 그리스어에서 이름을 따 브롬(brome)이라고 명명했다. 1827년 영국 교과서는 이 원소의 이름을 브로민(bromine)으로 제안했다.

오늘날 우리가 플루오린화수소산이라고 부르는 '플루오린산'은 부식성이 강해서 연구하기 어려웠다. 순수한 플루오린은 1886년에 앙리 무아상이 분리했다. 그는 이 업적으로 1906년에 노벨 화학상을 받았다. 플루오린은 플루오린산보다 더 고약하다. 상당히 독성이 강하고 가장 반응성이 높은 물질 중 하나다. 플루오린, 염소, 브로민, 아이오딘은 모두 주기율표에서 같은 열에 자리 잡고 있으며, '염을 만든다'는 뜻으로 할로겐(halogen)이라고 한다. 이들 모두 금속과 반응해 염을 만들기 때문이다. 이중 소듐과 염소로 구성된 화합물은 우리가 흔히 볼 수 있는 소금이고, 이 원소들 때문에 짜고 톡 쏘는 맛이 난다. 할로겐이라는 이름은 1811년에 염소 원소 때문에 처음으로 제안되었지만 거부당했다. 하지만 염소, 아이오딘, 플루오린이 비슷하다는 것이 밝혀지자, 1826년에 베르셀리우스가 그 이름을 다시 사용했다.

◀ 조지 필드, 《색층분석법(Chromatography)》의 표지 삽화(1835년). 린다홀 과학전문도서관. 가장 강렬하고 아름다운 주홍을 띠는 아이오딘 주홍색 등 새로운 안료들을 자세히 소개한다.

크로뮴과 카드뮴

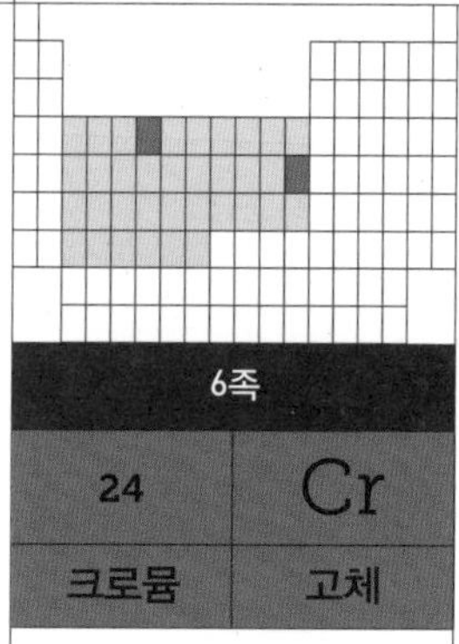

6족	
24	Cr
크로뮴	고체

전이 금속
원자량: 51.996

12족	
48	Cd
카드뮴	고체

전이 금속
원자량: 112.41

1761년에 독일의 광물학자 요한 고틀로프 레만(Johann Gottlob Lehmann)이 상트페테르부르크에 있는 러시아미술관의 화학 교수가 되어 러시아의 광물을 연구하기 시작했다. 그는 우랄산맥의 광산에서 선홍색 광물을 우연히 발견하고 '빨간 납 광물'이라는 뜻의 로트벨리에르츠(Rotbelierz)라고 불렀다. 고대에 안료로 쓰인 적색 납과 비슷했기 때문이다. 이는 곧 적색 페인트 안료로 쓰였고, 시베리아의 붉은 납이라는 별명을 갖게 되었다. 이후에 크로코아이트(crocoite)라는 정식 광물명이 붙여졌다.

크로코아이트는 실제로 납 광물이었다. 그러면 납 이외에는 무엇이 들어 있을까? 1794년 프랑스의 화학자 니콜라 루이 보클랭(Nicolas Louis Vauquelin)이 이 광물의 시료를 받은 후에 그 답을 찾기 시작했다. 그는 베릴이라는 광물에서 베릴륨 원소를 발견한 적이 있었다. 보클랭은 이 광물을 염산에 반응시켜 녹색 물질이 만들어지는 것을 발견했고, 화합물에서

◀ 프랑스 화학자 니콜라 루이 보클랭. 프랑수아자크 드퀘보빌레의 석판화(1824년). 런던 웰컴도서관.

▲ 장바티스트카미유 코로, 〈클라우디아 수로가 있는 로마 캄파냐(The Roman Campagna, with the Claudian Aqueduct)〉(종이에 유화, 1826년경). 이 작품에 녹색 안료인 비리디언이 사용되었다. 런던 국립갤러리.

금속을 추출하는 데 쓰는 통상적인 방법을 사용했다. 광물을 숯으로 가열하는 방법이었다. 아니나 다를까 금속이 만들어졌고, 보클랭은 '매우 단단하고, 잘 부러지며, 작은 바늘 모양의 회색 결정이 된다'고 보고했다.

보클랭은 이 금속을 함유하는 몇 가지 화합물이 강한 색채를 띠는 것을 발견했다. 그는 이 광물을 가루로 만들어 알칼리(지금의 탄산포타슘)에 녹인 다음, 질산으로 중화해서 밝은 주황색이 나는 용액을 만들었다. 보클랭이 이 용해된 염을 결정으로 만들자, 진하고 강렬한 노란색이 되었다. 황산납을 첨가하는 등 반응 조건을 다양하게 하자 생성물의 색이 담황색에서부터 주황색까지 다양하게 조절되었다. 기존에 비소화합물인 계관석을 주황색 안료로 사용했지만 비싸고 유독했기 때문에, 이 결정은 화가들이 마음껏 사용할 수 있는 최초의 순수한 주황색 안료였다.

보클랭은 다양한 색채를 내는 이 금속을 '색깔'이라는 뜻의 그리스어에서 이름을 따 크롬(chrome)으로 제안했고, 이후 크로뮴으로 표준화되었다. 시베리아의 붉은 납은 붉은 크롬산염 광물이지만, 크로뮴옐로로 알려진 안료는 인간이 만든 합성 화학물질이다. 독일의 화학자 마르틴 클라프로트는 보클랭이 크로코아이트에서 크로뮴을 발견하고 나서 1년 후에 크로뮴을 독립적으로 발견했다.

1808년 미국, 1818년 프랑스, 그리고 2년 후 영국 셰틀랜드섬에서 크로뮴을 포함하고 있는 여러 광석(크로뮴산철)이 발견되어 페인트 산업이 크게 부흥했다. 순수한 크로뮴옐로는 19세기 초에도 상당히 비쌌지만, 색이 매우 강렬해서 저렴한 흰색 '증량제' 황산바륨으로 묽게 만들어 저렴한 카나리옐로 페인트로 만들 수 있었으며, 이는 유럽 전역을 다니는 운송 차량에 일반적으로 쓰였다.

보클랭이 크로코아이트를 공기 중에서 구워 만든 녹색 화

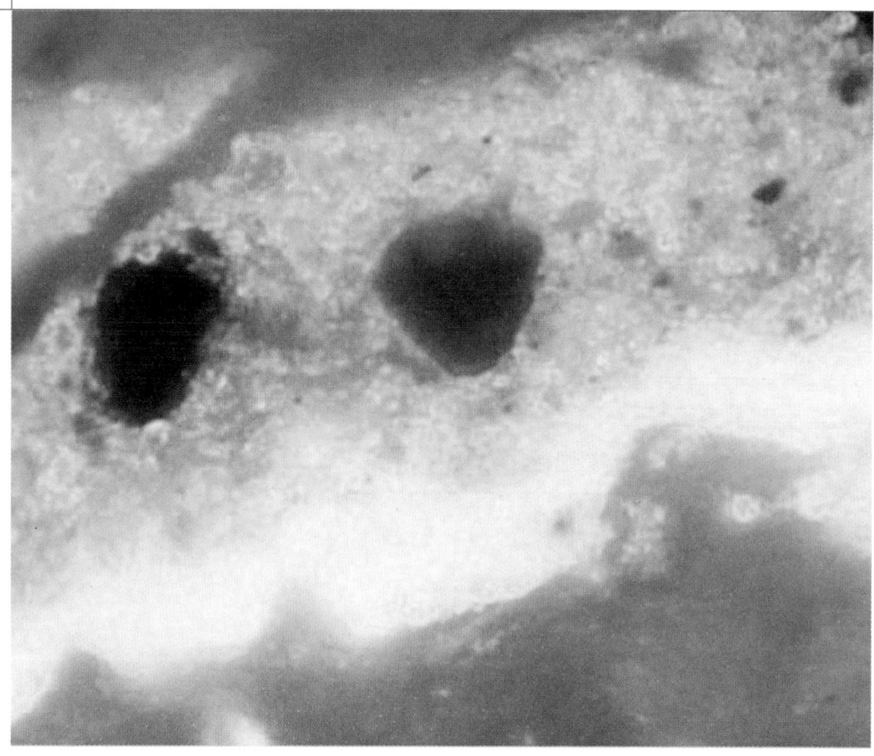

◀ 장바티스트카미유 코로의 〈클라우디아 수로가 있는 로마 캄파냐〉의 단면에 녹색 안료 비리디언이 보인다(1826년경). 런던 국립갤러리.

합물도 안료의 원료였다. 그는 "아름다운 에메랄드색이 나는 이 안료는 에나멜 도료를 사용하는 화가들의 그림을 풍부하게 해준다"고 했다. 1838년 파리의 조색사 앙투안클로드 파느티에(Antoine-Claude Pannetier)가 이 녹색을 더 순수하고 맑게 만드는 방법을 찾아 값싼 안료로 만들었고, 비리디언으로 알려지게 되었다.

노란 굴뚝에서 나온 원소

19세기에 안료 생산이 큰 사업이 되자, 화학자들은 안료의 재료가 될 새로운 물질을 끊임없이 찾았다. 1817년 독일의 화학자 프리드리히 슈트로마이어(Friedrich Stromeyer)는 작센 잘츠기터에 있는 아연 제련 공장의 굴뚝에 노란색 물질이 침전되어 있는 것을 보고 이를 연구해보기로 했다. 항상 하던 방식대로 숯을 사용하여 이 물질을 '환원'시키자 아연과 비슷한 화학적 성질을 가진 또 다른 금속이 발견되었다.

앞서 아연 광물과 그 화합물이 고대의 구리 제련 과정에서 카드미아라는 이름으로 통했다고 언급한 바 있다. 슈트로마이어는 이 새로운 금속의 이름을 고안할 때 카드미아에서 힌트를 얻어 카드뮴이라고 명명했다. 스트로마이어는 이 새로운 원소의 화학적 특성을 연구하기 시작했다. 그 과정에서 그는 황화수소 기체가 카드뮴 화합물 용액을 통과하면 밝은 노란색 고체가 침전된다는 사실을 발견했다. 그는 이 황화카드뮴이 '페인트의 재료로 유용할 것 같다'고 말했다. 그의 생각대로, 황화카드뮴으로 주황색 화합물을 만드는 방법이 발견되어 다양한 곳에 쓰였다. 이들은 카드뮴옐로, 카드뮴오렌지라는 이름으로 19세기 중반부터 판매되었고, 1910년에는 카드뮴레드도 상품으로 개발되었다. 여기에는 황 대신 셀레늄이 소량 들어 있었다. 셀레늄은 1817년 베르셀리우스가 발견한 원소로 달에서 이름을 딴 것이다. 카드뮴레드는 오늘날까지도 화가들이 좋아하는 가장 진한 빨강으로 남아 있다. 하지만 비싼 가격과 카드뮴의 약한 독성 때문에 2014년에 유럽에서 거의 사용이 금지되었다.

▶ 크로뮴(3~4), 비소(11~20)와 기타 광석. 요한 고틀로프 폰 쿠어, 《광물계(The Mineral Kingdom)》(1859년, 22판). 필라델피아 과학사연구소.

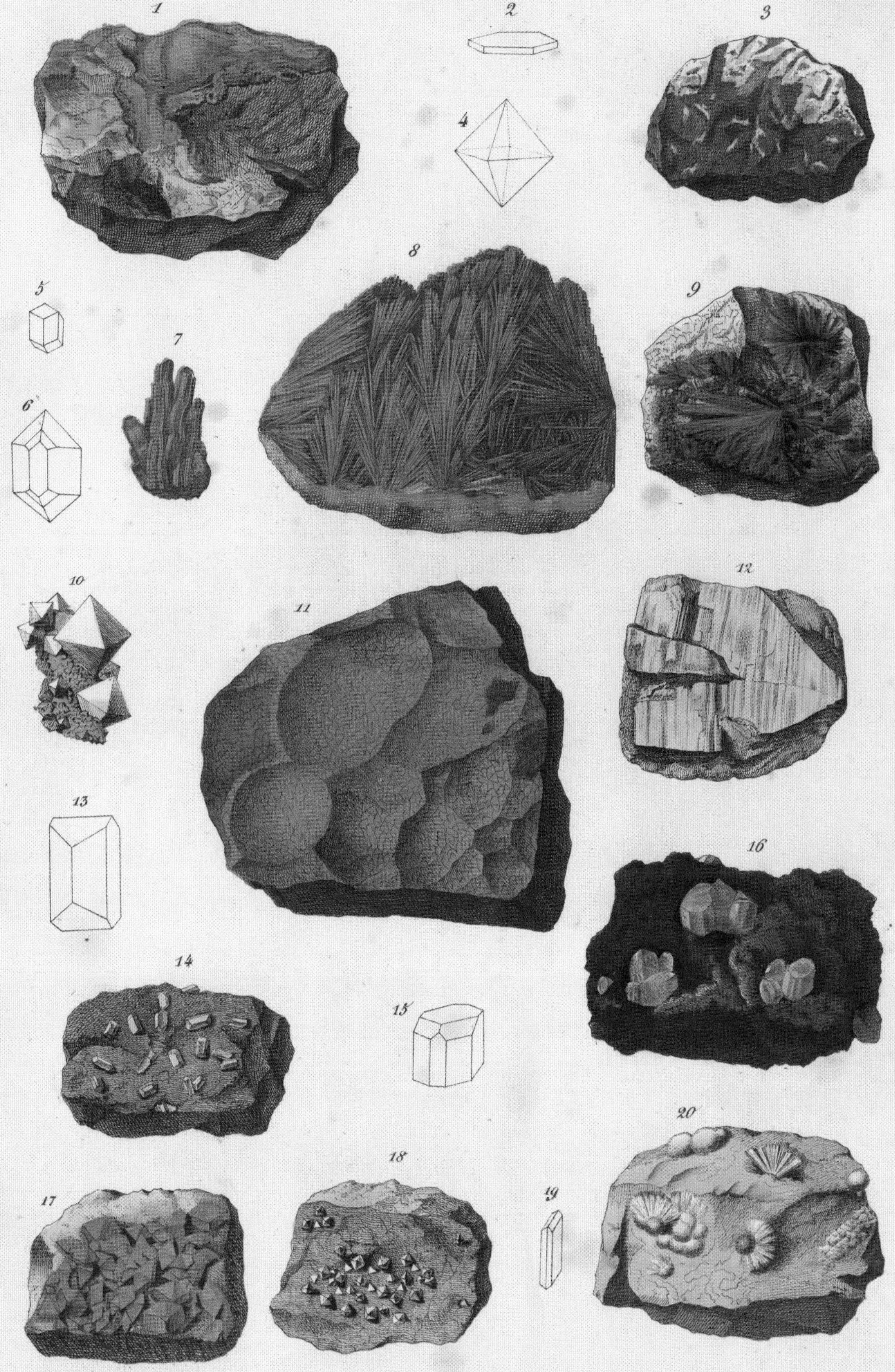
1
2
3
4
5
6
7
8
9
10
11
12
13
14
15
16
17
18
19
20

희토류 원소

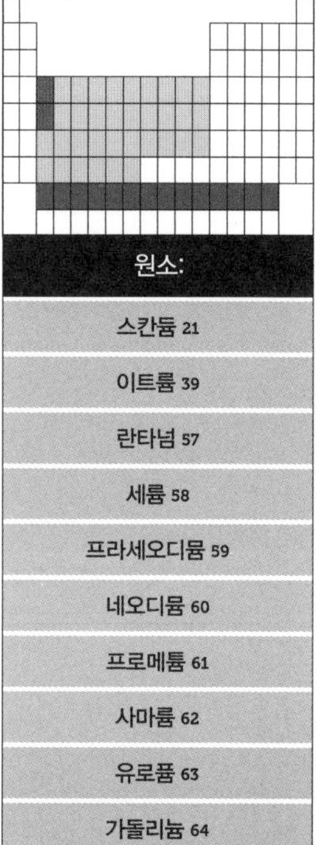

원소:

스칸듐 21

이트륨 39

란타넘 57

세륨 58

프라세오디뮴 59

네오디뮴 60

프로메튬 61

사마륨 62

유로퓸 63

가돌리늄 64

터븀 65

디스프로슘 66

홀뮴 67

어븀 68

툴륨 69

이터븀 70

원소의 이름은 대부분 발견된 곳의 이름을 따서 짓는다. 게르마늄, 프랑슘, 폴로늄처럼 나라 이름을 붙이기도 한다. 그런데 스웨덴의 작은 마을 이테르비(Ytterby)만큼 원소의 이름에 많이 쓰인 곳은 없을 것이다. 명예롭게도 4개 이상의 원소가 이테르비의 이름을 땄다.

18세기 이전 최소 300년 동안 이테르비에서 석영이 채굴되었지만, 이테르비가 광산 마을이 된 것은 18세기 말이다. 이테르비는 유리 제조와 도자기에 쓰이는 알루미노규산염 광물, 장석의 산지였다. 1787년에 육군 장교이자 아마추어 화학자인 칼 악셀 아레니우스(Carl Axel Arrhenius)가 이곳에서 발견한 무거운 검은색 광물을 보고했고, 이테르바이트(ytterbite)로 알려진다. 아레니우스의 화약 연구를 지도한 스웨덴 화학자 벵트 레인홀트 게이예르(Bengt Reinhold Geijer)가 다음 해에 이 광물에 관해 처음으로 기술했다.

이 광물처럼 특별히 밀도가 높은 광물은 금속을 함유하고 있을지도 모르기에 이테르바이트의 시료를 오보대학교의 화학자 요한 가돌린(Johan Gadolin)에게 보내 분석을 요청했다. 1794년 가돌린은 이 광물에 새로운 '토류'가 들어 있다고 보고했다. '토류'란 금속화합물, 일반적으로 산화물을 의미했다. 3년 후 안데르스 구스타프 에셰베리(Anders Gustaf Ekeberg)가 이 발견을 검증했고 그 '토류'를 이테르비에서 이름을 딴 이트리아(yttria)로 명명하자고 제안했다. (이테르바이트라는 이름을 붙인 사람도 에셰베리다. 오늘날 이테르바이트는 가돌린에서 이름을 따서 가돌리나이트라고 불린다.) 하지만 순수한 이트륨 금속을 처음으로 추출한 것은 1828년 프리드리히 뵐러(Friedrich Wöhler)다.

가장 풍부한 토류

이테르비에서는 다른 희귀 광물도 나왔다. 베르셀리우스의 조수인 칼 구스타프 모산데르(Carl Gustaf Mosander)는 1843년 광물에서 추출된 이트리아가 세 가지 다른 산화물, 즉 백색 이트륨과 노란색, 짙은 적색 산화물의 혼합물이라는 사실을 보였다. 그는 노란색과 적색 산화물이 각각 터븀(terbium)과 어븀(erbium)이라는 이름의 새로운 원소를 함유하고 있다는 것을 발견했다. 모두 '이테르비'를 축약한 말이다. 1878년에 제네바에서 연구하는 장 샤를 갈리사르 드 마리냑(Jean Charles Galissard de Marignac)이 산화이트륨 안에서 네 번째 '토류'(산화물)를 발견했다. 이 토류의 이름은 이터븀(ytterbium)이 되었다.

1880년 마리냑은 우랄산맥에서 채취한 사마스카이트(samarskite)라는 이트륨 광물에 두 가지 다른 원소가 소량 함유되었다는 사실을 발견했다. 하나는 1879년에 폴 에밀 르코크(Paul Émile Lecoq)가 발견한 원소로, 사마스카이트에서 이름을 따 사마륨(samarium)이라고 명명했다. 다른 하나는 마리냑이 알파-이트륨이라고 이름 지었다. 6년 후 르코크도 이 원소를 분리했는데, 새로운 원소들로 구성된 희토류 원소족을 처음으로 밝혀내기 시작한 가돌린의 이름을 따서 이 원소를 명명하자고 마리냑에게 제안했다. 이 원소는 가돌리늄(gadolinium)이 되었다.

숨은 원소

1840년대에 칼 모산데르의 연구로 원소 목록이 상당히 복잡해졌다. 이번에는 그도 스승인 베르셀리우스가 발견한 새로운 금속 원소의 산화물을 연구했다.

1803년 베르셀리우스는 화학자 빌헬름 히싱어(Wilhelm Hisinger)와 함께 어떤 무거운 광물을 연구했다. 스웨덴 바스트내스에서 광산을 경영하던 히싱어의 가족이 가져온 광물이었다. 그들은 그 안에서 새로운 산화물을 발견하고, 당시

▼ 레나트 할링이 찍은 이테르비 장석 광산 사진(스웨덴 레사로, 1910년경). 스톡홀름기술박물관.

den 3 apr. 1842.

▶ 핀란드의 화학자 요한 가돌린. 가돌리나이트는 그의 이름을 땄다. 초상화 축도(1797년~1799년). 핀란드문화유산기구.

◀ 희토류 원소의 발견에 중요한 역할을 한 스웨덴의 화학자 칼 구스타프 모산데르. 마리아 룰의 연필 드로잉(1842년). 스웨덴왕립도서관.

발견된 왜소 행성 세레스(Ceres)에서 이름을 따 세리아(ceria)라고 명명했다. 독일의 마르틴 클라프로트도 같은 시기에 세리아를 발견했다. 세리아는 연성이 있는 무른 금속인 세륨의 산화물이다. 그러나 나중에 모산데르가 베르셀리우스와 히싱어의 세리아가 순수한 원소가 아니라는 사실을 발견했다. 세리아에는 적어도 두 가지 다른 산화물이 들어 있었다. 이 중 하나를 모산데르는 '숨어 있다'는 뜻의 그리스어에서 이름을 따 란타나(lanthana)라고 했다. 란타나가 들어 있는 광물 안에 세륨이 종종 함께 있는 것처럼 보였기 때문이다. 란타나가 함유하고 있는 원소가 란타넘(lanthanum)이고 20세기 초에야 순수한 란타넘이 만들어졌다.

세리아 안에 있는 또 다른 산화물은 모산데르가 '쌍둥이'라는 뜻으로 명명한 디디미아(didymia)였다. 이는 혼합물로 밝혀졌다. 일부는 사마륨(samarium)이었고, 나머지는 1885년에 칼 아우어 폰 벨스바흐(Carl Auer von Welsbach)가 분리한 네오디뮴(neodymium, 새로운 디디뮴)과 파라세오디뮴(praseodymium, 녹색 디디뮴)이었다.

새로운 원소족

새로운 원소들이 이렇게 늘어난 이유는 무엇일까? 이 원소들과 총 17개의 다른 원소들을 희토류 원소라 부르는데, 스칸듐(scandium), 디스프로슘(dysprosium), 유로퓸(europium), 프로메튬(promethium), 툴륨(thulium), 홀뮴(holmium), 루테튬(lutetium) 등이다. 홀뮴과 루테튬은 이들이 발견된 도시의 이름을 따서 명명되었다. 홀뮴은 스톡홀름, 루테튬은 라틴어로 루테티아(Lutetia)인 파리에서 발견되었다. 이 원소 중 란타넘부터 루테튬까지 15개는 주기율표에서 연달아 배열되어 있고, 란타넘족 원소로 분류된다. 이들은 자연에서 함께 생성되곤 하는데 화학적 성질이 매우 비슷하여 같은 종류의 화합물을 형성한다. 이들의 전자 배열이 비슷하기 때문이다. 란타넘족에는 총 14개의 자리가 있는 전자 '껍질'이 있다. 란타넘에서 이터븀까지 란타넘족 원소들에서 이 껍질이 차츰 채워지는데, 이 껍질은 가장 바깥 껍질 아래 있어서 화학 반응이 일어날 때 원자들의 행동 방식에 별 차이가 없다. 전자의 배열에 따라 원소들이 정렬된 주기율표에서 란타넘족의 존재는 그래서 기이하게 보인다. 주기율표를 차지하는 꽤 많은 원자를 대부분의 반응으로는 구분할 수 없는 것이다. 자연의 낭비가 아닌가 싶기도 하지만 그 원소들은 세상이 어떻게 구성되어야 한다고 생각하는 우리의 선입견에 맞춰서 구성되지 않았다.

존 돌턴의 원자

◀ 영국의 화학자 존 돌턴. 스티븐슨의 동판화(19세기). 런던 웰컴컬렉션.

1887년에 영국의 화학자 헨리 엔필드 로스코(Henry Enfield Roscoe)는 "원자는 돌턴이 발명한 둥근 나무 조각이다"라고 말하며 원자론을 점잖게 비꼬았다. 로스코는 아니었지만 대부분 과학자는 원자가 모든 물질을 구성하는 쪼개지지 않는 기본 입자라고 생각했다. 이 입자들은 너무너무 작아서 눈에 보이지 않기 때문에, 원자의 모습을 떠올릴 때 현대 원자론을 제창한 영국 화학자 존 돌턴(John Dalton)이 제안한 나무 공을 상상해봐도 좋다.

존 돌턴(1766~1844)은 영국 레이크디스트릭트에 있는 마을 학교에서 교육받은 평범한 교사였다. 퀘이커교 신도는 종교 반대자로 취급받았기 때문에 그는 옥스퍼드나 케임브리지 같은 명문 대학은 갈 수 없었다. 그는 1803년에서 1805년 사이에 간사로 일하던 맨체스터 문학철학협회에 논문을 제출하여 원자론을 발표했다. 그의 동료가 과학계에 이름을 알리려면 책으로 출간해야 한다고 조언했다. 그는 1808년《화학철학의 새로운 체계(A New System of Chemical Philosophy)》라는 야심 찬 표제를 단 책을 출판했다.

돌턴의 이론은 원자를 자연의 구성요소라고 보는 고대 그리스 철학자 레우키포스와 데모크리토스의 오랜 이론을 새로운 형태로 선보였다는 평을 듣곤 한다. 어떤 면에서는 사실이지만, 옛 이론들은 화학적으로는 아무것도 설명하지 못했다. 돌턴은 새로운 이론을 사용하여 왜 원소들이 정해진 비율대로 결합하는지를 설명하려 했다. 원소들은 페인트 섞듯이 혼합될 수 없었다. 그리고 그 비율은 대부분 단순했다. 예컨대 특정한 부피의 산소는 정확히 2배 부피의 수소와 결합하여 물을 만들었다.

돌턴은 원소의 구성 원자들이 1대 1 또는 1대 2 같은 단순한 비율로 결합하여 '복합 원자'가 된다면 원소의 결합을 이해할 수 있다고 제안했다. 결정적으로, 돌턴의 논문과 책에는 이런 결합이 어떤 모습인지를 보여주는 그림이 있었다. 거기서 원자는 원 혹은 공 모양이었다. 물의 '복합 원자'(오늘날 우리는 분자라고 부른다)는 수소 원자 하나와 산소 원자 하나가 한 쌍을 이루는 것이고, 암모니아의 원자는 수소와 질소가 일대일로 결합한 것이라고 그는 제안했다. 대중 강연에서 돌턴이 보여준 나무 공은 시각 교육 자료의 역할을 했다.

당시 상대적인 원자량을 알아낼 방도가 없었기 때문에 결합의 정확한 비율을 알아낼 방법은 없었다. 그가 제안한 비율은 정확하지 않았으나, 이후 여러 세기에 걸쳐 수정되었다. 물 분자는 산소마다 2개의 수소 원자가 붙어 있음이 밝혀졌다.

이 새로운 체계를 화학 이론으로 볼 수는 없다. 우선 원자들이 서로 결합하는 이유를 설명하지 못했다. 헨리 로스코는 원자를 더 이상 쪼갤 수 없는 물질의 단위로 가정했다는 점보다는 각 유형의 원자에 고유의 질량이 있다고 제안했다는 점에서

▲ 존 돌턴이 원자론을 증명하기 위해 사용한 나무 공 5개(1810년~1842년경). 맨체스터의 피터 이워트 제작(1810년경). 맨체스터과학산업박물관.

돌턴의 이론이 중요하다고 핵심을 찔렀다. 질량은 한 원소와 다른 원소를 구별시켜주었다. 오늘날 원자 번호가 이 핵심을 담고 있다.

하지만 많은 사람이 돌턴의 원자를 오래도록 기억했다. 나무 공으로 된 원자를 보고 상상할 수 있었기 때문이다. 돌턴은 이 그림과 나무 공을 순전히 교구로 여겼다. 그는 분자가 정말로 어떻게 생겼는지에 관해서는 아무 주장도 하지 않았다. 현재는 여러 가지 색의 플라스틱 공을 막대로 연결한 '분자 모델'이 분자의 실제 모습을 보여주는 데 일반적으로 사용되고 있다.

돌턴의 새로운 이론이 발표되고 100년이 지나고 나서야 과학자들은 원자가 실제로 존재한다는 확실한 증거를 발견했다. 하지만 오늘날 특별한 현미경을 통해 들여다보면 원자가 작은 덩어리 같은 것으로 정말로 '보인다.' 그리고 현미경의 아주 작은 탐침을 이용하여 원자들을 한쪽으로 제쳐놓고 끌어내서 우리가 원하는 패턴대로 정렬할 수도 있다. 원자는 우리를 비롯해 세상 모든 것을 구성하는 공이다.

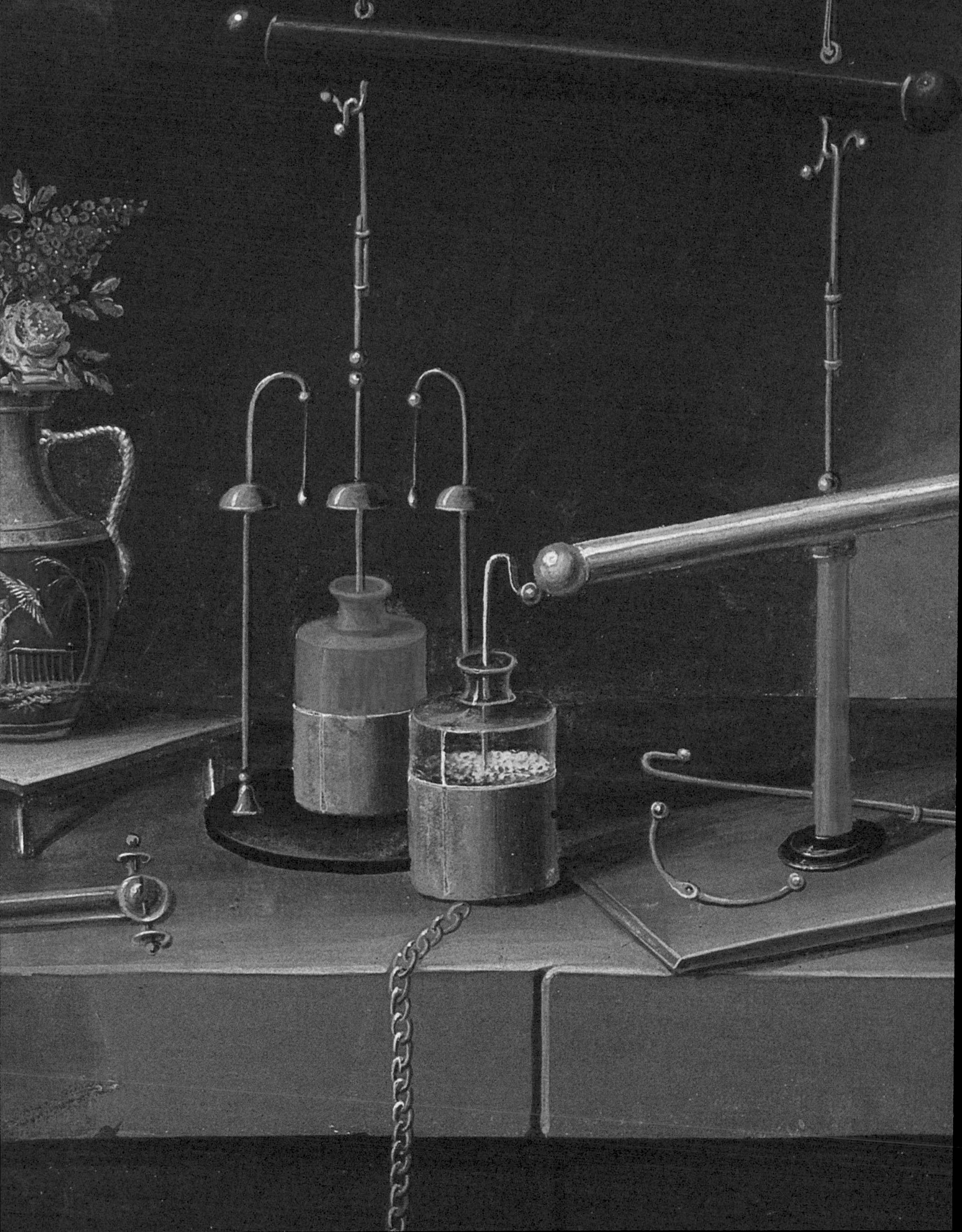

6장

전기로 분해한 원소

◀ 폴 르롱, 〈전기: 축전기 병, 정전기 생성기, 꽃병〉(1820년). 런던 웰컴컬렉션.

전기분해를 이용한 발견

1796년
최초의 백신인 에드워드 제너의 천연두 백신이 도입되었다.

1818년
메리 셸리의 《프랑켄슈타인》이 출간되었다.

1830년
리버풀과 맨체스터를 잇는 세계 최초의 도시 간 철도가 개통되었다.

1831~1836년
찰스 다윈이 비글호를 타고 여행했다.

1837년
전신(電報)이 특허를 획득했다.

1842년
마취제가 처음으로 사용되었다.

1848년
카를 마르크스와 프리드리히 엥겔스의 《공산당선언(The Communist Manifesto)》이 출간되었다.

1851년
세계 최초의 국제 엑스포 또는 세계 박람회인 런던대박람회가 열렸다.

1876년
세계 최초의 전기 가로등이 로스앤젤레스에 설치되었다.

18세기를 거치며 많은 과학자가 전기에 깊고 심오한 수수께끼가 담겨 있다는 생각을 하게 되었다. 18세기 초 영국의 스티븐 그레이(Stephen Gray)는 유리 막대를 문질러서 만들어진 정전기가 철사를 따라 유체처럼 흐르는 것을 보여주었다. 그는 연단 위 천장에 한 학생을 매달아놓고 전류를 흘린 다음, 금속 막대를 이용해 학생의 코에서 불꽃이 일어나게도 했다. 이와 같은 멋진 시연은 유럽 상류 사회의 사교 모임과 파티에서 인기 있는 마술쇼였다.

전기는 일종의 유체처럼 보였다. 1745년에 네덜란드 레이던대학교의 과학자 피터 판 뮈센브루크(Pieter van Musschenbroek)가 정전기를 이용하여 전기를 '모을' 수 있음을 보여주었다. 축에 끼운 유리구를 계속 돌려서 정전기를 만든 후, 이 전기 발생장치의 도선을 물을 반쯤 채운 유리병 안에 넣어 전기를 모았다. 이 유리병은 실험을 할 때 전기를 간편하게 저장할 수 있게 해주었으며, '라이덴병(Leyden jar)'이라고 불렀다.

1740년대와 1750년대, 미국의 벤저민 프랭클린(Benjamin Franklin)은 라이덴병으로 충전하고 방전하는 방법을 면밀히 연구했다. 그는 천둥 번개가 치고 폭풍우가 내릴 때 연날리기 실험을 했다고 한다. 그가 그 위험한 실험을 실제로 했다고는 믿기 어렵지만, 아무튼 프랭클린은 그 실험으로 유명해졌다. 산소를 발견한 사람으로 인정되기도 하고 안 되기도 하는 영국의 조지프 프리스틀리(Joseph Priestley)는 1767년에 전기에 관한 당시의 모든 지식을 요약한 책을 출간하여 큰 인기를 끌었다.

약 20년 후, 이탈리아의 물리학자 루이지 갈바니(Luigi Galvani)가 라이덴병 안에 저장한 전

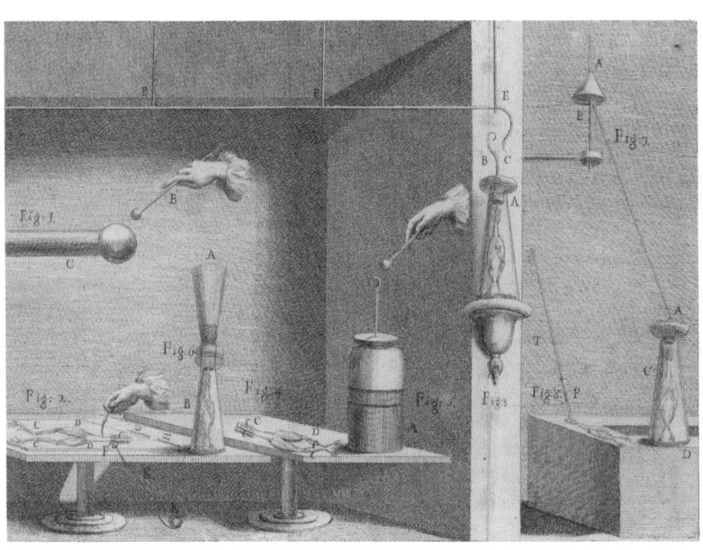

◀ 개구리를 대상으로 한 전기 실험. 루이지 갈바니, 《전기의 강점(De Viribus Electricitatis)》(1792년). 런던 웰컴 컬렉션.

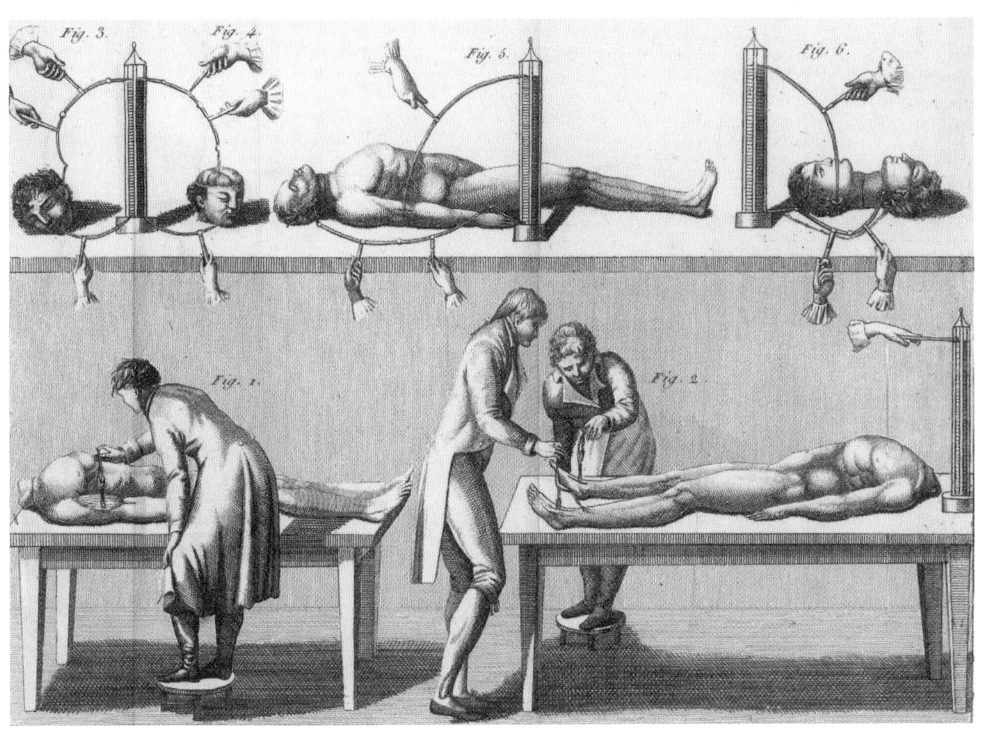

◀ 루이지 갈바니의 조카가 수행한 신체 부위에 대한 전기 실험. 메리 셸리의 《프랑켄슈타인》에 영감을 주었다. 장 지오바니 알디니, 《갈바니즘에 대한 이론 및 실험 논문(Essai Théorique et Expérimental Sur Le Galvanisme)》(1804년). 런던 웰컴컬렉션.

기를 해부된 개구리 다리에 흘려 방전시켰다. 개구리 다리는 마치 되살아난 것처럼 경련을 일으켰다. 그는 전기가 생명을 다시 불어넣는 요인일 거라 생각했다. 그의 이론은 갈바니즘이라는 이름으로 알려지게 되었고, 여기에 흥미를 느낀 메리 셸리(Mary Shelley)는 1818년 소설 《프랑켄슈타인(Frankenstein)》을 발표하며 시체가 다시 살아날 가능성을 탐구했다.

갈바니는 동물의 근육에 구리와 아연 같은 두 가지 다른 금속을 연결하여 서로 접촉시켰을 때도 경련이 일어나는 것을 발견했다. 1800년 파비아에서는 알레산드로 볼타(Alessandro Volta)가 소금에 적신 옷감이나 카드 조각을 끼운 금속 더미로 전기 실험을 했다. 그 조각들은 전기를 전도하는 역할을 했다. 그는 이 '더미'가 상당히 많은 전류를 지속적으로 생산할 수 있다는 것을 발견했다. '볼타 전지'라고 불리는 이 전기 더미는 실제로 초기 배터리라 할 수 있다. 갈바니는 동물 조직이 금속에 전기를 공급한다고 생각했지만, 볼타는 두 금속에서 전류가 나온다고 주장했다.

두 사람이 이 문제를 두고 격한 논쟁을 벌이는 동안, 갈바니의 조카 지오바니 알디니(Giovanni Aldini)는 볼타 전지를 이용하여 무시무시하고 충격적인 실험을 했다. 해부된 개구리 다리보다 더 많은 것을 '다시 살려내는' 실험이었다! 맨 처음에는 도살장에서 방금 데려온 황소의 머리에 전기를 방전시켜 근육을 움직이게 했다. 마치 살아 있는 움직임처럼 보였다. 1803년에 그는 런던 뉴게이트감옥의 교수대에서 데려온 범죄자의 시신에 전지를 연결했다.

다른 사람들은 논란을 일으키지 않으면서도 볼타 전지를 유용하게 쓸 방법을 찾았다. 1800년에 영국의 과학자 윌리엄 니콜슨(William Nicholson)과 앤서니 칼라일(Anthony Carlisle)이 물속의 전기전도를 연구해 물에 잠긴 전극에서 기체 거품이 이는 것을 관찰했다. 그들은 이 기체가 물을 구성하는 두 원소인 산소와 수소라는 것을 알아냈다. 두 연구자는 전기를 이용해 물을 두 가지로 분리했고, 이 과정은 전기분해라고 명명되었다. 즉 전기를 사용해 화학적 반응을 유도할 수 있다는 것이다. 다른 물질에도 이와 같은 방식을 적용해 구성 원소들을 분해할 수 있을까?

포타슘

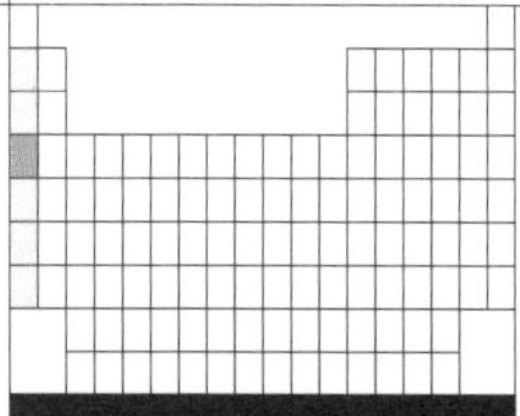

1족

19
K
포타슘

알칼리 금속

원자번호
19

원자량
39.098

상온 · 상압에서
고체

볼타 전지는 영국의 젊은 과학자 험프리 데이비의 상상력을 사로잡았다. 콘월의 가난한 가정에서 태어나 정식 교육을 받지 못한 데이비는 독학으로 과학에 입문했다. 그는 펜잔스에서 외과 의사의 견습생으로 10대를 보내고, 1798년 브리스톨의 기체연구소에 들어갔다. 이 연구소를 운영하던 토머스 베도스(Thomas Beddoes)는 아산화질소(웃음 기체) 같은 기체의 의학적 효과를 연구했다. 이 연구소에서 볼타 전지에 대한 정보를 들은 데이비는 유사한 배터리를 만들어 볼타의 실험 중 일부를 반복해보았다.

1801년, 야망을 가득 품은 데이비는 브리스톨을 떠나 새로 설립된 런던의 왕립연구소 강사 자리를 얻기 위해 면접을 봤고, 그곳에서 '갈바니즘' 연구를 지속하고 싶다고 표명했다. 강사로 임명된 그는 4월에 갈바니즘을 주제로 첫 강의를 했다. 데이비의 공개 강연은 웃음 기체의 효과를 시연하는 등 놀랍고 재미있는 실험을 곁들였기 때문에 극적이고 이색적이었다. 그의 강연은 꽤 인기를 끌었다. 젊은 데이비의 멋지고 잘생긴 외모도 한몫했을 것이다. 그의 강연을 들으러 대중이 몰려든 앨버말 거리는 마차로 붐비는 교통 문제를 해결하기 위해 런던 최초의 일방통행 거리가 되었다.

데이비는 칼라일과 니콜슨의 연구에서 전기가 물을 분해했던 것을 염두에 두고 볼타 전지에서 나온 전류가 화학 용액과 용융염을 통해 흐를 때 어떤 결과가 나오는지 연구하기 시작했다. 그는 곧 철, 아연, 주석 같은 일부 금속들이 각 금속염 용액에서 추출된다는 사실을 발견했다. 음극에 코팅된 것처럼 보이는 것이 추출된 금속이었다. 그러나 그가 알칼리 포타쉬(잿물을 증발시켜 얻은 고

▶ 1812년에 기사 작위를 받은 험프리 데이비의 초상화(작자 미상). 런던 웰컴컬렉션.

체—옮긴이), 오늘날의 용어로 말하면 수산화포타슘으로 이 실험을 해보았을 때, 음극에서 수소만 얻을 수 있었다. 물에서 실험했을 때와 같은 결과였다. 1807년에는 다른 실험 방법을 시도해보았다. 포타쉬를 녹인 다음 최소한 274개의 구리판과 아연판을 겹겹이 쌓아 붙인 크고 강력한 볼타 전기로 전기분해를 했다. 그러자 양극에서 산소 기체 방울이 발생했고, 음극에는 '금속처럼 매우 반짝이는 작은 공 모양의 입자'가 보였다. 수은처럼 보이는 이 입자 중 일부는 밝은 불꽃을 보이며 폭발하듯 타올랐다. 이 실험을 돕던 데이비의 조카는 삼촌이 이 광경을 보고 "기쁨에 들떠 방 여기저기를 껑충껑충 뛰어다녔다"라고 전했다.

이 작은 금속 조각을 모아서 물속에 던지자 수면에 충돌하는 순간마다 연보라빛 불꽃을 내며 불이 붙었다. 커다란 조각을 던지자 '번쩍이는 불꽃이 일며 순간적인 폭발'이 일어났다. 남은 것은 포타쉬 용액뿐이었다. 그는 그해 왕립학회에서 고급 강연을 할 때 완전히 몰입한 청중 앞에서 이 극적인 실험 과정을 보여주었다.

데이비는 이 불타기 쉬운 금속이 포타쉬의 기본 원소라는 결론을 내리고 이 새로운 원소를 포타슘이라고 불렀다. 포타슘이 공기 중의 습기와 반응하면 포타쉬에 불이 붙는데, 이 과정에서 수소 기체가 발생한다. 반응열로 인해 불이 붙는 것이다. 포타슘은 알칼리에서 만들어지기 때문에(그리고 물과 공기 중에서 빠르게 알칼리 산화물이나 수산화물로 되돌아간다), 알칼리 금속이라고 불린다.

데이비의 보고서가 독일어로 번역될 때 포타쉬를 일컫는 독일어 칼리(kali)를 참고하여 칼륨(kalium)으로 표기되었다. 1811년 옌스 야코브 베르셀리우스가 화학 명명법을 표준화할 때, 독일어 단어를 선호한 그가 포타슘의 원소 기호를 K로 정해서 다소 혼동을 가져오게 되었다.

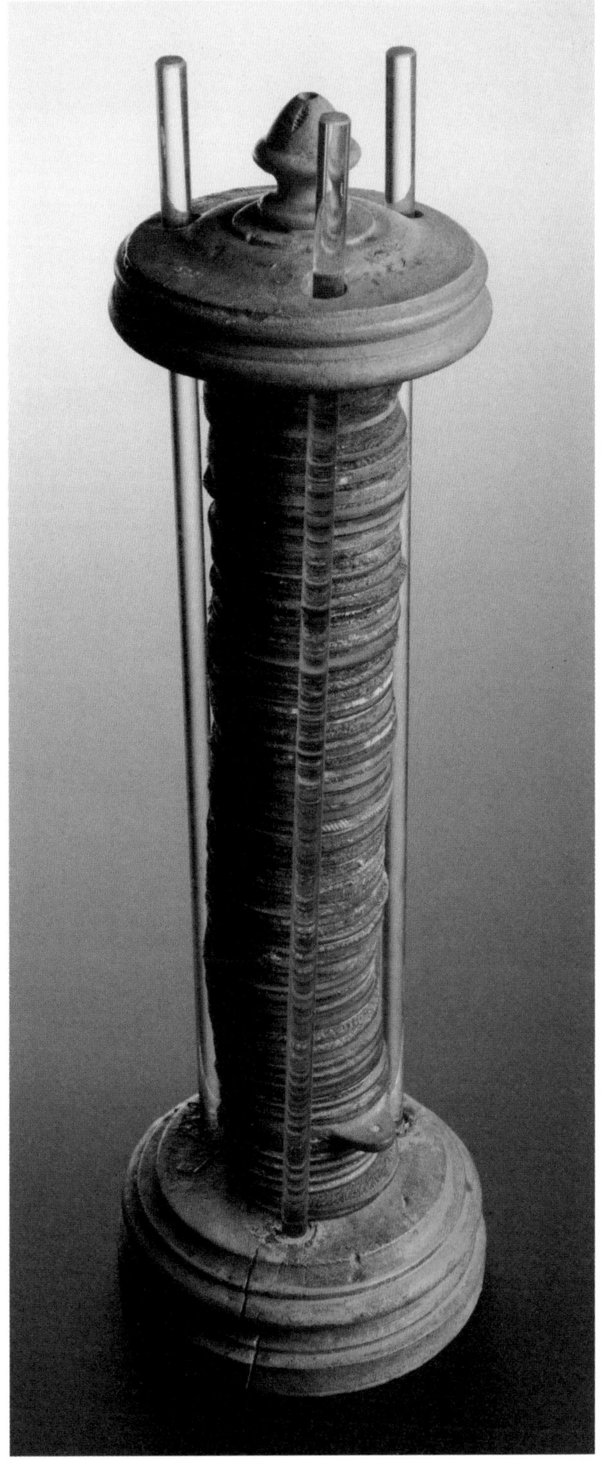

▶ 초기의 볼타 전지. 19세기에 알레산드로 볼타가 만든 것으로 추정된다. 런던 과학박물관.

소듐

알칼리 금속

원자번호
11

원자량
22.990

상온 · 상압에서
고체

포타슘을 발견하고 나서 며칠 후에 험프리 데이비는 다른 알칼리 물질을 전기분해했다. 당시에는 소다로 알려진 용융 수산화소듐이었다. 이번에도 그는 음극에 반응성이 상당히 높은 금속이 형성되는 것을 발견했고, 이를 소듐이라고 불렀다. 데이비는 "이 금속을 물에 던지면 거품이 격렬하게 일었지만, 불이 붙진 않았다"고 보고했다.

이 알칼리 물질들, 포타쉬와 소다는 수천 년 동안 화학자들이 유용하게 사용한 물질로, 오래전부터 각각의 (수산화물이 아니라) 탄산염을 지칭했다. 포타슘과 소듐은 모래와 섞어서 유리 제조에 사용되었고, 유리 제조 과정에서 모래의 석영을 녹이는 데 필요한 온도를 내려주는 역할을 했다. 이들을 동물성 지방과 함께 끓여 비누를 만들어 쓸 수도 있었다.

포타쉬는 일반적으로 나무를 비롯한 식물의 재로 만들었다(알칼리[Al-kali]는 '재'를 뜻하는 아랍어다. 칼리라는 이름에서 베르셀리우스가 포타슘에 부여한 이름 '칼륨'과 원소 기호 'K'가 나왔다). 식물을 태우면 대부분 포타슘이 풍부한 재가 만들어지지만, 소듐이

Sera. Est abstersiu9 humoꝝ grossoꝝ. ⁊ ab
stergit ⁊ lauat ⁊ ꝓfert casui vulue ⁊ squinãtie.
Et diminuit albedinẽ oculi seu pannũ ei9.

◀ 험프리 데이비가 만든 소듐 시료(1807년). 런던 왕립연구소.

▶ 알칼리(소다회)를 만들기 위해 도랑에서 수송 나물을 태우는 모습을 그린 중세의 그림(1400년경).

더 많은 때도 있다. 소다는 자연에서 광물 형태로도 발견된다. 고대 그리스인들은 소다를 나트론(natron) 또는 니트론(nitron)이라고 불렀고, 여기에서 영어로 니트레(nitre)라는 용어가 파생되었다. 여기에서 유래하여 소듐의 원소 기호가 Na가 되었다. 독일의 화학자들 또한 데이비가 발견한 새로운 원소를 나트로니움(natronium)이나 나트리움(natrium)으로 부르는 것을 더 좋아했기 때문이다.

초기의 나트론/니트론/니트레는 이집트의 나트론 계곡에서 수집하거나 태양빛으로 뜨거워진 구덩이 안에서 나일강 물을 증발시켜 얻었다. 이는 일반적인 소금(염화소듐)과 탄산소듐의 화합물이었고, 세탁할 때 사용하거나 석회(탄산칼슘)와 더불어 유리를 제조할 때도 쓰였다. 플리니우스는 유리 제조 방법이 우연히 발견되었다고 주장했다. 나트론을 거래하는 몇몇 상인들이 모래사장에서 음식을 만들려고 불 위에 냄비를 놓고 냄비를 지지하기 위해 나트론 덩이를 사용했는데 나트론의 재에서 맑은 액체가 나와 단단해지는 것을 발견했다는 것이다. 이 이야기는 플리니우스의 다른 이야기들처럼 상상의 산물인 것 같지만, 유리가 우연히 발견된 것은 맞는 것 같다.

18세기 말까지도 알칼리는 원료에 따라서 구분되었다. 재에서 만들어진 식물성 알칼리와 나트론(당시에 나트룸이라고도 불렸다) 같은 광물에서 얻어진 광물성 알칼리였다. 라부아지에를 따르는 학자들은 '나트론'보다는 '소다'(프랑스어로 수드[soude])가 "더 널리 알려져 있으니" 소다를 사용하자고 주장했다. 소다나 포타쉬를 '소석회(수산화칼슘)'와 섞으면 부식이 잘 일어나는 알칼리가 된다. 수산화소듐과 수산화포타슘은 오늘날에도 종종 가성 소다와 가성 포타슘이라고 불린다. 사실, 프랑스어 수드나 포타스(potasse)는 각각 수산화소듐과 수산화포타슘 자체를 지칭한다. 탄산소듐과 탄산포타슘이 원소가 아니라는 것은 분명했다. 이들에서 '고정 공기'라고 알려진 이산화탄소를 추출할 수 있었기 때문이다.

그러면 가성 소다 자체는 원소일까? 프랑스의 화학자들은 그럴 것 같지 않다고 추측했고, 가성 소다를 분해할 방법이 발견되면 새로운 원소가 나타나리라 생각했다. 이런 기대가 험프리 데이비를 한층 고무시켰다. 볼타 전지를 이용하면 용해된 물질에서 무언가를 추출할 수 있으리라. 그는 1807년에 두 가지 알칼리 금속을 분리하기에 이르렀다.

▶ 전기분해를 이용해 포타슘과 소듐을 발견하려는 험프리 데이비를 묘사한 판화(1878년경). 세계역사아카이브.

칼슘, 마그네슘, 바륨, 스트론튬

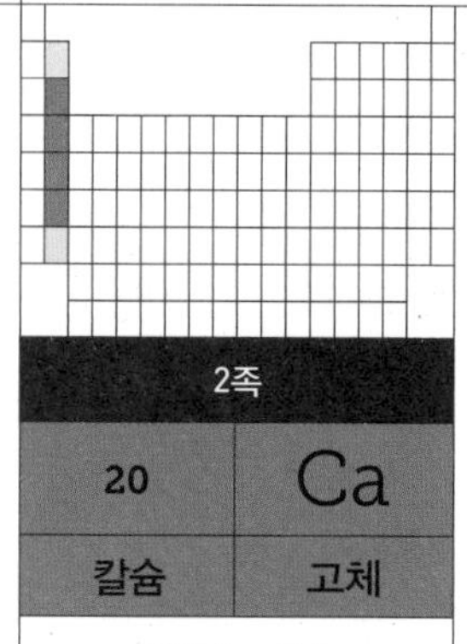

2족	
20	Ca
칼슘	고체

알칼리 토금속
원자량: 40.078

2족	
12	Mg
마그네슘	고체

알칼리 토금속
원자량: 24.305

2족	
56	Ba
바륨	고체

알칼리 토금속
원자량: 137.327

2족	
38	Sr
스트론튬	고체

알칼리 토금속
원자량: 87.62

오랜 옛날부터 실생활에서 유용하게 사용된 또 다른 알칼리 금속으로 석회가 있다. 이는 탄산칼슘이다. 석회는 광물에 풍부하게 들어 있으며, 백악, 대리석, 석회석의 주성분이다. 이들은 모두 연체동물 같은 해양 생물체의 사체 잔해나 유공충, 와편모충처럼 탄산칼슘을 분비해서 껍질이나 보호용 외골격을 만드는 단세포 미생물에서 만들어진다. 이 미생물들이 죽으면, 그들을 보호하던 바이오 광물질 껍질이 해양의 바닥으로 가라앉아 퇴적암이 된다. 이 침전물은 땅에서 압축되어서 우선 백악으로 바뀌고, 이후 더 높은 압력을 받으면 석회석이 되고, 마지막으로 고밀도의 대리석으로 변형된다. 새알의 껍질도 탄산칼슘으로 만들어졌다.

석회는 오래전부터 모래, 자갈과 섞어 벽돌을 붙여주는 모르타르로 쓰였다. 석회(lime)라는 단어는 끈적이는 진흙이나 점액을 의미하는 라틴어 리무스(limus)에서 왔다. 석회석을 가마에서 구우면 이산화탄소가 나오고 '생석회'라는 산화칼슘이 남는다. 그런 다음 이 생석회에 물을 첨가해서 수산화칼슘 슬러리를 만든다. 이 소석회가 공기 중에 노출되면 이산화탄소와 점차 반응해 다시 탄산칼슘으로 변하고 돌같이 딱딱해진다.

석고(황산칼슘)로 만든 모르타르뿐 아니라 석회 모르타르도 이집트 피라미드를 만들 때 쓰였다. 고대 로마인은 소석회와 반응해서 일종의 콘크리트를 형성하는 특정 화산재를

▼ 석회, 화산 모래와 암석으로 구성된 로마 시대의 콘크리트 조각. 몽스에서 프레쥐스까지 이어진 로마의 수로에서 채취(1세기).

▲ 윌리엄 헨리 파인의 애쿼틴트 판화 〈석회 가마에서 일하는 사람들(Men Working in Lime kilns)〉(1804년). 런던 웰컴컬렉션.

첨가해 내구성이 좋은 모르타르를 만들었다. 로마의 건축공학자 비트루비우스는 이 강한 모르타르를 제조하는 방법을 열거했고, 오늘날까지도 이 모르타르가 로마 시대의 일부 건축물을 지탱한다.

건축에 사용되는 모르타르뿐 아니라 비누와 직물을 만들 때 사용되는 생석회도 중요했다. 18세기 내내 화학자들은 생석회의 부식성을 해결하려고 머리를 짜냈다. 이 성질이 알칼리성과 관계가 있을까? 그런데 생석회가 소화되면 여전히 알칼리성이지만 더는 부식되지 않았다. 조지프 블랙은 소석회를 이용해 이산화탄소(그는 '고정 공기'라고 했다)의 존재를 알아보는 실험을 할 수 있었다. 이산화탄소를 석회수에 불어넣으면, 칼슘이 이산화탄소와 결합하여 용해되지 않는 탄산칼슘이 형성되고, 수용액이 백묵같이 하얗게 변했다.

라부아지에의 《화학원론》에는 33가지 원소 중에서 백악

▼ 석회석 벽돌과 석회 모르타르가 세계에서 가장 오래된 계단형 피라미드의 복도를 따라 이어져 있다. 임호텝이 지은 파라오 조세르의 영안실. 이집트 사카라(기원전 2670~기원전 2650년경).

▶▶ 탄산스트론튬. 제임스 소웰비, 《영국의 광물학, 혹은 영국의 광물학을 설명하는 채색화(British Mineralogy, or, Coloured Figures Intended to Elucidate the Mineralogy of Great Britain)》(1802~1817년, 65판). 워싱턴 D.C. 스미소니언도서관.

(석회질 토류)이 '토류'라는 항목 아래에 포함되어 있다. 하지만 1793년에 출간된 이 책의 영역본에는 헝가리 연구자들이 백악에서 어떤 금속을 추출했다고 주장했으며 이를 파르테늄이라고 부르자고 제안했다는 주석이 덧붙여졌다. 이 책의 번역가 로버트 커(Robert Kerr)는 프랑스의 명명법 체계에 부합하는 더 바람직한 이름으로 칼쿰(calcum)을 제안했다. 독일의 화학자 마르틴 클라프로트는 그 금속이 철일 가능성을 보이며 헝가리 연구자들의 주장을 반증했다. 하지만 험프리 데이비는 이 '알칼리 토류'에 어떤 금속이 숨어 있다는 의심을 가지고 1808년에 전기분해를 시도했다.

수산화칼슘이나 탄산칼슘을 가열하면 생석회(칼슘의 산화물)가 만들어질 뿐 녹지 않는다. 그래서 데이비는 볼타 전지의 전류를 물에 적신 '석회질 토류'(생석회)와 산화수은의 혼합가루에 흘려주었다. 그러자 음극에 약간의 액체 수은이 고였다. 이것을 모아서 가열하고 그 수은을 증발시키고 나자 금속 찌꺼기가 남았다. 수은과 결합해 있던 금속이었다! 그는 로버트 커의 조언을 어느 정도 마음에 두고 고심한 끝에 이를 칼슘이라고 불렀다.

데이비는 석회질 토류 이외에도 여러 물질을 연구했다. 라부아지에의 '토류'에는 마그네시아와 중정석도 있었다. 이들은 광물에서 얻을 수 있는 약한 알칼리성 물질이다. 앞서 마그네시아가 망가니즈 화합물과 종종 혼동되었다는 사실을 언급한 바 있다. 두 가지 모두 아나톨리아의 지역인 마그네시아에서 채굴되었다. 데이비는 이 토류를 가지고 산화수은을 전기분해할 때 썼던 방법을 그대로 사용했고, 이번에도 수은의 잔여물로 새로운 금속들이 만들어지는 것을 발견했다. 처음에는 그가 이전에 '마그네슘'이 망가니즈로 잘못 불린 사실을 언급하며 새로운 금속 중 하나를 마그늄이라고 명명하자고 제안했다. 하지만 '철학자 친구들의 솔직한 비평'을 들은 후 데이비는 1812년 자신의 책《화학철학의 원소(Elements of Chemical Philosophy)》에서 그들의 의견을 받아들여 기존의 이름인 마그네슘을 쓰기로 했다. 발견 초기에 마그네슘과 수은의 화합물을 만들어내려면 다른 금속을 만들 때보다 시간이 더 오래 걸렸지만, 이후에 그는 마그네시아를 직접적으로 분해할 방법을 발견했다. 백금 튜브 안에서 포타슘 증기와 함께 마그네시아를 가열하면 수은 속 잔여물(어두운 회색 금속 피막)이 용해되었다.

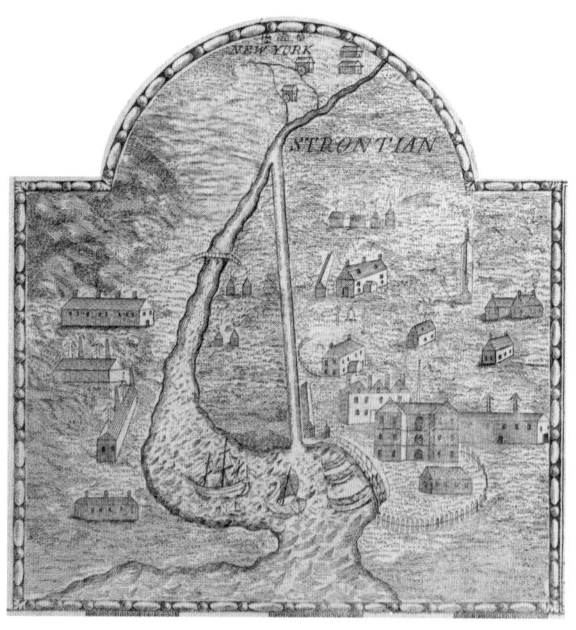

▲ 아가일셔 스트론티안의 광산 분포를 보여주는 지도. 〈선아트 호수 계획, 이 시대의 최대 국가 개발 사업으로 유명해짐〉(1733년). 에든버러 스코틀랜드국립도서관.

데이비는 토류, 즉 금속 산화물을 하나 더 실험했다. 스트론티아나이트라는 광물에서 만들어지는 스트론티아였다. 스트론티아나이트는 스코틀랜드 서부 스트론티안 마을의 납 광산에서 1790년에 발견되었다. 스트론티아를 구성하는 금속은 스트론튬이라고 명명되었다. 한 번에 2족의 새로운 금속들인 칼슘, 마그네슘, 바륨, 스트론튬이 모두 발견되었다. 이들은 2족에서 가장 가벼운 베릴륨과 더불어 모두 알칼리 토금속으로 분류되었다.

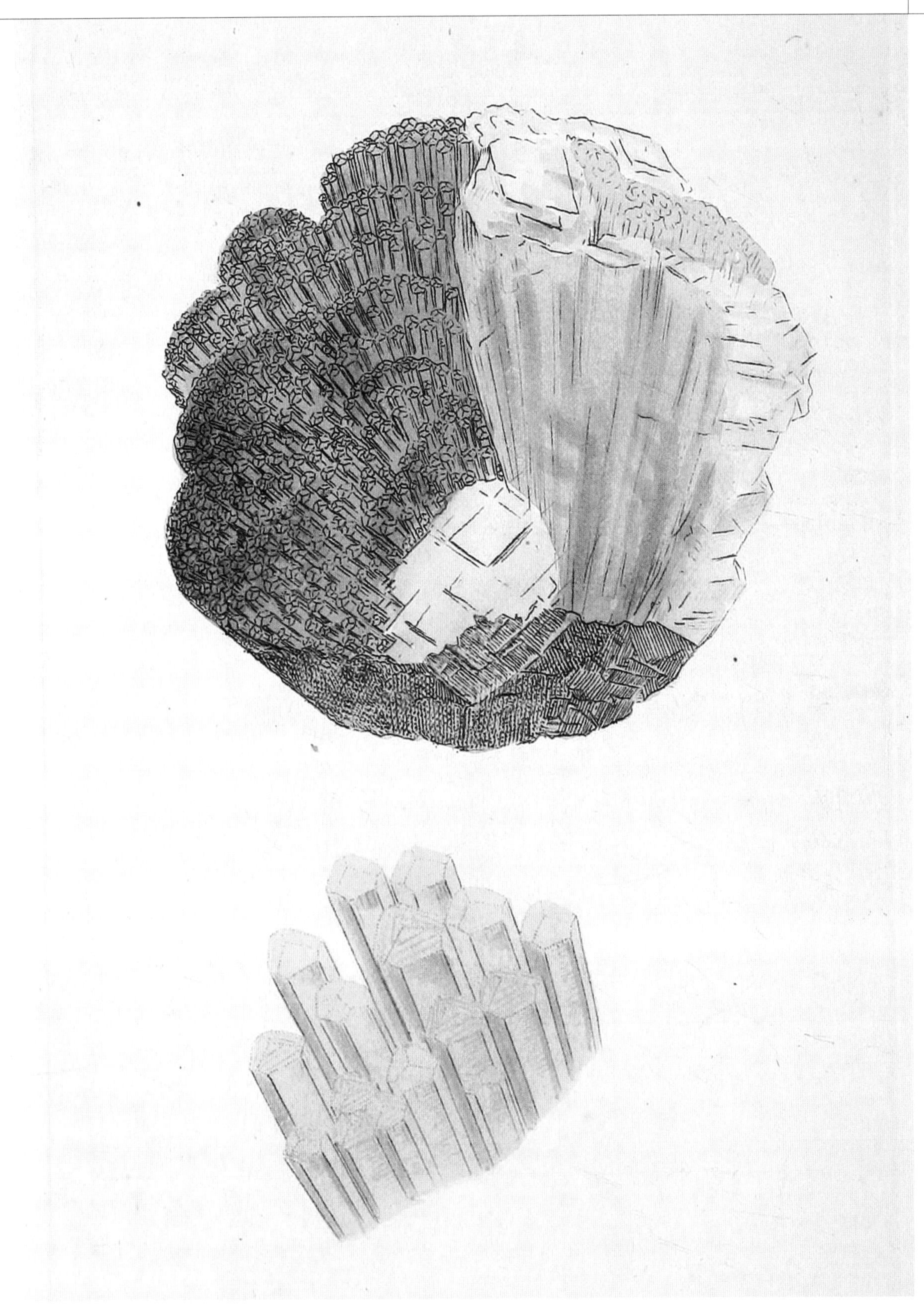

붕소

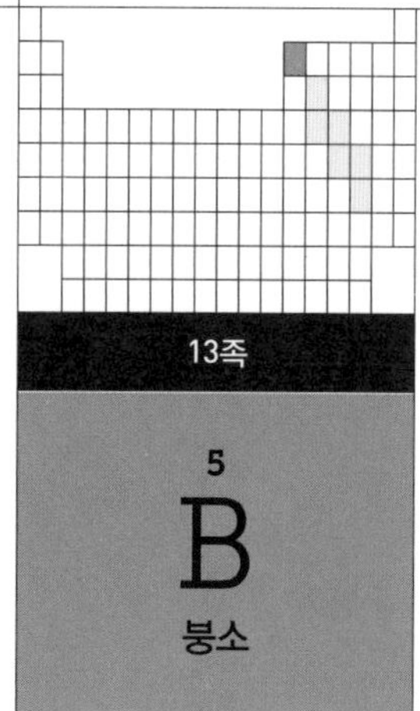

13족

5
B
붕소

준금속

원자번호
5

원자량
10.81

상온 · 상압에서
고체

초석, 생석회, 포타쉬와 같이 역사적으로 중요한 화학 물질로 붕사(borax)도 있다. '흰색'을 뜻하는 아랍어 부라크(buraq)에서 이름을 딴 이 흰색 염은 광물에서 발견되었다. 8세기경 몇몇 아랍 연금술사가 언급했으며, 중앙아시아에 붕사의 천연 퇴적지가 있었지만 대부분 실크로드를 따라 티베트에서 수입되었다. 붕사는 금 제조 시 금속을 녹이는 용매제 역할을 했고, 유리 제조에 사용되고 약품으로도 쓰였다. 하지만 붕사가 무엇으로 구성되어 있는지 몰랐기 때문에 다른 흰색 염과 구별하기 어려웠다. 18세기 초 프랑스의 화학자 루이 레메리(Louis Lémery)는 자연에서 발생하는 모든 염 중 붕사가 가장 미지의 염이라고 했다.

라부아지에가 만든 원소 목록에서 붕소는 '보라식 라디칼(boracic radical)'로 표기되어 있다. 그는 붕소를 산(boracic acid, 오늘날은 붕산[boric acid]라고 한다)의 한 성분으로 간주하여 진정제로 사용했다. 붕사와 붕사 화합물은 녹색 불꽃을 내며 탄다고 알려져 있었다. 18세기와 19세기의 이탈리아와 미국에서는 이런 성질을 이용해 붕사의 퇴적물을 찾아내곤 했다.

1807년 10월, 험프리 데이비는 '물에 살짝 적신' 붕산을 전기분해하여 음극에 '짙은 올리브색' 물질이 형성되는 것을 보았다. 그는 이 원소를 보라슘(boracium)으로 불렀고 금속이라고 추측했다. 하지만 추후 잘못된 판단임을 깨닫고 붕소(boron)로 이름을 바꾸었다. 접미사 '-이움(ium)'은 금속에만 쓰이기 때문이다. 데이비는 붕소가 "탄소와 가장 유사하다"고 말했다. 전기분해 방법으로는 붕소를 조금밖에 만들어낼 수 없었다. 이듬해 3월 데이비는 더 많은 양을 만들어낼 다른 방법을 찾아냈다. 철 튜브나 구리 튜브 안에서 포타슘 금속과 함께 붕산을 가열하는 방법이었다.

붕소를 처음으로 만든 것은 데이비지만, 붕소를 처음으로 보고한 사람은 그가 아니었다. 소듐과 포타슘을 찾아낸 데이비의 성공은 영국의 적국인 프랑스에서조차 호평을 끌어내 나폴레옹 보나파르트가 그에게 권위 있는 상을 수여하기도 했다. 하지만 나폴레옹은 한편으로 프랑스 과학자가 그런 발견을 하기를 몹시 바랐다. 나폴레옹은 파리에 있는 조제프 루이 게이뤼삭과 루이자크 테나르에게 거대한 볼타 전지를 공급했다. 그들 역시 붕사 같은 물질을 연구하기 시작했지만, 흥미로운 것을 추출하지 못했다. 그러나 1808년 6월 30일, 데이비가 자신의 연구 결과를 발표하기 9일 전에 게이뤼삭과 테나르가 새로운 원소를 보고했다. 포타슘과 함께 붕산을 가열한 데이비의 방식과 같은 방식으로 원소를 발견한 것이다. 그들은 그 원소를 보어(bore)라고 불렀고, 여전히 프랑스어로 붕소를 뜻한다.

그러나 누구도 순수한 붕소를 분리하지 못했다. 그들의 시료에는 약 50퍼센트의 다른 원소가 함유되어 있었을 것으로 추정된다. 거의 순수한 붕소 시료는 1892년 앙리 무아상

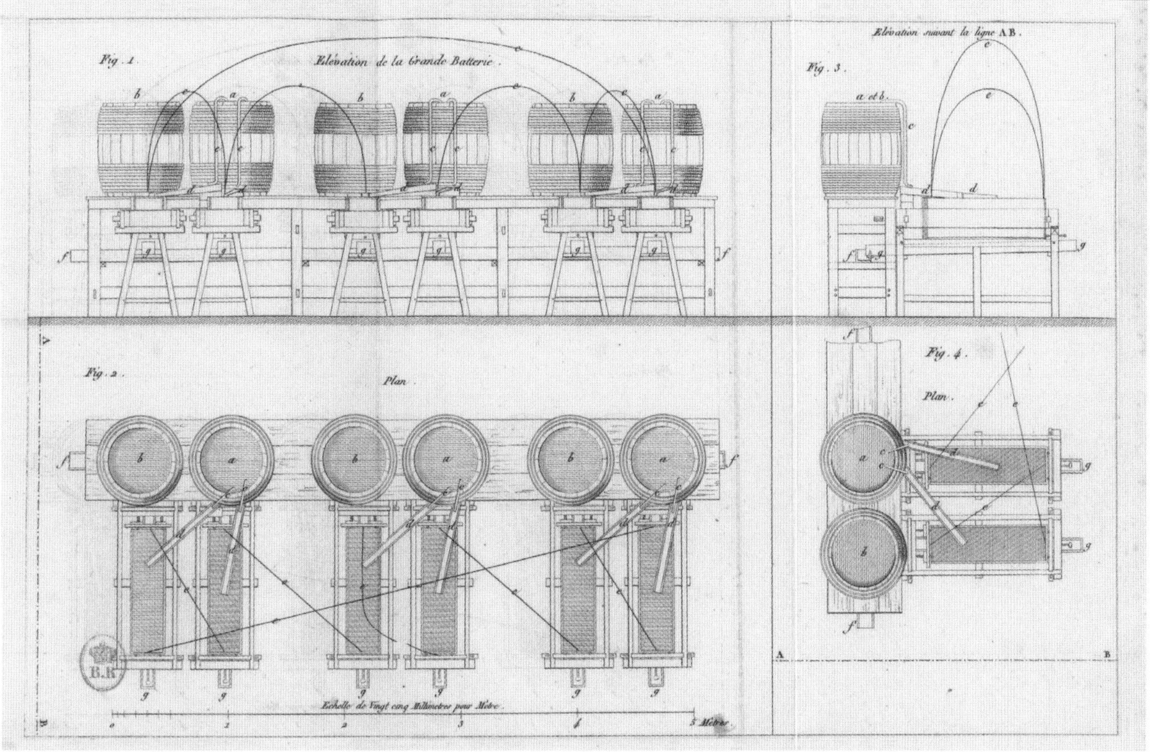

이 산화붕소를 마그네슘 금속과 반응시킴으로써 분리했다. 더 순수한 형태의 붕소를 만든 건 제너럴일렉트릭의 연구원 에제키엘 와인트라우브(Ezekiel Weintraub)였다. 1911년 그는 삼염화붕소의 증기와 수소에 불꽃을 통과시키는 방법을 사용했다. 하지만 완전히 순수한 붕소는 1950년대 말에 만들어졌다.

붕소는 금속이 아니다. 전기 전도성이 없고, 광택이 없으며, 짙은 회색이다. 일부 화학자는 붕소(boron)가 극도로 단조로운(boring) 원소이기 때문에 이름과 어울린다고 생각한다. 하지만 이런 평가는 부당하다. 순수한 붕소는 결정 구조가 매우 다양하며, 일부는 12개 붕소 원자가 서로 연결된 이십면체 모양의 결정 구조를 기초로 한다. 붕소는 가장 단단한 물질로 알려진 탄화붕소와 질화붕소의 구성요소이기도 하다. 탄화붕소는 탱크의 장갑과 방탄조끼에 쓰인다. 산업계에서 보라존이라고 알려진 질화붕소는 다이아몬드 다음으로 경도가 높아 절단·마모 기구로 가치가 높다.

▲ 루이조제프 게이뤼삭과 루이자크 테나르가 붕소를 만들 때 사용한 증류 장치. 게이뤼삭, 테나르, 《물리화학 연구(Recherches Physico-Chimiques)》(1811년, 2판). 프랑스국립도서관.

▶ 제너럴일렉트릭의 연구원 에제키엘 와인트라우브의 사진. 윌리엄스헤인즈초상화컬렉션 16번 상자. 필라델피아 과학사연구소.

알루미늄, 규소, 지르코늄

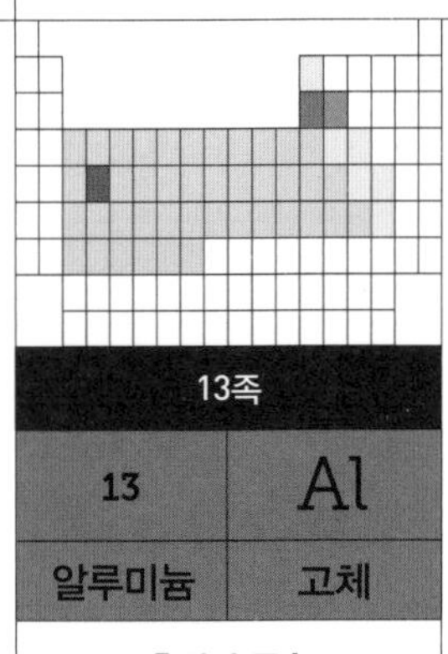

13족

13	Al
알루미늄	고체

후전이 금속
원자량: 26.982

14족

14	Si
규소	고체

준금속
원자량: 28.085

4족

40	Zr
지르코늄	고체

전이 금속
원자량: 91.224

험프리 데이비는 오래전부터 알려진 또 다른 두 가지 광물인 알루미나(alumina)와 실리카(silica)에 관심을 돌렸다. 알려지지 않은 원소와 결합한 화합물인 것 같다는 생각이 들었기 때문이다. 데이비는 두 광물을 알루민(alumine)과 실렉스(silex)라고 불렀다. 이들은 모두 화학자들이 오래전부터 알고 있던 '토류(earths)'에 속했다. 알루미나는 염색과 무두질에 사용된 고대의 염 알룸(alum)과 관련이 있었다. 실렉스는 '부싯돌'을 뜻하는 라틴어이며 모래의 주성분이었다.

하지만 이 물질들을 녹인 후 전기분해를 시도했을 때 데이비는 아무 결과도 얻지 못했다. 효과가 있는 다른 방법을 찾아야 했다. 데이비는 알루미나(alumina)와 포타쉬(potash)를 백금 도가니 안에서 섞어 함께 전기분해를 했다. 그러자 한 백금 전극에 '금속 물질의 피막'이 생겼고, 이 피막을 산에서 분해하자 알루미나가 복원되었다.

그때 그는 붕산에서 붕소를 얻었을 때 썼던 방법을 시도해보았다. 실렉스와 알루미나를 포타슘 증기와 함께 가열했다. 실렉스의 경우, "금속성 광택이 없는 불투명한 회색 덩어리"와 "흑연과 다르지 않은 검은 입자들"이 만들어졌다. 알루미나의 경우에는 "금속성 광택이 나는 수많은 회색 입자"가 만들어졌다.

데이비는 신중을 기하며 쉽게 결론을 내리지 않았다. 두 가지 경우에서 새로운 원소가 존재한다는 징후를 본 것 같았지만, 확신하고 다른 사람들을 설득하려면 이 원소들을 분리하고 이들의 화학적 반응을 철저히 연구할 필요가 있다는 것을 알고 있었다. 그럼에도 그는 이 새로운 원소들의 이름을 잠정적으로 알루미늄과 실리큠(silicium)으로 하자고 제안했다. 그는 지르코네

▶ 크리스티앙 알브레히트 옌센, 〈과학자 한스 크리스티안 외르스테드의 초상화〉(1832~1833년), 코펜하겐 국립미술관.

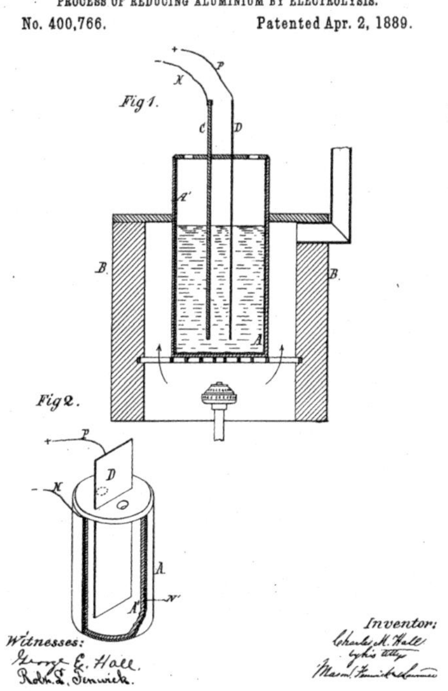

▲ 찰스 홀의 〈전기분해를 통한 알루미늄 환원 과정 특허〉(제400,664호, 출원일 1886년 7월 9일). 1901년 6월, 미국특허상표청.

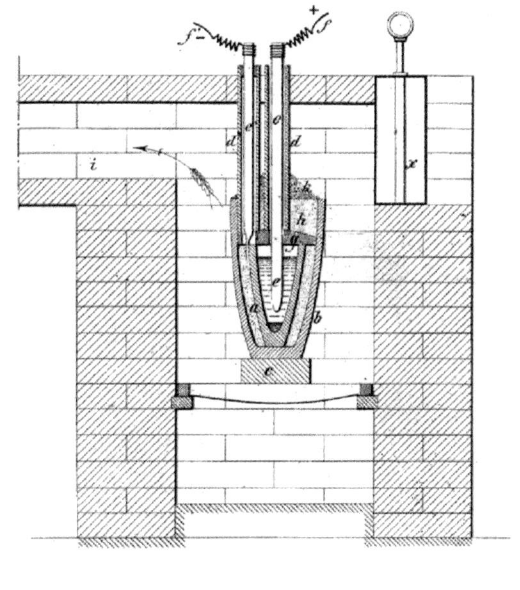

▲ 폴 에루의 알루미늄 전기분해 관련 특허에 포함된 도가니 설계도(제175,711호, 출원일 1886년). 유럽특허청.

(zircone)라고 알려진 광물로 같은 실험을 수행했고, 이번에도 다른 새로운 금속이 있는 것 같다는 징후를 보았다. 이 금속을 지르코늄이라고 이름 붙였다.

험프리 데이비가 보기에 그 회색 입자와 흑색 입자는 자신이 바라는 순수한 원소가 아닌 것 같았기에 그는 말을 아꼈다. 1811년에 게이뤼삭과 테나르는 실렉스에서 추출한 화합물을 포타슘 금속과 반응시키는 방법을 시도해보았지만, 순수하지 않은 형태의 규소(실리콘)만 만들어졌다. 1823년이 되어서야 상당히 순도 높은 규소가 처음으로 만들어졌다. 스웨덴의 화학자 옌스 야코브 베르셀리우스가 플루오르화규소를 포타슘과 가열하자 회색 분말이 만들어진 것이다. 이것이 데이비가 임시로 실리큠이라고 불렀던 원소라는 것을 알 수 있었다. 순수한 알루미늄은 1835년에 처음으로 만들어진 것으로 추정된다. 덴마크의 과학자 한스 크리스티안 외르스테드(Hans Christian Oersted)가 삼염화알루미늄을 포타슘 증기와 가열했고, 이후 독일의 프리드리히 뵐러가 포타슘 대신 소듐을 사용해 공정의 완성도를 높였다.

데이비는 금속의 이름을 알루뮴에서 알루미늄(aluminium)으로 바꾸었다. 그가 실리큠이라고 명명했던 원소는 금속이 아닌 것으로 밝혀졌지만, 반도체로서의 중요한 특성이 있었다. 반도체는 전기 전도도가 매우 약하며, 따뜻하게 데워질 때 전도도가 약간 증가한다. 베르셀리우스가 규소를 추출하기 전인 1817년에 스코틀랜드의 화학자 토머스 톰슨(Thomas Thomson)은 "실리큠에 금속성이 있다는 증거는 전혀 찾아볼 수 없다"고 지적하며, 탄소(carbon)나 붕소(boron)와 유사한 이름으로 명명해야 한다고 제안했다. 바로 실리콘(silicon, 규소)이다.

규소는 반도체 속성 때문에 현대의 전자공학에서 매우 중요하다. 금속은 전기를 아무 제약 없이 전달한다. 다시 말해서, 전류는 금속을 자유롭게 지나간다. 하지만 규소를 통과하는 전류는 규소의 결정 격자에 불순물(도펀트)을 첨가하거나 전기장을 사용하여 정밀하게 제어할 수 있다. 오늘날 거의 모든 마이크로(micro) 전자회로의 주요 부품이 되는 전자 스위치 '트랜지스터'를 규소로 만들면 전류를 켜거나 끌 수 있다는 뜻이다. 트랜지스터 소자들은 결정 규소 칩 안에 에칭(etching)될 수 있으므로, 엄지손톱 크기의 칩에 수백만 개의 트랜지스터가 들어갈 수 있다. 규소 트랜지스터의 크기가 점점 작아지면서 칩에 더 조밀하게 심어질 수 있게 되었기 때문에, 컴퓨터와 휴대용 전자제품의 정보 처리 능력이 폭발적으로 증가할 수 있게 되었다.

규소는 산업계에서 실리카(용융 모래)를 숯으로 환원시켜 만든다. 다른 금속들을 제련하는 과정과 비슷하다. 하지만 마이크로 전자기술에 필요한 극도로 순수한 규소를 만드는 건 별개의 문제다. 이때는 존(zone) 정제법을 사용하는데, 용융대가 가공되지 않은 규소 막대를 따라 이동하면 불순물이 녹은 부분에 서서히 모이는 방식이다.

알루미늄은 비교적 흔하고 강한 금속 중에서 가장 가벼워서 이상적인 구조재다. 규소와 알루미늄은 많은 암석과 광물에서 발견되며, 산소 원자와 강한 화학적 결합을 한 결정형 알루미노규산염을 이루고 있다. 이론적으로는 이들을 거의 무제한 이용할 수 있다. 하지만 이들을 추출하는 것은 어렵다. 이들이 산소와 매우 강력하게 결합해 있기 때문이다. 알루미늄의 주요 광석은 보크사이트라는 산화물 광석이다. 알루미늄은 전기분해로 분리되지만, 보크사이트 자체는 녹는점이 섭씨 2050도 이상으로 높아서 이 온도를 낮추기 위해 빙정석이라는 알루미늄염을 혼합해야 한다. 이 공정은 1886년에 각자 다른 곳에서 동시에 고안되었다. 미국의 화학자 찰스 홀(Charles Hall)과 프랑스의 폴루이투생 에루(Paul-Louis-Toussaint Héroult)가 몇 주 간격으로 그 공정법의 특허를 출원했다. 법정 공방 끝에 홀은 미국의 특허를, 에루는 유럽의 특허를 획득했다.

▶ 보크사이트 채광을 하는 아칸소의 정제 공장에서 알루미늄 원광을 싣는 모습(1908년). 베트만아카이브.

주기율표

우리는 질서를 추구하고, 체계를 만들고 분류하여 복잡다단한 세상을 조직화하길 원한다. 바로 이런 욕구 때문에 고대인들은 네 가지 기본 원소, 혹은 그보다도 더 적은 수의 기본 원소로부터 다른 모든 것들이 만들어졌다고 생각했다. 하지만 원소의 목록이 점점 길어지기 시작하면서 세상을 조직하는 새로운 원리가 필요해졌다. 1789년에 앙투안 라부아지에가 만든 원소 목록은 기체, 액체, 금속, 비금속, 토류의 분류가 있었지만, 이것을 패턴에 따라 열거하지는 않았다.

◀ 중년의 드미트리 멘델레예프. 날짜 미상. 에드거파스미스컬렉션. 펜실베이니아대학교 특별본·희귀본과 필사본을 위한 키슬락센터.

1829년, 독일의 화학자 요한 볼프강 되베라이너(Johann Wolfgang Döbereiner)의 눈에 작은 규칙이 보였다. 비슷한 화학적 성질을 가진 일부 원소들이 3개씩 한 짝을 이루는 것 같았다. 예를 들어, 알칼리 금속인 리튬, 소듐, 포타슘, 자극적인 냄새가 나는 할로겐 원소인 염소, 브로민, 아이오딘처럼 말이다. 하이델베르크대학교의 레오폴트 그멜린(Leopold Gmelin)이 1843년에 집필한 화학 교과서에서는 그러한 3조 원소 10가지를 비롯해 4개, 5개의 원소들로 구성된 다른 그룹이 나열되었다. 1850년대 영국의 윌리엄 오들링(William Odling)은 질소, 인, 비소, 안티모니, 비스무트처럼 비슷한 화학적 성질을 가진 몇 가지 그룹의 원소를 열거했다. 원소들은 족(family)을 이루는 것 같았다.

당시에는 원소를 순차적으로 정렬하는 자연스러운 방법이 있었다. 각 원소의 원자를 동일한 수만큼 모았을 때 그 원자들의 무게를 의미하는 원자량을 기준으로 정렬하는 방법이었다. 19세기의 화학자들은 원자의 수를 셀 수 없었지만, 같은 온도, 같은 압력에서 같은 부피의 기체에는 같은 수의 원자나 분자가 들어 있다는 아메데오 아보가드로(Amedeo Avogadro)의 제안이 옳다고 생각했다. 대부분의 원소들은 가장 가벼운 수소 원자량의 정수배에 근사하는 원자량을 갖고 있었다. 탄소는 수소보다 12배, 산소는 16배, 황은 32배 더 무거웠다. 이런 이유로 1815년, 영국의 윌리엄 프라우트(William Prout)는 수소가 고대 그리스의 제일질료처럼 다른 모든 원소의 재료가 되는 일종의 원시 물질이라고 제안했다.

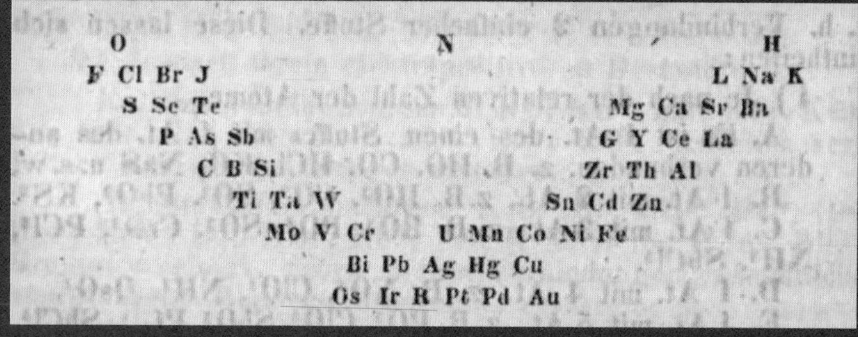

O N H
F Cl Br J L Na K
S Se Te Mg Ca Sr Ba
P As Sb G Y Ce La
C B Si Zr Th Al
Ti Ta W Sn Cd Zn
Mo V Cr U Mn Co Ni Fe
Bi Pb Ag Hg Cu
Os Ir R Pt Pd Au

◀ 원소 3조(와 기타 분류). 레오폴트 그멜린, 《화학개론(Handbuch der Chemie)》(1843년, 1권). 뮌헨 바이에른주립도서관.

ЕСТЕСТВЕННАЯ СИСТЕМА ЭЛЕМЕНТОВЪ Д. МЕНДЕЛѢЕВА.

	Группа I.	Группа II.	Группа III.	Группа IV.	Группа V.	Группа VI.	Группа VII.	Группа VIII. (переходъ къ I)			
Высшій окиселъ образующій соли:	R2O	R2O2 или RO	R2O3	R2O4 или RO2	R2O5	R2O6 или RO3	R2O7	R2O8 или RO4			
	H=1 H2O,HH,HCl, H3N,H4C,ROH.		—	RH4	RH3	RH2	RH				H=1 HX
Типичес. Рядъ	Li=7 LiCl,LiOH,Li2O. LiX,Li2CO3	Be=9,4 BeCl2,BeO, Be3Al2Si6O18	B=11 BCl3,B2O3,BN, B4Na2O7,BF3	C=12 CH4,CnH2n+2 CO,CO2,CO3M2	N=14 NH3,NH4Cl,N2O, NO,NO3M,CNM.	O=16 OH2,O2C,O2,O3 OM2,OnR,HOR.	F=19 FH,BF3,SiF4 CaF2,KF,KHF2.				
Періодъ 1-й. Рядъ 1.	Na=23 NaCl,NaHO,Na2O Na2SO4,Na2CO3	Mg=24 MgCl2,MgO,MgCO3 MgSO4,MgNH4PO4	Al=27,3 Al2Cl6,Al2O3 KAlS2O8 12H2O.	Si=28 SiH4,SiCl4,SiH2F6 KAlSi3O8,SiO2	P=31 PH3,PCl3,PCl5 P2O3,P2O5,Ca3P2O8	S=32 SH2,SM2,SnM2 SO2,SO2X2,Ba2SO4	Cl=35,5 ClH,ClM,ClCl, ClOH,ClO4H,AgCl				
Рядъ 2.	K=39 KCl,KOH,K2O KNO3,K2PtCl6,K2SiF6	Ca=40 CaSO4,CaOnSiO2 CaCl2,CaO,CaCO3	— ?44=Eb?	Ti=48(50?) TiCl4,TiO2,Ti2O3 FeTiO3,TiOSO4	V=51 VOCl3,V2O5,VO2 Pb3V2O8,VO	Cr=52 CrCl3,CrCl2,Cr2O3 CrO3,K2CrO4,CrO2Cl2	Mn=55 MnK2O4,MnKO4 MnCl2,MnO,MnO2	Fe=56 FeK2O4,FeS2 FeO,Fe2O3 FeK4Cy6	Co=59 CoX2,CoX3 CoX3 5NH3 CoK3Cy6	Ni=59 NiX2,NiO, NiSO4 6H2O NiK2Cy4	Cu=63 CuX,CuX2,CuH, Cu2O,CuO, CuKCy2
Періодъ 2-й. Рядъ 3.	Cu=63 CuX,CuX2	Zn=65 ZnCl2,ZnO,ZnCO3 ZnSO4,ZnEt2	— ?68=El?	— ?72=Es? ?Il,EsO2?	As=75 AsH3,AsCl3,As4O6 As2O5,As2S3	Se=78 SeH2,SeO2,SeO3 SeM2,SeM2O4	Br=80 BrH,BrM, BrO3M,BrAg				
Рядъ 4.	Rb=85 RbCl,RbOH. Rb2PtCl6	Sr=87 SrCl2,SrO,SrH2O2 SrSO4,SrCO3	— ?88=Yt?(92) ?Yt2O3,YtX3?	Zr=90 ZrCl4,ZrO2,ZrX4.	Nb=94 NbCl5,Nb2O5 Nb2O5,NbOK2F5	Mo=96 MoCl4,MoS2,MoO3 M2MoO4 nMoO3	— 100	Ru=104 RuO4,RuCl4 RuO2,RuCl3 RuK4Cy6	Rh=104 RhCl4,RhCl3 Rh2O3,RhX3 RhK3Cy6	Pd=106 PdH,PdO, PdI2,PCl2 PdK2Cy4	Ag=108 AgNO3,AgX AgCl,Ag2O, AgKCy2
Періодъ 3-й. Рядъ 5.	Ag=108 AgX,AgCl	Cd=112 CdCl2,CdO,CdS, CdSO4	In=113 InCl3,In2O3	Sn=118 SnCl2,SnCl4,SnO, SnX4,SnNa2O3	Sb=122 SbH3,SbCl3,Sb2O3 Sb2O5,Sb2S3,SbOX	Te=125(?128?) TeH2,TeCl4,TeO2 TeO4M2,TeM2	I=127 IH,IAg,IHO3 IHO4,HgI2,KI				
Рядъ 6.	Cs=133 CsCl,CsOH. Cs2PtCl6	Ba=137 BaCl2,BaH2O2,BaO BaSO4,BaSiF6	— ?138=La?=Di?(144) ?La2O3,LaX3?	Ce=140(138?) CeCl3,Ce2O3,CeO2 CeX3,CeX4,CeK2X6	— 142	— 146	— 148	— 150	— 151	— 152	— 153
Періодъ 4-й. Рядъ 7.	— 153	— 158	— 160	— 162	— 164	— 166	— 168				
Рядъ 8.	— 175	— 177	— ?171=Er?(169) ?Er2O3,ErX3?	— ?180=Di?=La(187) ?DiO2,DiX4?	Ta=182 TaCl5,Ta2O5 TaK2F7	W=184 WCl6,WCl5,WO3 K2WO4 nWO3	— 190	199? Os=193 OsO4,OsH2O4 OsCl4,OsCl3 OsK4Cy6	198? Ir=195 K2IrCl6,IrCl3 IrCl4,Ir2O3 IrK3Cy6	Pt=197 PtCl4,PtO2 PtCl2,PtK2X4 PtK2Cy4	Au=197 AuCl3,AuCl Au2O3,Au2O, AuKCy2
Періодъ 5-й. Рядъ 9.	Au=197 AuX,AuX3	Hg=200 HgCl,HgCl2,Hg2O, HgO,HgX2 nHgO	Tl=204 TlCl,Tl2O,Tl2O3 Tl2SO4,TlCl3	Pb=207 PbCl2,PbO,PbO2 PbEt4,PbSO4,PbK2O3	Bi=208 BiCl3,Bi2O3,Bi2O7H4 BiX3,BiOX,BiNO3(HO)2	— 210	— 212				
Рядъ 10.	— 220	— 225	— 227	Th=231 ThCl4,ThO2 ThX4,Th(SO4)2	— 235	U=240 UCl4,UO2,UO2X2 UO3,M2U2O7	— 245	— 246	— 248	— 249	— 250

* Тѣло твердое, малорастворимое въ водѣ.
∧ Тѣло газообразное или летучее.
M=K, Ag..... M2=Ca, Pb .....
X=Cl,ONO2,OH,OM..... X2=SO4,CO3,O,S.....

▲ 처음으로 발표된 현대적 형태의 주기율표. 각 원소 족이 수직으로 정렬되어 있다. 드미트리 멘델레예프, 《화학의 원리(Osnovy Khimii)》(1871년). 필라델피아 과학사연구소.

앞으로 보게 되겠지만 그의 생각이 옳았다.

1860년 이탈리아의 스타니슬라오 칸니차로(Stanislao Cannizzaro)가 국제학회에서 아보가드로의 연구를 바탕으로 개선된 원자량 목록을 발표했다. 독일의 율리우스 로타 마이어(Julius Lothar Meyer)는 그의 목록을 보았을 때 "갑자기 눈이 밝아지는 것 같았다"고 말했다. 그는 원소들을 순차적으로 표에 배열하면 원소들을 원소 족으로 분류할 수 있겠다고 생각했다. 원자량은 표의 왼쪽에서 오른쪽으로, 그리고 행의 위에서 아래로 내려갈수록 점차 증가하도록 하고, 족은 세로 열로 나타낼 수 있었다. 그는 《현대 화학 이론(Die Modernen Theorien der Chemie)》(1864)에 이 분류표를 실었다.

오들링도 같은 해에 비슷한 분류표를 제시했고, 영국의 존 뉴랜즈(John Newlands)는 원자량에 따라 원소를 순차적으로 배열해보니 주기가 있는 것 같다고 지적했다. 원소들은 8번째 혹은 16번째 자리마다 화학적 성질이 비슷했다. 하지만 1886년 뉴랜즈가 원소의 배열이 음계의 옥타브 체계와 비슷하다고 했을 때 사람들은 말도 안 되는 소리라며 비웃었다.

1869년, 상트페테르부르크대학교에서 연구하던 러시아의 화학자 드미트리 멘델레예프(Dmitri Mendeleev)가 '공식적으로' 원소의 주기율을 발견했다. 논란은 있었지만, 체계적인 아이디어였다는 점은 의심할 여지가 없다.

시베리아 토볼스크 출신인 멘델레예프는 세상을 등진 사람처럼 흐트러진 머리와 수염을 기르고 있었다. 그는 아보가드로가 개선한 원자량을 이용하여 카드에 원소를 적고 혼자 카드 게임을 하듯 그 카드를 정렬하면서 원소 순서를 찾고 있었다고 한다. 만족스러운 결과가 나오지 않자 지친 그는 1869년 2월 17일, 서재에서 잠이 들었다.

"꿈에서 어떤 표를 보았는데 그 안에서 모든 원소가 제

	4 werthig	3 werthig	2 werthig	1 werthig	1 werthig	2 werthig
	—	—	—	—	Li = 7,03	(Be = 9,3?)
Differenz =	—	—	—	—	16,02	(14,7)
	C = 12,0	N = 14,04	O = 16,00	Fl = 19,0	Na = 23,05	Mg = 24,0
Differenz =	16,5	16,96	16,07	16,46	16,08	16,0
	Si = 28,5	P = 31,0	S = 32,07	Cl = 35,46	K = 39,13	Ca = 40,0
Differenz =	$\frac{89,1}{2}$ = 44,55	44,0	46,7	44,51	46,3	47,6
	—	As = 75,0	Se = 78,8	Br = 79,97	Rb = 85,4	Sr = 87,6
Differenz =	$\frac{89,1}{2}$ = 44,55	45,6	49,5	46,8	47,6	49,5
	Sn = 117,6	Sb = 120,6	Te = 128,3	J = 126,8	Cs = 133,0	Ba = 137,1
Differenz =	89,4 = 2.44,7	87,4 = 2.43,7	—	—	(71 = 2.35,5)	—
	Pb = 207,0	Bi = 208,0	—	—	(Tl = 204?)	—

▲ 주기율표. 율리우스 로타 마이어, 《현대 화학 이론》. 런던 웰컴컬렉션.

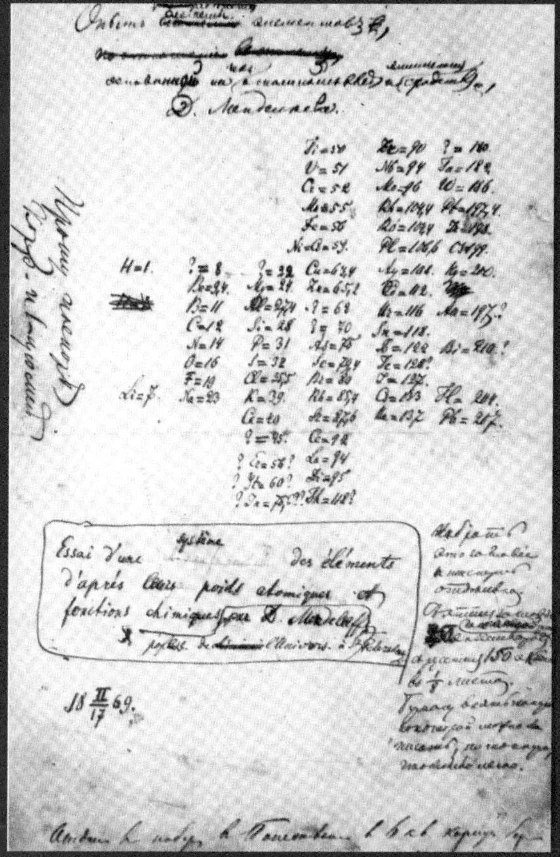
Essai d'une système des éléments d'après leurs poids atomiques et fonctions chimiques par D. Mendeleeff

18 II/17 69.

자리에 딱딱 맞게 들어갔습니다." 멘델레예프는 말했다. 그는 깨어나자마자 꿈에서 보았던 표를 서둘러 적었고, 2주 후에 〈원소의 구성 체계에 관한 제안(Suggested System of Elements)〉이라는 논문을 발표했다. 하지만 과학사학자들은 이를 믿지 않는다. 그 '꿈' 이야기는 발견이 있고 나서 40년이 지난 후 멘델레예프의 동료가 말한 것이다. 그는 분명 다른 학자들이 원소 족에 관해 제안한 바를 알고 있었을 것이다.

그 분류표는 완벽하지 않았다. 비슷한 화학적 반응을 보이는 원소들을 같은 족에 들어가게 묶으려면 기존의 이론을 다소 무시해야 했다. 예컨대 화합물의 공식적인 화학식(결합된 원소들의 비) 일부가 틀렸다고 단정하거나 하는 식으로 말이다. 그가 연구 결과를 조작했다는 뜻이 아니다. 어떤 좋은 아이디어가 실험적 증거와 맞지 않는 것 같더라도 그 아이디어를 고수할 가치가 있다는 것이다.

◀ 드미트리 멘델레예프의 첫 주기율표 원고(1869년 2월 17일). 런던 과학박물관도서관.

▲ 주기율표를 설명하기 위한 윌리엄 크룩스의 나선형 모형(1888년). 런던 과학박물관.

로타 마이어는 1868년에 멘델레예프의 주기율표와 거의 같은 주기율표를 작성했지만, 1870년까지 발표하지 않았다. 마이어가 우선권을 주장했음에도 멘델레예프가 인정받은 이유다. 하지만 그저 타이밍만 좋았던 것은 아니다. 멘델레예프는 비슷한 원소들끼리 족을 이루도록 주기율표를 조정하려면, 표에 빈칸을 몇 개 남겨두어야 한다고 판단할 만한 통찰력도 있었다. 아직 발견되지도 않은 다른 원소들의 존재를 예상한 것이었다. 마이어도 빈칸을 남기긴 했지만 다른 원소가 존재할 것이라는 확실한 예측을 하지 못했다. 이 예측이 사실로 입증되자 비로소 멘델레예프의 주기율표가 폭넓은 관심을 끌기 시작했다.

존재가 예상된 원소 중 갈륨이 먼저 발견되었다. 1875년 폴에밀 르코크가 발견한 갈륨의 원자량은 68이었고, 멘델레예프가 알루미늄 아래 비워놓은 자리에 딱 맞았다. 멘델레예프가 '에카-알루미늄'이라고 임시로 명명한 자리였다. 그가 에카-실리콘이라고 부른 다른 예상 원소는 1886년에 발견된 저마늄이다.

주기율표가 채워지면서 주기율이 다소 복잡하다는 것이 분명해졌다. 리튬에서 염소까지 첫 번째 행과 두 번째 행은 8족의 패턴에 잘 맞았지만, 그다음 행부터는 철, 니켈, 구리 같은 '전이 금속'이 끼어들었다. 이 원소들이 이 주기율표에 맞춰지는 이유는 20세기 초에 전자, 양성자, 중성자와 같은 아원자 입자들이 존재하는 원자의 내부 구조가 밝혀질 때까지는 수수께끼였다. 화학 원소의 주기성은 전자들이 원자의 껍질에 정렬되는 방식으로부터 생겨나고 원자의 화학적 성질을 결정한다. 이 사실은 1900~1930년대 양자역학 이론이 발달하면서 비로소 설명되었다. 주기율표는 원자 자체가 어떻게 구성되어 있는지에 관한 심오한 원리를 기호로 나타내고 있다.

▶▶ (166~167쪽) 창의적인 주기율표. 1951년 영국과학전람회에 전시된 에드거 롱먼의 벽화(2004년에 필립 스튜어트가 복원함).

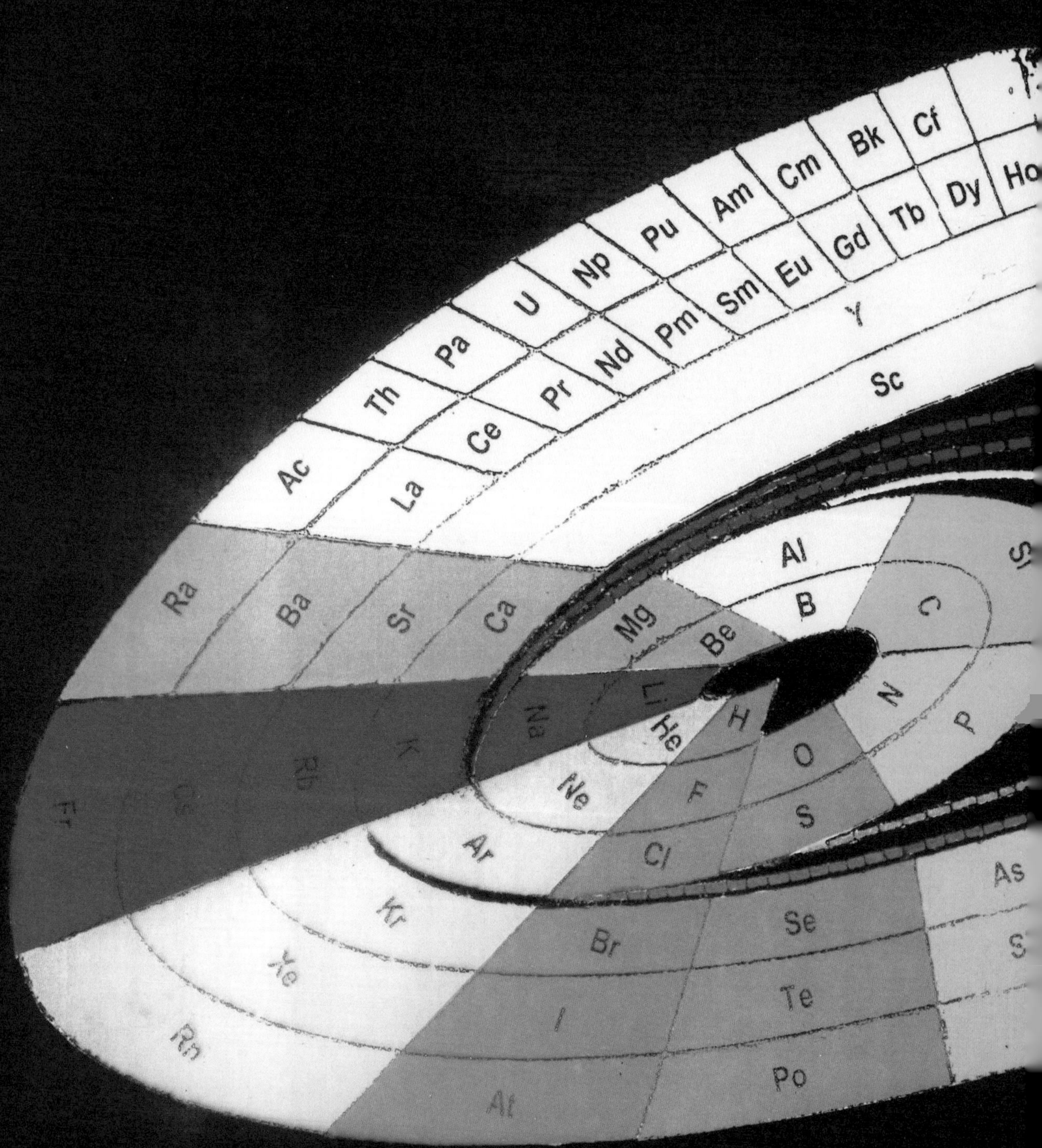

Ac
Th
Pa
U
Np
Pu
Am
Cm
Bk
Cf
La
Ce
Pr
Nd
Pm
Sm
Eu
Gd
Tb
Dy
Ho
Y
Sc
Ra
Ba
Sr
Ca
Mg
Be
Al
B
C
N
P
Li
H
He
O
S
Na
K
Rb
Cs
Fr
Ne
F
Ar
Cl
Kr
Br
Se
As
Xe
I
Te
Rn
At
Po

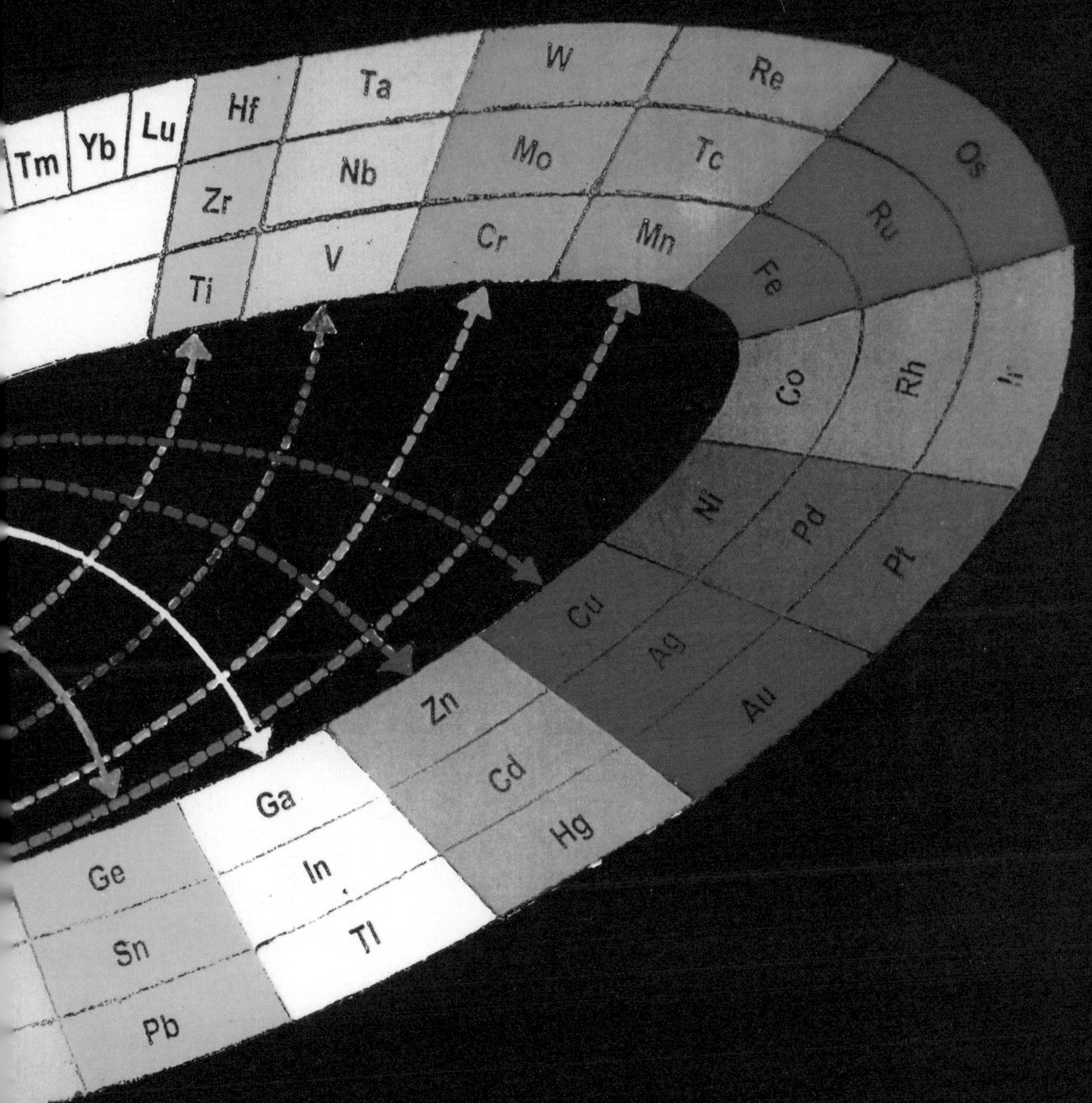

Tm
Yb
Lu
Hf
Ta
W
Re
Os
Zr
Nb
Mo
Tc
Ru
Ti
V
Cr
Mn
Fe
Co
Rh
Ir
Ni
Pd
Pt
Cu
Ag
Au
Zn
Cd
Hg
Ga
In
Tl
Ge
Sn
Pb

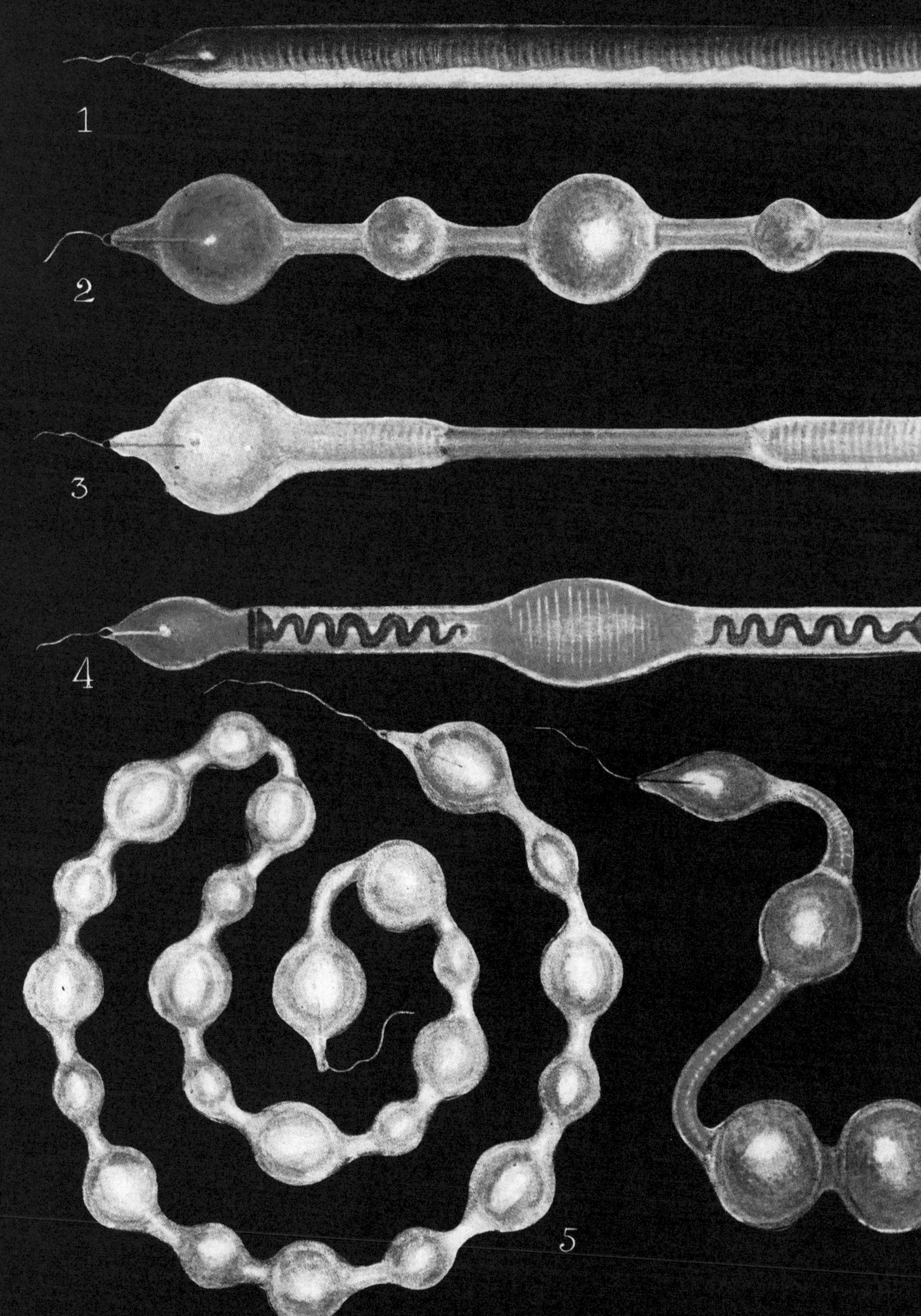
1
2
3
4
5

7장

선 스펙트럼, 원소의 지문

◀ 〈희박기체의 방전〉, 《뉴파퓰러에듀케이터(The New Popular Educator)》(1880년).

복사선의 시대

1858년
해저에 케이블을 깔아 최초의 대서양 횡단 전신을 주고받는다.

1861~1865년
미합중국의 북군과 연방에서 탈퇴하려는 남군 간에 남북전쟁이 발발한다.

1865~1877년
미국의 재건 시대. 미국 헌법의 13차 개정으로 노예제가 금지된다.

1876년
알렉산더 그레이엄 벨이 최초로 전화 통화에 성공한다.

1879년
토머스 에디슨이 최초로 전구를 만들고 시험한다.

1890년경
자전거가 유럽과 북아메리카 전역에서 유행하며 급증한다.

1903년
마리 퀴리와 피에르 퀴리가 노벨 물리학상을 받는다. 라이트 형제가 세계 최초로 모터 달린 비행기로 비행에 성공한다.

1914년
사라예보에서 오스트리아의 프란츠 페르디난트 대공이 암살되자 이를 계기로 제1차 세계대전이 발발하고 1918년에 종전한다.

1917년
러시아혁명으로 러시아 제국이 멸망한다. 1923년, 볼셰비키가 소비에트사회주의공화국연방(USSR)을 수립한다.

아리스토텔레스가 천상계에 있는 다섯 번째 원소라고 주장한 에테르는 자연철학에서 완전히 사라지지 않고 19세기 중반에 새로운 모습으로 나타나 다시 꽃을 피웠다. 이번에는 빛을 전달하는 '발광성 에테르'였다.

빛은 언제나 논쟁을 불러일으키는 문제였다. 17세기 말, 아이작 뉴턴은 빛이 입자들의 흐름으로 구성되어 있다고 믿었다. 반면에 그와 경쟁하던 로버트 훅(Robert Hook)은 빛이 파동이라고 주장했다. 1672년에 훅은 빛이 "균일하고 투명한 동종의 매질을 통해 진행하는 파동이나 운동"일 뿐이라고 썼다. 1789년, 앙투안 라부아지에는 원소 목록에 빛을 포함시켰지만 빛의 성질을 명시하지는 않았다. 그러나 훅의 견해가 주류를 이뤘다. 1800년대 초에 영국의 학자 토머스 영(Thomas Young)은 근접한 2개의 슬릿을 통과하는 빛이 어떻게 서로 간섭하여 밝고 어두운 무늬를 만들어내는지 보였다. 이는 빛이 파동일 때 생길 수 있는 현상이었다. 훅은 빛이 파동이므로 파동이 전파되는 어떤 매개체가 있어야 한다고 주장하면서 그 매개체로 에테르를 다시 언급했다. 에테르는 우주 어디에나 퍼져 있지만, 보이지 않는 데다가 너무 희박해서 크기와 무게를 측정할 수 없다고 받아들여졌다.

1860년대에 스코틀랜드의 과학자 제임스 클러크 맥스웰(James Clerk Maxwell)이 이런 간섭무늬가 나타나는 이유를 설명했다. 그는 전기장과 자기장에서 생긴 간섭이 빛의 속도로 공간을 이동한다는 것을 보여주고, 이것이 빛의 본질이라고 가정했다. 음파가 공기 중에서 이동하는 것처럼, 전자기파가 전자기장을 매개하는 에테르를 통해 퍼져나간다는 것이다. 그는 우주 진공을 가로질러 빛을 전달해주는 것도 에테르라고 믿었다. 맥스웰은 썼다. "행성과 항성 사이의 거대한 공간은 이제 필요 없는 공간으로 여겨지지 않을 것이다. (…) 우리는 이 멋진 매개체가 별에서 별까지 끊임없이 이어지며 이 공간을 가득 채우고 있다는 것을 알게 될 것이다."

맥스웰은 이 전자기파를 기술하는 방정식을 정립했다. 이 이론에서 전자기파의 파

▶ 제임스 클러크 맥스웰. J. 퍼거스의 사진을 G. J. 스토다트가 판화로 제작(1881년). 런던 웰컴컬렉션.

장과 진동수에는 아무 제한이 없다. 당시 측정할 수 있던 가시광선의 파장은 오늘날의 단위로 약 400나노미터(보라색 가시광선)와 700나노미터(빨간색 가시광선) 사이였다. 하지만 이론적으로 전자기파의 파장은 이보다 짧을 수도, 길 수도 있었다. 1887년, 독일의 물리학자 하인리히 헤르츠(Heinrich Hertz)가 라디오파라는 더 긴 파장을 처음으로 발견했다. 9년 후, 이탈리아의 발명가 굴리엘모 마르코니(Guglielmo Marconi)는 라디오파를 통해 멀리 있는 감지 장치까지 메시지를 보낼 수 있다는 사실을 알게 되었다. 1892년에 영국의 화학자 윌리엄 크룩스(William Crookes)는 라디오파가 "전선, 우편, 케이블, 또는 오늘날의 비싼 전자장비 없이 전신을 보내는 데 사용될 수 있다"고 적었다. 불과 20~30년 전에 엄청난 비용을 들여 대서양 해저를 가로지르는 전신 케이블을 깔았지만, 이제 메시지를 간단히 보낼 수 있게 되었다. 과학자 대부분은 메시지가 에테르를 통해 전달된다고 생각했다. 1901년, 마르코니는 잉글랜드 서부의 콘월에서 캐나다의 뉴펀들랜드까지 라디오파 신호를 전송했다.

가시광선의 파장보다 파장이 더 짧은 전자기파도 있었다. 보라색 가시광선 스펙트럼 바로 너머에 있는 자외선은 1801년에 알려졌다. 당시 요한 빌헬름 리터(Johann Wilhelm Ritter)가 이 '보이지 않는' 빛을 프리즘으로 분산시키면 일반적인 빛처럼 은염을 어둡게 만들 수 있다는 것을 발견했다(이후 이 과정은 사진술의 기초로 이용된다). 자외선의 속성이 일반적인 빛의 속성과 같은가를 두고 한동안 논란이 있었지만, 맥스웰의 이론이 이 문제를 합리적으로 이해할 수 있게 해주었다. 1895년, 빌헬름 뢴트겐이 보이지 않는 다른 복사선을 발견했다. 이 역시 사진 유제를 어둡게 만들었다. 가시광선의 파장보다 수백 배 파장이 짧은 이 전자기파를 그는 X선이라고 불렀다(100쪽 참조).

19세기 말 즈음, 사진술 덕에 보이지 않는 복사선이 여럿 발견되었다. 비록 당시 발견된 방사물 중 일부는 프랑스의 물리학자 프로스페르르네 블롱들로(Prosper-René Blondlot)가 1903년 발표한 N선처럼 거짓으로 만들어낸 것이었지만 말이다. 우라늄염에서 나오는 신비로운 '우라늄선'이나 우주에서 흘러나오는 우주선 등 복사선은 20세기 초 과학에 일어날 중요한 발견의 전조가 되었다. 어떤 과학자들은 이 복사선들이 초자연적인 속성을 지니고 있다고 생각했다. 크룩스는 맥스웰이 가정하는 에테르가 대서양을 가로질러 메시지를 전달하는 것처럼, 심령술사나 다른 매개체를 통해 우리의 세계와 영혼의 세계 사이에서 정보를 전달할 수 있을 거라고 주장했다.

19세기 말 복사선의 세계에서는 모든 게 가능해 보였다.

▲ 1895년 10월에 굴리엘모 마르코니가 제작한 최초의 라디오 발신기를 재현한 것. 《라디오브로드캐스트(Radio Broadcast)》(1926년, 10권).

세슘과 루비듐

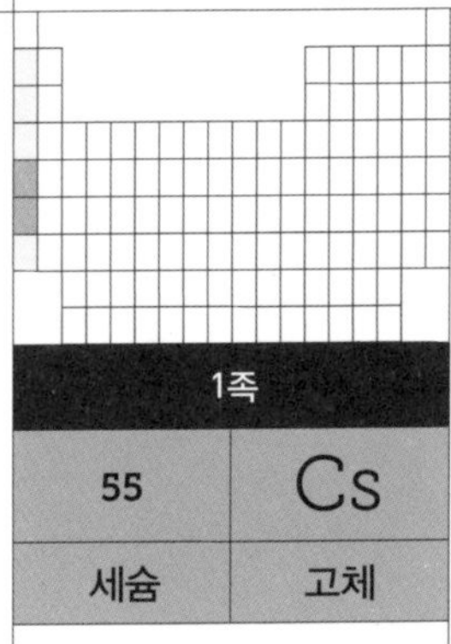

1족	
55	Cs
세슘	고체

알칼리 금속
원자량: 132.905

1족	
37	Rb
루비듐	고체

알칼리 금속
원자량: 85.468

후기 빅토리아 시대에 원소를 발견할 수 있는 새로운 방법이 고안되어 더 이상 새로운 원소의 시료를 분리하거나 정제할 필요가 없어졌다. 각 원소가 좁은 파장 대역에서 특정한 색의 빛을 흡수하거나 방출하는 방식을 보고 새로운 원소의 존재를 확인할 수 있게 되었다. 이를 분광학(spectroscopy)이라 한다.

분광학은 1859년에 독일의 물리학자 구스타프 키르히호프(Gustav Kirchhoff)와 화학자 로베르트 분젠(Robert Bunsen)이 발견했다. 분젠은 각 금속 원소들이 불꽃 속에서 연소할 때 특정한 색의 빛을 방출한다는 것을 알고 있었다. 이 사실을 바탕으로 화합물에 무슨 원소가 들어 있는지를 알아내는 편리한 방법을 알게 되었다. 키르히호프와 분젠은 불꽃의 색을 눈으로 확인하지 않아도 되는 분광기라는 장치를 고안했다. 아이작 뉴턴이 자연의 햇빛을 분리하여 무지갯빛 스펙트럼이 나타나게 했던 것처럼, 분광기는 프리즘을 통해 불꽃의 빛을

◀ 구스타프 키르히호프(왼쪽), 로베르트 분젠(가운데), 화학자 헨리 로스코, 1862년 사진. 헨리 로스코, 《헨리 엔필드 로스코 경의 삶과 경험: 자서전(The Life & Experiences of Sir Henry Enfield Roscoe… Written by Himself)》(1906년)에 실린 에머리 워커의 사진. 필라델피아 과학사연구소.

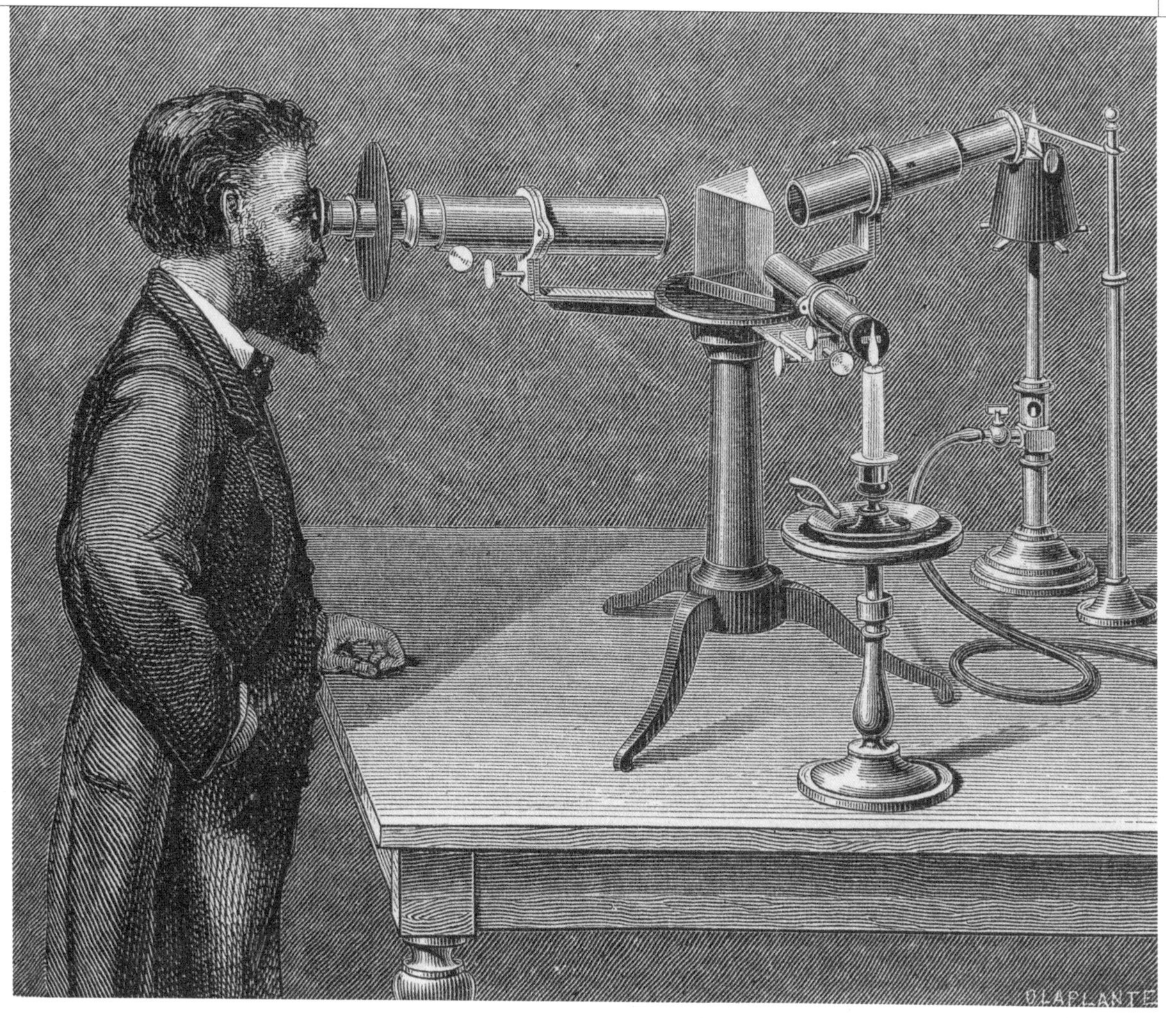

▲ 19세기의 분광기. 하인리히 셸렌, 《지구 물질의 스펙트럼 분석과 천체의 물리적 구조(Spectrum Analysis in Its Application to Terrestrial Substances, and The Physical Constitution of the Heavenly Bodies)》(1872년). 필라델피아 과학사연구소.

그 빛 안에 있는 여러 파장의 빛으로 분리했다. 햇빛에는 모든 스펙트럼의 색이 있지만, 분젠 버너의 가스 불꽃 속에 있는 금속에서 나온 색색의 빛은 분광기를 통과하면 그 원소의 특정한 파장 위치에서만 두드러지게 밝은 띠를 나타냈다. 이것이 각 원소의 특징적인 '선 스펙트럼'이었다. 분광기는 민감도가 높았기 때문에 금속염의 양이 매우 적어도 원소의 '지문'이라고 할 수 있는 선 스펙트럼을 충분히 관찰할 수 있었다.

키르히호프와 분젠은 온갖 물질 안에 어떤 금속이 있는지 알아내기 위해 분광기를 이용하여 불꽃 속 물질이 방출하는 고유의 선 스펙트럼을 살펴보았다. 그들은 광물과 광천수를 연구하여 소듐, 포타슘, 칼슘, 철 등의 원소를 찾아냈다.

분광기는 광물 안에 어떤 금속이 들어 있는지 분석하는 수단 이상의 역할을 했다. 만약 생성된 선 스펙트럼이 알려진 원소들의 스펙트럼과 일치하지 않는다면, 아직 발견하지 못한 금속이 존재한다는 사실도 알 수 있었다. 1860년, 두 과학자는 증발시킨 자연 광천수의 잔여물로 만든 스펙트럼에서 몇 가지 파란색 방출선을 발견했다. 이미 알고 있는 원소들의 것과 일치하지 않는 이 방출선은 리튬, 소듐, 포타슘과 같은 족, 즉 알칼리 금속에 속하는 새로운 원소에서 나오는 방출선으로 추정되었다. 다음 해에 그들은 엄청난 양의 광천수를 이용하여 이 원소의 염을 가까스로 소량 추출했고, 이 원소가 '서로 가까이 붙어 있는 파란색 선 2개'를 생성하는 것을 확인했다. 그들은 당당하게 새로운 원소의 발견을 공표해도 되겠다고 생각했다.

빨간 선

그들은 이렇게 썼다. "그 원소의 증기에서 나오는 밝은 파란색 빛 때문에 라틴어의 맑은 하늘색(caesius)에서 이름을 따 세슘(caesium)이라고 명명하게 되었다." ('cesium'으로 표기되기도 하지만, 오늘날 표준화된 철자는 'caesium'이다.) 세슘은 알칼리 금속이다.

그들은 또 작센에서 채굴한 광물 레피도라이트를 연구하여 스펙트럼의 보라색, 빨간색, 노란색, 녹색 부분에 스펙트럼선을 만들어내는, 알려지지 않은 새로운 염을 추출했다. 이 중에 빨간색 영역에 있는 선이 가장 두드러지게 보였기에 두 과학자는 진한 빨간색을 뜻하는 라틴어에서 이름을 따 이 원소를 루비듐(rubidium)으로 부르자고 제안했다. 역시 알칼리 금속인 루비듐은 희귀하고 반응성이 강하기 때문에 1928년이 되어서야 순수한 시료가 만들어졌다.

▼ 2016년 리스 루이스가 만든 루비듐–세슘 분광술 동영상의 한 장면(animate4.com). 이 수용액에서 세슘 이온과 루비듐 이온은 불꽃 실험에서 고유의 남색과 빨간색을 생성하고, 방출 스펙트럼이 나타난다.

▶ 로버트 분젠, 구스타프 키르히호프, 〈알칼리 금속과 알칼리 토금속의 스펙트럼〉, 《스펙트럼 분석(Spectrum Analysis)》(1885년). 필라델피아 과학사연구소.

SPECTRA OF THE METALS OF THE ALKALIES & ALKALINE EARTHS.

From the Drawings of BUNSEN & KIRCHHOFF. *With Scale of Wave-Lengths added.*

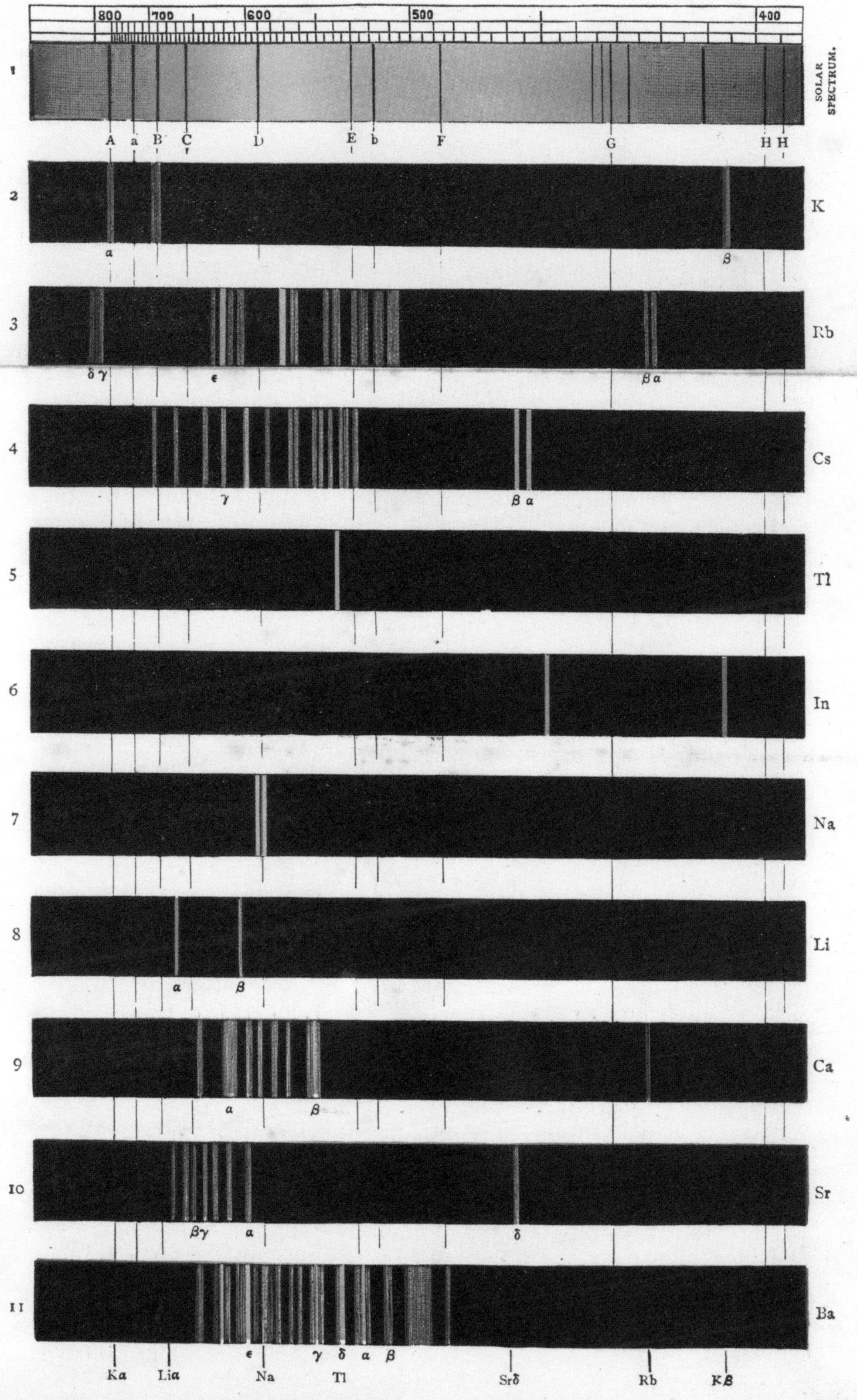

800 700 600 500 400

1 A a B C D E b F G H H SOLAR SPECTRUM.

2 K α β

3 Rb δ γ ε β α

4 Cs γ β α

5 Tl

6 In

7 Na

8 Li α β

9 Ca α β

10 Sr βγ α δ

11 Ba ε γ δ α β

Kα Liα Na Tl Srδ Rb Kβ

탈륨과 인듐

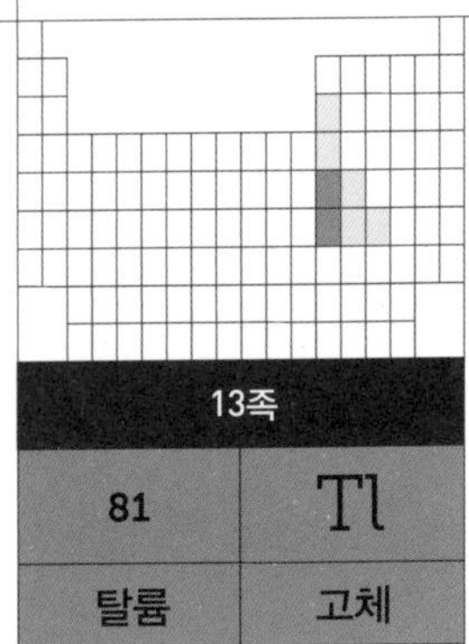

13족	
81	Tl
탈륨	고체

후전이 금속
원자량: 204.38

13족	
49	In
인듐	고체

후전이 금속
원자량: 114.82

윌리엄 크룩스는 빅토리아 시대의 영국 과학계에서 가장 흥미진진한 인물로 손꼽힌다. 왕립화학대학에서 공부한 그는 1859년에 학술지《케미컬뉴스(Chemical News)》를 저술·출간했고, 새로운 사진 기술에 깊은 관심을 가졌으며, 공공 위생부터 금 채굴에 이르기까지 다양한 주제로 글을 쓰기도 했다. 영성 집단에서도 활발히 활동했다. 그는 겉으로는 과학 기술을 활용하여 진정한 '영적 현상'을 엉터리 속임수와 구분하자고 주장하는 회의주의자였지만, 사실 영매들의 주장에 잘 속았고 죽은 사람들의 영혼과 소통할 수 있다고 믿었다.

이런 열정은 크룩스의 명성에 흠이 될 만도 했지만 그는 상당히 인정받는 과학자였다. 1897년 그는 과학에 이바지한 공로를 인정받아 기사 작위를 받았고, 1898년에는 영국 과학진흥협회의 회장이 되었다.

그는 대부분 키르히호프와 분젠이 발명한 분광기를 이용한 발명으로 명성을 얻었다. 그는 런던에 있는 자신의 집 실험실에서 연구하다가 새로운 원소를 발견했다. 그는 '발견되기를 기다리는' 새로운 원소들이 많이 있다고 확신했고 분광기를 통해 몇 가지를 찾아내기로 했다. 1861년 초, 그는 "가능성이 있는 스펙트럼을 몇 개 발견했다"고 공동 연구자 찰스 윌리엄스(Charles Williams)에게 말했다. 그는 손에 닿는 것은 무엇이든 연구했다. 황산을 생산하고 남은 슬러지 잔여물처럼 가능성이 없어 보이는 것도 연구실로 가져왔다. 이 물질에는 천연 유황에서 종종 발견되는 셀레늄이라는 원소가 함유되어 있다고 알려져 있었다. 크룩스는 이 물질 소량을 분광기 안에 놓았고, 놀랍게도 알려지지 않은 녹색 방출선을 보았다. 새로운 원소가 있다는 증거였다.

크룩스는 키르히호프와 분젠처럼 금속 스펙트럼의 색에서 이름을 따 새로운 원소를 탈륨으로 제안했다. 녹색 가지를 뜻하는 그리스어 탈로스(thallos)에서 나온 이름이었다. 크룩스는 "그 원소의 스펙트럼에 나타

▶ 실험실에 있는 윌리엄 크룩스(1890년대). 런던 웰컴컬렉션.

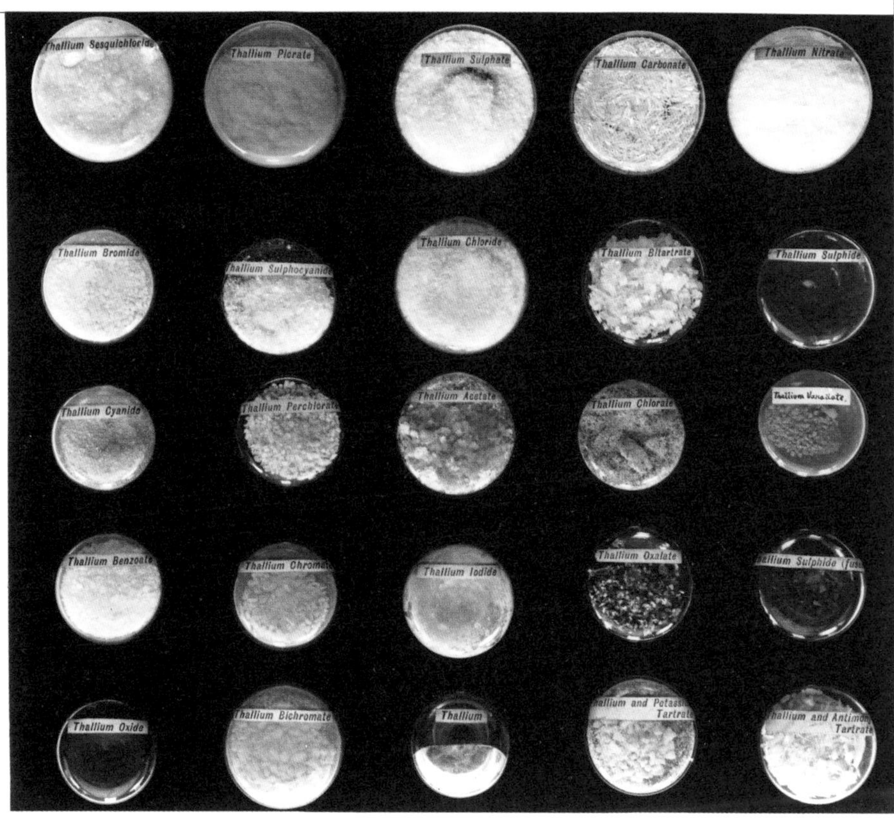

▶ 윌리엄 크룩스의 탈륨 발견을 보여주는 31가지 시료(1862년경). 런던 과학박물관.

난 녹색 선을 보면 봄날의 초목이 발산하는 특유의 생생한 빛깔이 생각난다"고 적었다.

하지만 문제가 있었다. 녹색 선만으로 새로운 원소를 발견했다고 주장할 수는 없었다. 당시의 화학자들은 새로운 원소를 추가하기 전에 그 원소의 화학적 특성을 연구할 수 있을 만큼 충분한 양의 순수한 표본을 분리해야 한다고 생각했다. 분젠과 키르히호프가 어마어마한 양의 광천수에서 세슘을 추출하려 한 것도 그 때문이었다. 크룩스는 '논문을 쓰는 일'로 너무 바빠서 표본을 분리하는 일까지 할 수가 없다고 하소연하면서 어려운 일을 윌리엄스에게 떠넘겼다. 새로운 스펙트럼선을 찾아냈다는 것만 발표하라는 윌리엄스의 충고에도 크룩스는 참지 못했다. 3월, 그는《케미컬뉴스》에 황, 셀레늄과 같은 족으로 추정되는 원소를 발견했다고 발표했다. 그는 1862년 1월이 되어서야 탈륨염의 시료를 얻었다. 그해 5월에는 하이드파크에서 열린 국제박람회에 자랑스럽게 그 시료를 전시했다. 하지만 6월에 경악할 만한 소식이 전해졌다. 프랑스의 클로드오귀스트 라미(Claude-August Lamy)가 브로민의 발견자 앙투안제롬 발라르와 함께 순수한 탈륨 덩어리를 만들었다고 주장한 것이다.

이듬해, 아연 광석에서 탈륨을 찾던 페르디난트 라이히(Ferdinand Reich)와 히에로니무스 리히터(Hieronymus Richter)가 분광기를 통과한 선 스펙트럼에서 녹색이 아닌 남청색 선을 발견했다. 그들은 또 하나의 새로운 원소를 발견했다고 주장하고 이를 인듐이라 했다. 그들은 순수한 인듐 시료를 얻기 위해 계속 연구했다. 이 연구를 시작한 사람은 라이히였지만, 그는 색맹이어서 스펙트럼선을 보려면 리히터의 도움이 필요했다. 1867년 리히터는 그 발견을 혼자만의 것이라고 주장했고, 라이히는 아연실색했다.

주기율표에서 인듐은 탈륨 바로 위에 있다. 화학적으로 서로 비슷하다는 뜻이다. 인듐은 이제까지 알려진 금속 중 가장 부드럽다. 소듐처럼 칼로 자를 수 있고, 녹는 점은 섭씨 156.6도다. 설탕보다 잘 녹는다.

헬륨

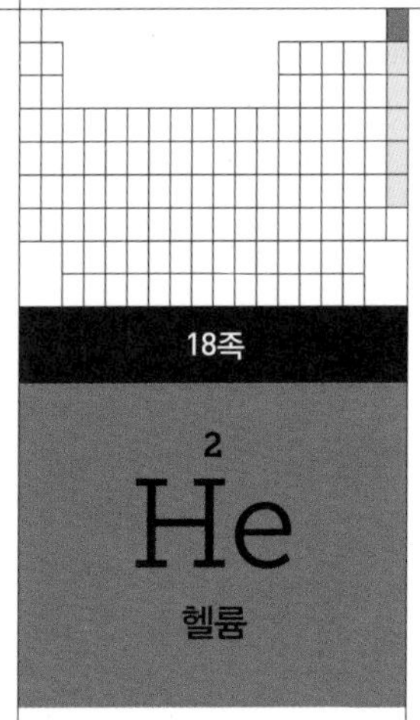

비활성 기체

원자번호
2

원자량
4.003

상온 · 상압에서
기체

1802년, 앞서 팔라듐의 발견자로 소개된 영국의 화학자 윌리엄 하이드 울러스턴이 태양광을 분산시켜 나타나는 스펙트럼을 연구한 뉴턴의 실험을 재시도했다. 뉴턴 때보다 향상된 광학기구로 실험한 그는 새로운 무언가를 발견했다. 스펙트럼의 중간중간에 빛이 제거된 것 같은 검은 선이었다.

1814년에 독일의 과학자 요제프 폰 프라운호퍼(Joseph von Fraunhofer)가 더 좋은 렌즈로 같은 스펙트럼을 관찰하여 빠진 것처럼 보이는 스펙트럼선을 모두 파악해보려고 했다. 이 선들은 570개 이상이었다. 프라운호퍼는 이 선들을 몇 개의 그룹으로 나누고 그룹별로 A부터 K까지의 알파벳 이름을 붙였다.

당시 이 검은 선들이 생긴 과정은 알 수 없었다. 이후 태양광 스펙트럼의 '프라운호퍼선'이 분광기에서 본 일부 방출선과 동일한 파장에서 나타난다는 것을 분젠과 키르히호프가 알아냈다. 그들은 태양의 대기나 지구의 대기에 있는 원소들이 빛을 흡수하고 있다고 추측했다. 즉 어떤 원소가 태양을 구성하는지 알아낼 방법이 생긴 것이었다.

인도로 떠나다

태양을 구성하는 원소들은 흡수한 빛을 다시 방출하기 때문에 태양광선의 스펙트럼에는 이 원소들로부터 나오는 방출선도 나타날 수 있었다. 프라운호퍼가 D_1과 D_2로 표시한 노란색 영역의 진한 선 2개는 소듐의 방출선과 일치했다. 그런데 이 두 선이 너무 진해서 비교적 흐릿한 다른 방출선을 알아보기 어려웠다. 이에 피에르 쥘 장센(Pierre Jules Janssen)이

▼ 프라운호퍼선에 나타난 태양광 스펙트럼(1814년). 국립독일박물관.

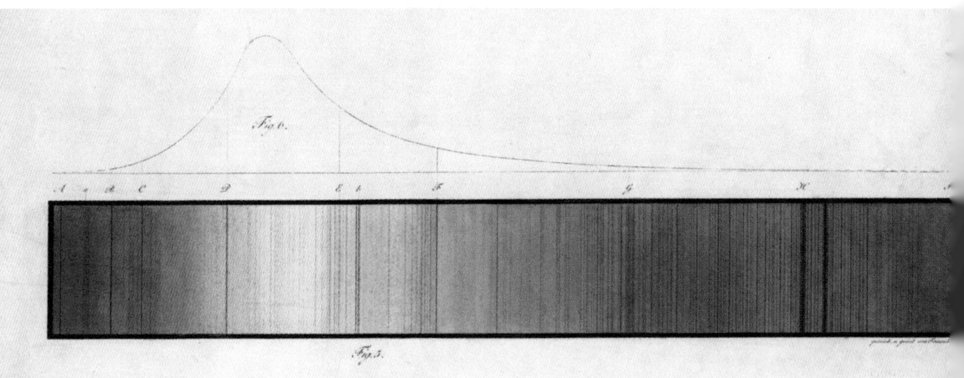

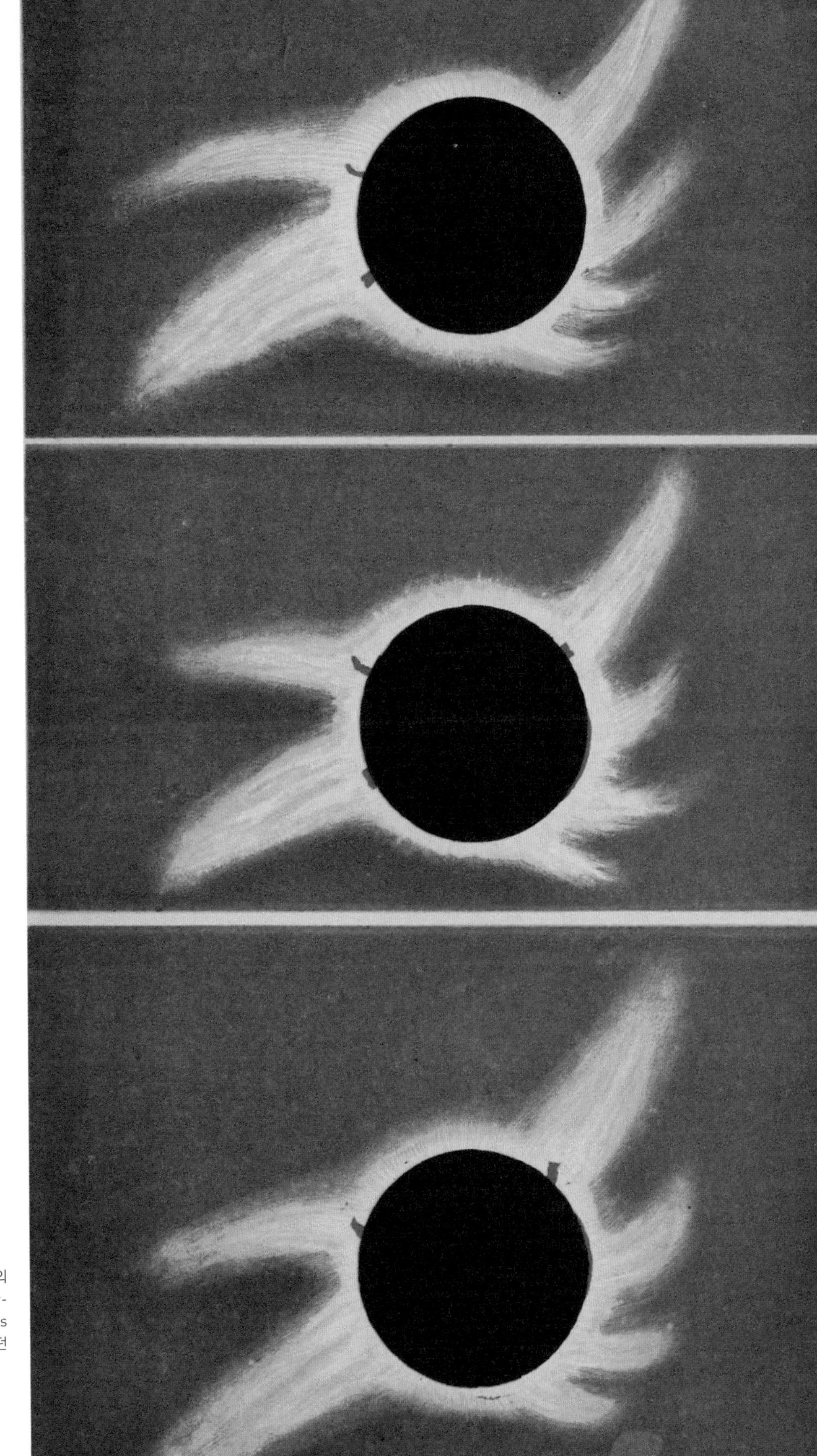

▶ M. 스테판이 스케치한 1868년의 일식. 《과학 및 문학 아카이브(Archives des Missions Scientifiques et Littéraires)》(1868년, 5권). 런던 자연사박물관도서관.

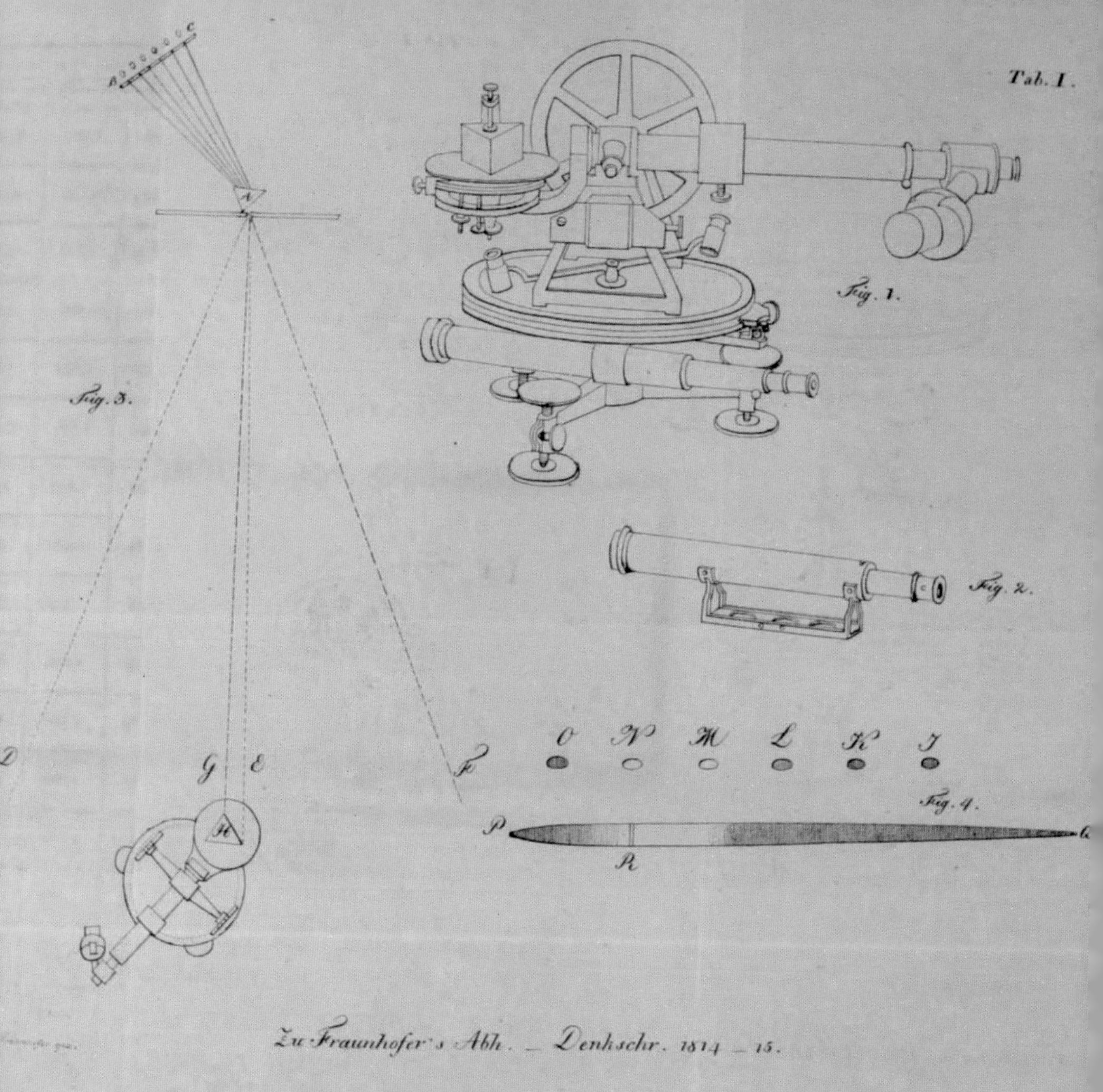

▲ 요제프 폰 프라운호퍼의 분광학. 프라운호퍼, 〈완벽한 색지움 망원경에 관하여〉, 《뮌헨 왕립과학원 연보(Denkschriften der Königlichen Akademie der Wissenschaften zu München)》(1814년, 5권). 런던 자연사박물관도서관.

1868년에 인도로 가서 개기 일식이 일어나는 동안 태양의 스펙트럼을 측정했다. 그는 일식 순간 광환에서 나오는 빛의 스펙트럼에서 다른 원소들의 방출선을 찾아내기를 바랐다. 실제로 그는 또 다른 밝은 노란색 선 하나를 발견했지만, 이 선도 소듐에서 나온다고 판단했다. 그러나 같은 해 말, 노먼 로키어(Norman Lockyer)가 오염 물질과 구름이 뒤덮고 있는 런던의 하늘을 통과해 흐릿해진 태양광선의 스펙트럼을 측정했다. 그 역시 세 번째 노란색 선을 보았다. 그는 이 선에 D_3라고 표시했다. 에드워드 프랭클랜드(Edward Frankland)

와 그 발견에 대해 논의한 후 그는 그 새로운 방출선이 사실 이제까지 알려지지 않은 태양의 원소에서 나온다는 결론을 내렸다. 그들은 그리스 신화 속 태양의 신 헬리오스에서 이름을 따서 이 원소를 헬륨이라고 명명했다.

광물에서 나오는 기체

지구에 존재하지 않는 원소가 태양에 있다는 제안은 상당히 기이했다. 1882년, 이탈리아의 물리학자 루이지 팔미에리(Luigi Palmieri)는 분광학을 이용하여 베수비오산의 용암을 분석해 로키어가 발견한 D_3 띠와 같은 파장의 방출선을 발견했다. 그는 용암에 태양의 원소인 헬륨이 있는 것이 틀림없다고 판단했다.

그러나 새로운 원소가 있다는 주장이 신뢰를 받으려면 그 원소의 성질을 연구할 수 있도록 시료를 추출해야 했다. 미국의 윌리엄 힐브랜드(William Hillebrand)가 처음으로 헬륨을 분리했는데, 그는 그 사실을 깨닫지 못했다. 힐브랜드는 1891년에 우라니나이트(uraninite)라고 불리는 우라늄 광물을 산에 용해했을 때 거품이 나는 것을 보았다. 그는 분광기를 이용해 이 기체를 조사했지만, 스펙트럼선 전체를 찾아낼 수 없었다. 반응성이 낮은 기체였기에 힐브랜드는 이것이 질소일지 모른다고 생각했다. 하지만 1895년에 웁살라대학교의 페르 테오도르 클레베(Per Teodor Cleve)와 닐스 아브라함 랑에르(Nils Abraham Langer)가 이 실험을 반복해 우라니나이트가 헬륨을 함유하고 있음을 보여주었다.

같은 해, 힐브랜드의 발견은 유니버시티칼리지런던에서 연구하던 화학자 윌리엄 램지(William Ramsay)의 관심을 끌었다. 그는 우라니나이트를 조금 구해 와서 매슈스(Matthews)라는 학생에게 그 실험을 반복하라고 지도했다. 램지는 원래 그 기체가 새로운 원소일지 모른다고 생각해서 '숨겨져 있다'는 뜻의 그리스어에서 이름을 따 '크립톤(krypton)'이라고 명명하자고 제안했지만, 이 기체가 헬륨과 같은 밝은 노란색 선을 방출한다는 사실을 알게 되었다. 램지는 무언가를 알아챘다. 램지의 분광기는 그다지 성능이 좋

▲ 윌리엄 힐브랜드(1900년경). 필라델피아 과학사연구소 윌리엄헤인즈초상화컬렉션.

지 못했기 때문에 그는 이 기체의 시료를 로키어와 크룩스에게 보내 더 정밀한 분석을 요청했다. 크룩스는 하루 만에 그 안에 헬륨이 있다는 것을 밝혀냈다. 이 기체를 더 많이 수집한 후 화학자들은 이 기체의 원자량(원자의 상대적인 질량)이 매우 적다고 추론하게 되었다. 이 기체보다 더 가벼운 원소는 수소밖에 없었다. 반대로 우라늄은 당시에 가장 무거운 원소로 알려져 있었다. 그러면 우라늄 광물 안에서 헬륨이 무엇을 하고 있었던 걸까? 이 답은 그 누구도 추측하지 못했던 놀랄 만한 것이었다. 우라늄 원자의 핵에서 헬륨이 방출된 것이다. 이 과정은 방사성 붕괴라고 불리게 된다.

비활성 기체

원소:
네온 10
아르곤 18
크립톤 36
제논 54
라돈 86

18세기의 사람들은 불에 타는 사물이 플로지스톤이라는 원소를 공기 중으로 방출한다고 생각했다. 공기가 완전히 '플로지스톤화'되거나 플로지스톤으로 포화되면 연소가 중단된다는 생각이었다. 오늘날 우리는 산소가 모두 소모되고 질소만 남아야 불이 꺼진다고 알고 있다. 질소는 반응성이 낮지만 헨리 캐번디시는 (그가 플로지스톤 공기라고 생각한) 질소가 산소와 반응하면서 소모될 수 있다는 것을 보여주었다. 이 반응은 전기 불꽃으로 유도되고, 질소는 산(질소산화물, 물에 녹으면 질산이 된다)으로 변한다.

그러나 캐번디시의 치밀한 실험에도 플로지스톤 공기는 없어지지 않았다. 전혀 반응하지 않는 작은 거품들이 '보통 공기'의 120분의 1 정도 항상 남았다. 조지 윌슨(George Wilson)이 쓴 캐번디시 전기에 따르면 이는 설명할 수 없는 수수께끼였다.

19세기 말에 화학과 학생이던 청년 윌리엄 램지는 윌슨이 쓴 책의 복사본을 사서 흥미로운 거품에 관한 캐번디시의 이야기를 읽었다. 이후에 램지는 캐번디시가 만든 질소산화물을 연구했고, 기체에 관한 전문가가 되었다. 1894년 4월, 램지는 저명한 과학자 존 윌리엄 스트럿(John William Strutt)이 수행한 질소 연구에 관해 들었다. 스트럿은 공기에서 추출해서 얻은 질소, 즉 나머지 모든 원소를 제거해서 얻은 질소의 밀도를 측정한 결과, 화학적으로 생산된 질소의 밀도와 달랐다고 말했다. 캐번디시의 모순된 관찰 결과를 읽은 기억이 램지의 마음속에 다시 스며드는 것 같았다. 그 후 램지는 스트럿과 이 문제를 논의했고, 이제까지 알려지지 않았고 반응성이 낮은 물질이 질소와 함께 공기 중에 소량 섞여 있을지 모른다고 생각하게 되었다.

램지는 캐번디시의 실험을 반복해 정말로 어떤 특별한 기체가 존재한다는 사실을 확인했다. 아무리 시도해도 이 기체에 화학적 반응을 일으킬 수 없었다. 램지는 이 기체가 활성이 없는 새로운 원소일 것으로 추측하고, 적합한 이름으로 아르곤(Argon)을 제안했다. '게으르다'는 뜻의 그리스어에서 파생된 단어였다. 1896년 램지는 "세상의 모든 원소가 아르곤과 결합하지 않는지는 확실히 알 수 없지만, 적어도 아르곤 화합물이 형성될 가능성은 거의 없는 것 같다"고 적었다. 실험을 충분히 해보지 않은 탓이 아니었다. 램지가 앙리 무아상에게 시료를 보냈을 때, 무아상이 격렬한 반응을 일으키는 플루오린 기체를 분리하여 화합물을 만들려 했지만 허사였다.

이렇게 특이하게 반응성이 낮은 원소로 해볼 수 있는 일은 많지 않았다. 1895년 왕립학회에서 램지가 밀봉한 유리관 안에 들어 있는 시료를 보여주었을 때, 청중들은 유리병 안에 보통 공기가 들어 있는 것이 아니라는 사실을 그냥 믿고 받아들일 수밖에 없었다.

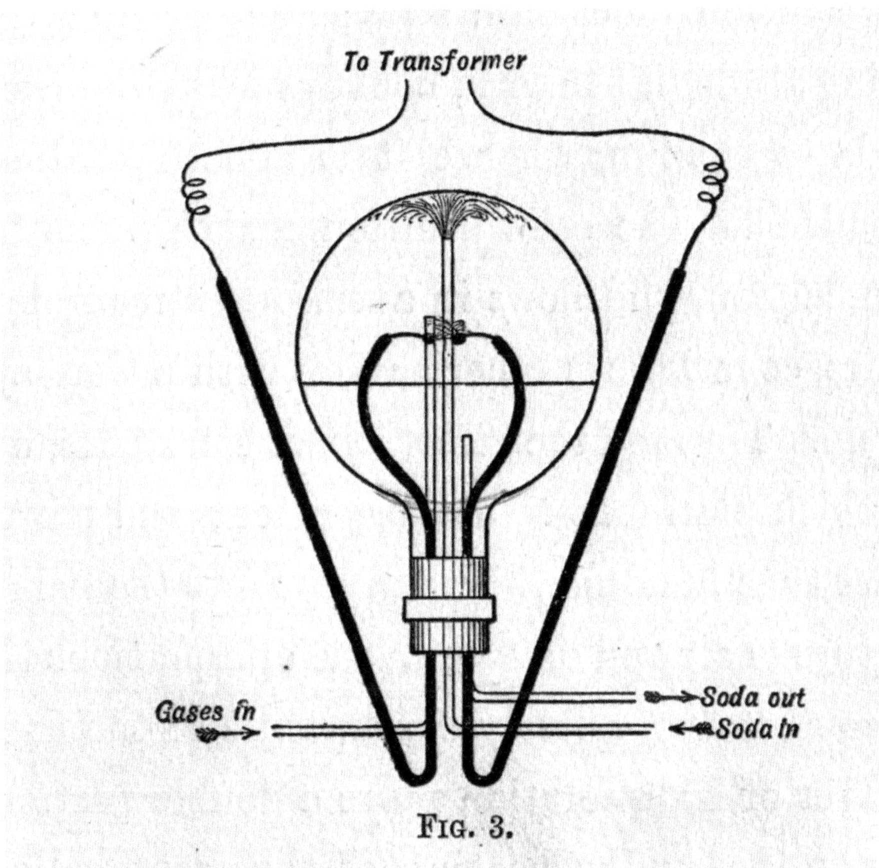

◀ 아르곤 실험. 윌리엄 램지, 《대기의 기체: 발견의 역사(The Gases of the Atmosphere: The History of Their Discovery)》(1896년, 그림 3). 캘리포니아대학교도서관.

그런데 허버트 조지 웰스(Herbert George Wells)는 이 발견에 비상한 관심을 가졌다. 그는 SF 소설《타임머신》(1895)과 《모로 박사의 섬》(1896)을 출간한 뒤 큰 명성을 얻기 시작했다. 그의 1898년 소설《우주 전쟁》에서는 화성인들이 지구를 침략하며 '검은 연기'라는 독성 기체를 사용하는데, 분광기를 이용해 이 기체를 화학적으로 분석하자 '일군의 밝은 선 3개가 나타나 알려지지 않은 원소가 있다는 사실'이 드러난다. 소설 속 화자는 이 원소에 "아르곤과 결합하여 단번에 치명적인 결과를 가져오는 화합물을 형성하는" 독특한 힘이 있다는 말을 덧붙인다. 대부분 아르곤에 대해서 한 번도 들어본 적이 없었겠지만, 웰스처럼 과학을 좋아하는 사람에게 아르곤의 발견은 극적인 것이었다.

그런데 아르곤 이외에도 다른 원소들이 있었다. 램지는 활성도가 낮은 원소들이 또 발견되어야 한다고 생각했다. 아르곤 때문에 이전에 몰랐던 완전히 새로운 세로줄(족)이 주기율표에 생겼기 때문이다. 앞서 1895년 램지가 우라니나이트 광석에서 헬륨을 발견했다는 사실을 살펴보았다. 그는 오래전부터 이 광석에서 완전히 새로운 무언가를 찾고 싶었지만, 번번이 실패해 좌절하고 있었다.

1898년 초 모리스 트래버스(Morris Travers)와 함께 연구하던 램지는 공기에서 매우 적은 비활성 기체에 관심을 가졌다. 아르곤을 모으기 위해 당시 막 개발된 기체 액화 기술을 이용하여 '분별증류'를 시도했다. 액화한 공기를 밀도가 낮은 순서대로 천천히 증발시키고, 화학적 방법으로 남은 질소를 추출한 후 분광기로 잔여물을 조사해 다른 원소가 있는지 관찰했다. 잔여물 대부분은 아르곤이었다.

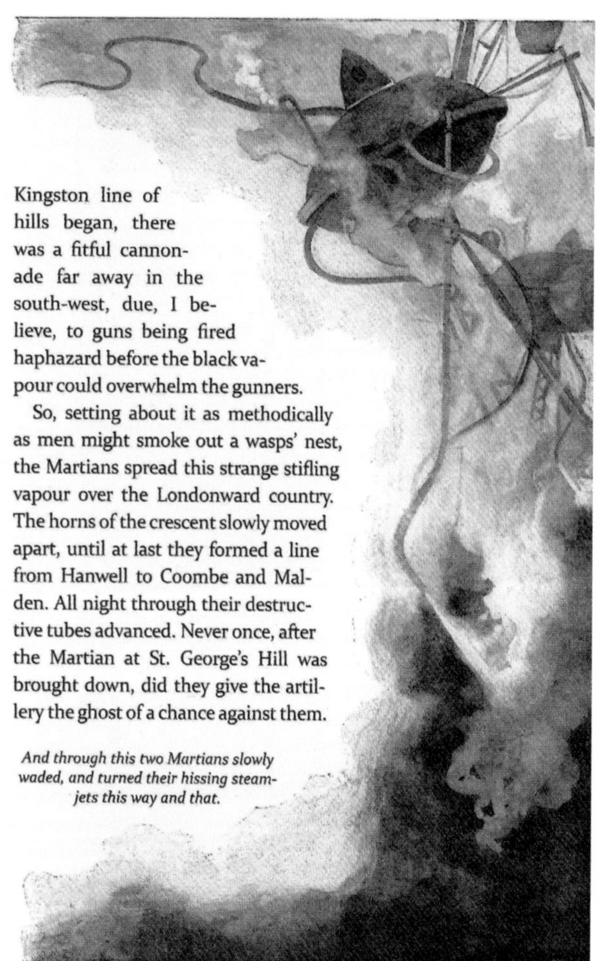

Kingston line of hills began, there was a fitful cannonade far away in the south-west, due, I believe, to guns being fired haphazard before the black vapour could overwhelm the gunners.

So, setting about it as methodically as men might smoke out a wasps' nest, the Martians spread this strange stifling vapour over the Londonward country. The horns of the crescent slowly moved apart, until at last they formed a line from Hanwell to Coombe and Malden. All night through their destructive tubes advanced. Never once, after the Martian at St. George's Hill was brought down, did they give the artillery the ghost of a chance against them.

And through this two Martians slowly waded, and turned their hissing steam-jets this way and that.

▲ 워릭 고블의 '검은 증기(아르곤 화합물)' 삽화(1897년). 《피어슨스매거진》에 연재되던 웰스의 《우주 전쟁》.

비활성 기체족의 완성

그중 밝은 녹황색 방출선을 뚜렷하게 내보이는 원소 하나가 발견되었다. 램지가 과거에 우라니나이트에서 나온 '에마나티온'에서 새로운 원소를 발견했다고 생각하고 지어놓은 이름 '크립톤(krypton)'을 그 원소에 붙이기로 했다. 그들은 주기율표에서 헬륨과 아르곤 사이의 빈칸에 들어갈 가벼운 기체가 있어야 한다고 생각했고, 6월에 그 원소를 찾았다. 트래버스는 말했다. "휘황찬란한 진홍색 빛을 만들어내는 기체였다. 그 장면은 절대로 잊을 수가 없다." 새로운 원소였기 때문에 그들은 '새롭다'는 뜻의 그리스어에서 이름을 따 네온(neon)이라고 명명했다. 그 기체가 내는 빨간 불빛은 전 세계 상점과 광고 간판의 가스방전관에서 환하게 빛나게 된다.

한 달 후에 램지와 트래버스는 또 다른 비활성 기체를 발견했다. 크립톤을 분별 증류해서 만든 제논(xenon)이었다. 제논은 '낯선 사람', '외부인'이라는 뜻으로, 비활성 기체 원소들의 특이한 성질을 반영한 이름이다. 마지막으로 1908년에 램지는 천연의 비활성 기체 중에서 가장 무거운 원소를 찾았다. 방사성(radioactivity)을 가진 기체였기에 라돈(radon)이라고 명명했다. 사실 라돈을 최초 발견한 것은 1902년 몬트리올 맥길대학교에서 연구하던 뉴질랜드의 물리학자 어니스트 러더퍼드(Ernest Rutherford)와 그의 동료 화학자 프레더릭

▼ 마크 밀뱅크, 〈윌리엄 램지 경의 초상화〉(1913년). 유니버시티칼리지런던.

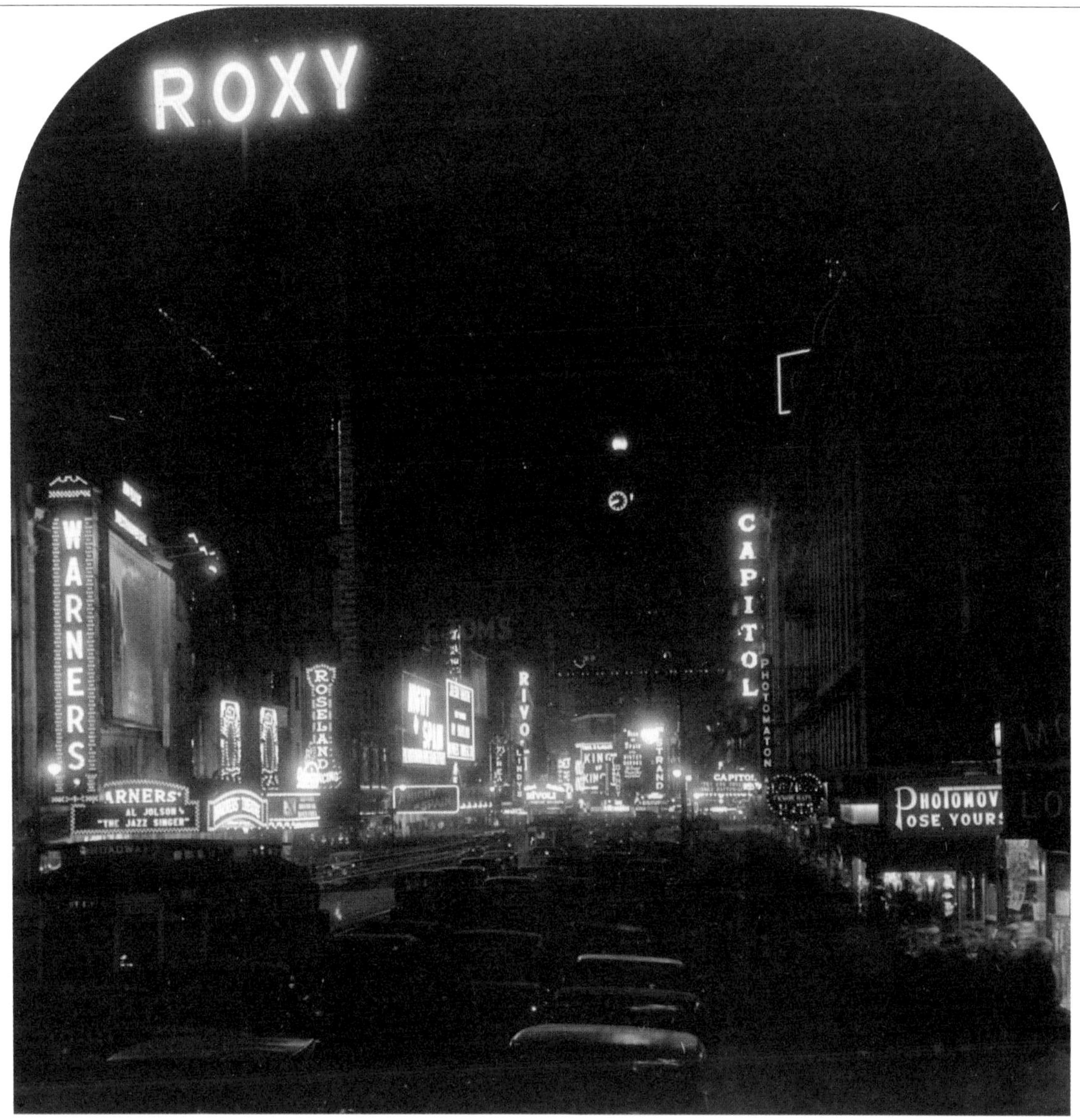

▲ 초기 네온 표지판의 효과를 볼 수 있는 키스톤뷰컴퍼니의 사진. 〈그레이트 화이트 웨이—뉴욕 타임스퀘어 부근 브로드웨이의 야경〉(1928년). 워싱턴 D.C. 의회도서관 인쇄물 및 사진 부서.

소디(Frederick Soddy)였다. 그들은 토륨의 방사성 붕괴 과정에서 라돈이 나온다는 사실을 최초로 알게 되었다. 원자핵에서 나온 입자들이 방사선을 방출하면서 한 원소가 다른 원소로 바뀌는 과정에서 라돈이 나타났나. 자연적인 방사능 붕괴 과정에서 나온 라돈은 일부 화강암 속에 존재하는데, 암석 속 라돈으로부터 방사능이 새어 나와 인체에 유해하다.

램지는 비활성 기체를 발견한 공로로 1904년 노벨 화학상을 받았다. 비활성 기체들은 대부분 비활성인 상태를 유지한다. 제논과 크립톤은 안정적인 화학적 화합물을 형성하도록 유도할 수 있지만, 아르곤은 특이한 상황에서만 반응한다. 예컨대 원자들이 강한 방사선으로 인해 이온화될 때나 초저온에서 원자들 사이에 매우 약한 화학적 결합이 형성될 때다. 오늘날까지도 네온과 헬륨은 다른 원소와 거의 반응하지 않는 것으로 알려져 있다.

라듐과 폴로늄

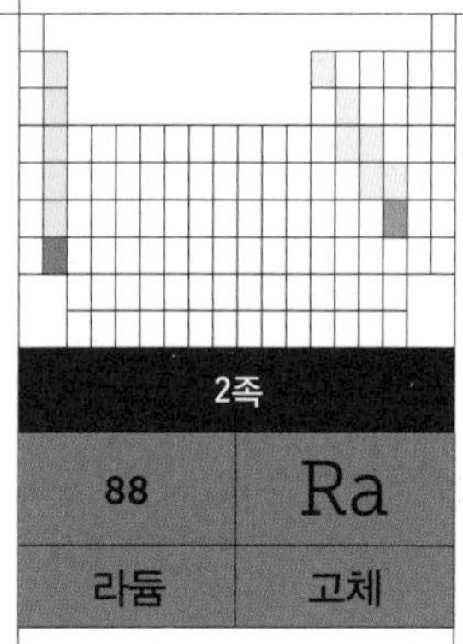

2족

88 Ra

라듐 고체

원자량: (226)

16족

84 Po

폴로늄 고체

원자량: (209)

1896년, 앙리 베크렐이 발견한 '광선'은 미스터리였다(100쪽 참조). 우라늄에서 나오는 이 광선은 사진 유제를 어둡게 만들 수 있었지만 보이지도 않고 만질 수도 없었다. 빌헬름 뢴트겐이 1년 전에 발견한 X선과 비슷해 보였다. 실제로 뢴트겐의 발견이 계기가 되어 많은 연구가 이루어졌고 베크렐의 발견으로 이어진 것이었다. 우라늄은 어떻게 에너지를 방사하는 것일까?

X선은 19세기 말 유럽에 큰 화제를 몰고 왔다. 어떤 물질(예를 들어 피부나 살)의 내부 혹은 그 뒤에 숨어 있는 고밀도의 사물(뼈)을 사진으로 포착할 수 있기 때문이었다. 그런데 우라늄선(100쪽 참조)은 X선보다 더 약했고 같은 능력을 발휘하지 않았다. 이런 우라늄선을 더 깊이 연구해야겠다고 결심한 한 폴란드 출신의 젊은 화학자가 있었다. 그는 파리의 소르본대학에서 박사학위 논문의 주제를 찾고 있었다. 마리 퀴리는 다음과 같이 썼다. "그것은 완전히 새로운 문제라 관련한 참고 자료가 하나도 없었다."

마리아 스콜로도프스카(Maria Skłodowska, 마리 퀴리의 결혼 전 이름)는 1891년에 파리로 유학을 갔다. 그곳에서 피에르 퀴리를 만났다. 피에르는 1880년에 형 자크와 함께 일부 물질에 압력을 가하면 전기장이 발생하는 피에조 전기 현상을 발견한 과학자였다. 마리아와 피에르는 1895년에 결혼했다.

1898년 마리 퀴리는 우라늄선을 연구하기로 마음먹고, 남편이 일하던 물리화학학교의 작은 연구실에서 공동 연구를 진행했다. 처음에는 우라늄염이 어떻게 그 수수께끼 같은 광선을 통해 바로 옆에 있는 금속판에서 전하를 유도하는지 연구했다. 이것을 알면 방출 강도를 측정할 수 있

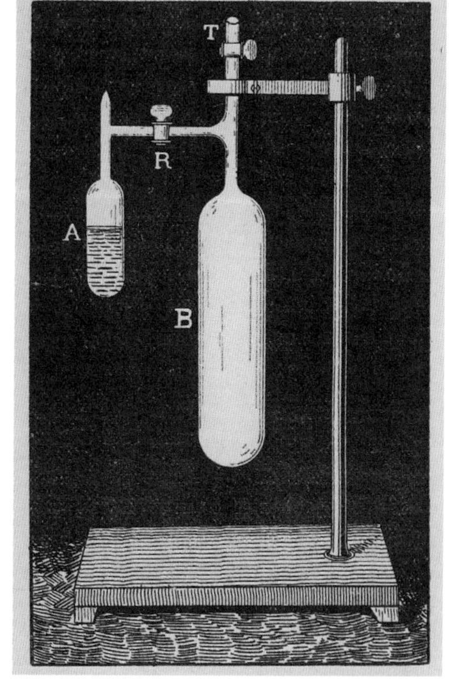

▶ 〈라듐의 인광 방출〉. 자크 댄, 《라듐, 추출 방법과 화학적 성질(Le Radium, Sa Préparation et Ses Propriétés)》(1904년, 그림 33). 하버드대학교 프랜시스A.카운트웨이의학도서관.

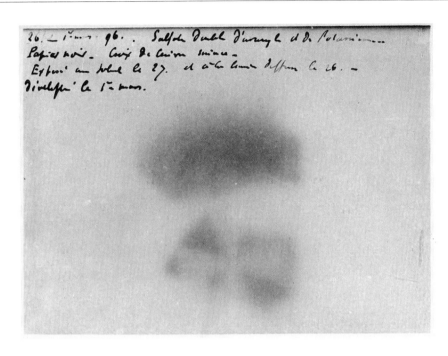

◀ 앙리 베크렐이 처음으로 인화한 방사선 사진(1896년). 《물질의 새로운 속성에 관한 연구(Recherches sur une Propriété Nouvelle de la Matière)》(1903년). 예일대학교 하비쿠싱·존헤이휘트니 의학도서관.

었다. 그런데 마리 퀴리는 무아상이 기증해준 소량의 우라늄염이 아니라 우라늄 원광으로 실험하기 시작했다. 원광은 순수한 우라늄보다 더 강한 우라늄선을 방출한다. 그들이 만들어낸 새로운 전문용어로 말하자면, '방사성'이 더 강했다.

퀴리 부부는 놀라운 결론에 이르렀다. 원광에 방사능을 가진 불순물이 들어 있는 게 틀림없었다. 게다가 우라늄의 방사능보다 강했다. 마리는 "내 마음은 이 새로운 가설을 빨리 증명하고 싶은 열정으로 불타올랐다"고 썼다.

이를 증명하려면 새로운 방사성 물질을 따로 분리해야 했다. 이트륨 광물에서 희토류 금속을 발견했을 때처럼 다른 새로운 원소들을 분리하는 화학반응을 일으켜야 한다는 뜻이다. 그러려면 용액의 다른 원소들은 두고 그 원소만 고체로 침전시키는 화학반응을 찾아야 했다. 즉 그 새로운 원소가 쉽게 침전되는 다른 원소와 화학적으로 유사하다면, 역시 침전시킬 수 있었다. 방사성 원소는 용액 속에 있는지, 침전물 속에 있는지 언제나 알아낼 수 있다는 장점이 있었다. 방사능을 지니고 있어서 퀴리 부부가 고안해낸 장치로 원소를 추적할 수 있었기 때문이다. 마리 퀴리는 화학자 귀스타브 베몽(Gustave Bémont)의 도움을 받아 우라늄염 용액을 연구했고, 놀랍게도 우라늄 원광에 **두 가지** 방사성 원소가 있는 것으로 나타났다. 하나는 바륨과 비슷했고, 나머지 하나는 비스무트 같은 반응을 보였다.

퀴리 부부는 이 추출법으로 우라늄보다 방사능이 훨씬 더 강한 용액을 만들었다. 1898년 7월, 그들은 프랑스학사원에 다음과 같이 발표했다. "우라늄 원광에서 비스무트와 비슷

▼ 파리 로몽가의 실험실에 있는 연구원 M. 페티(왼쪽)와 퀴리 부부(파리, 1898년경). 런던 웰컴컬렉션.

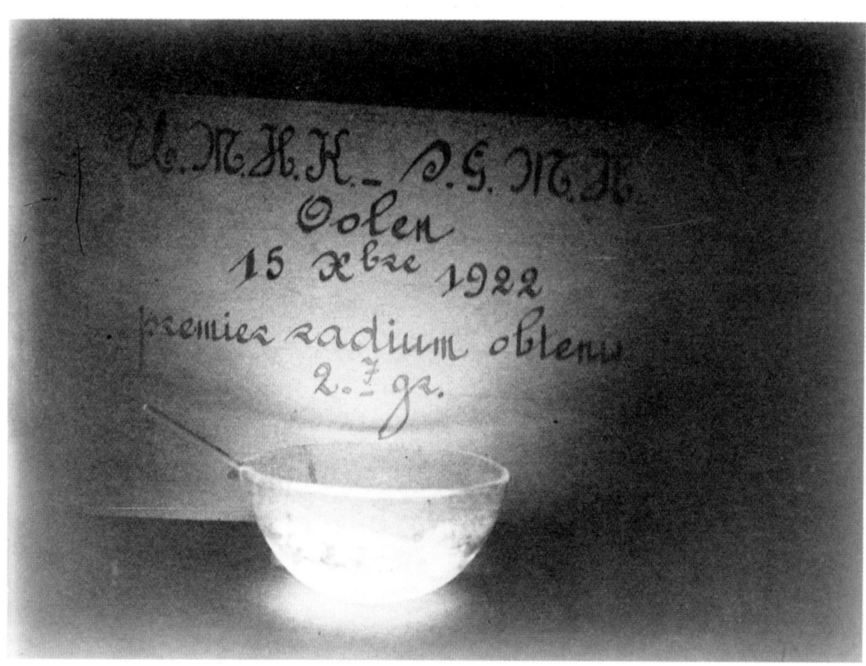

◀ 첫 브롬화라듐이 들어 있는 그릇. 어둠 속에서 자체 인광으로 찍은 사진(1922년). 파리 라듐연구소 퀴리박물관.

▶ 실험장치 스케치와 함께 방사성 물질에 대한 메모를 적은 마리 퀴리의 실험 노트(1899~1902년). 런던 웰컴컬렉션. 방사성 물질에 노출된 퀴리의 노트는 아직도 방사선을 방출한다고 한다.

하지만 한 번도 알려지지 않은 금속을 추출했습니다. (…) 이 금속의 존재가 확인된다면, 우리 중 한 사람의 출신 국가에서 이름을 따 폴로늄(polonium)으로 명명하자고 제안합니다." 당시 폴란드는 제정 러시아의 지배를 받았고, 마리 퀴리는 폴란드의 문화적 독립을 주장하고자 한 것이다.

하지만 그들이 제일 먼저 찾고 싶었던 원소는 바륨과 비슷하게 보이던 원소였다. 이 원소의 농축 용액을 만든 그들은 새로운 스펙트럼선을 확인할 수 있었다. 알려지지 않은 원소가 있다는 자명한 징후였다. 방사능이 너무 강해서 수용액의 물이 밝게 빛났다. 이 빛을 보자마자 피에르는 1898년 크리스마스 무렵 실험 노트에 적어놓은 이름을 떠올렸다. 라듐(radium)이었다. "농축된 라듐이 들어 있는 수용액이 온통 빛을 내뿜는 것을 지켜보며 남다른 기쁨으로 들떴다"고 마리는 기록했다.

마리는 더 순수한 라듐 시료를 분리하기 위해 열심히 연구했다. 연구실은 물리화학학교 건물에 딸린 창고 같은 곳이었고 난방도 되지 않았다. 그래도 마리는 불평하지 않았다. 마리는 이렇게 회고한다. "우리가 연구하며 즐거웠던 일을

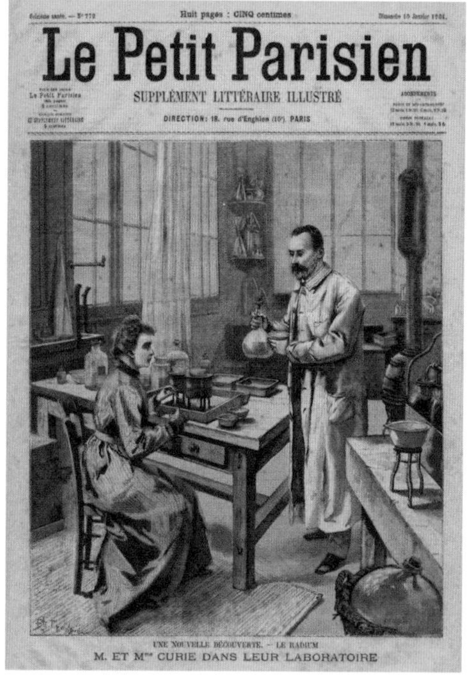
Huit pages : CINQ centimes

Le Petit Parisien

SUPPLÉMENT LITTÉRAIRE ILLUSTRÉ

DIRECTION: 18, rue d'Enghien (10e), PARIS

UNE NOUVELLE DÉCOUVERTE. — LE RADIUM

M. ET Mme CURIE DANS LEUR LABORATOIRE

▲ 노벨상을 받기 전 실험실에 있는 퀴리 부부. 《프티파리지앵(Le Petit Parisien)》의 1면 사진(1904년 1월 10일). 메릴랜드 베세즈다 국립의학도서관.

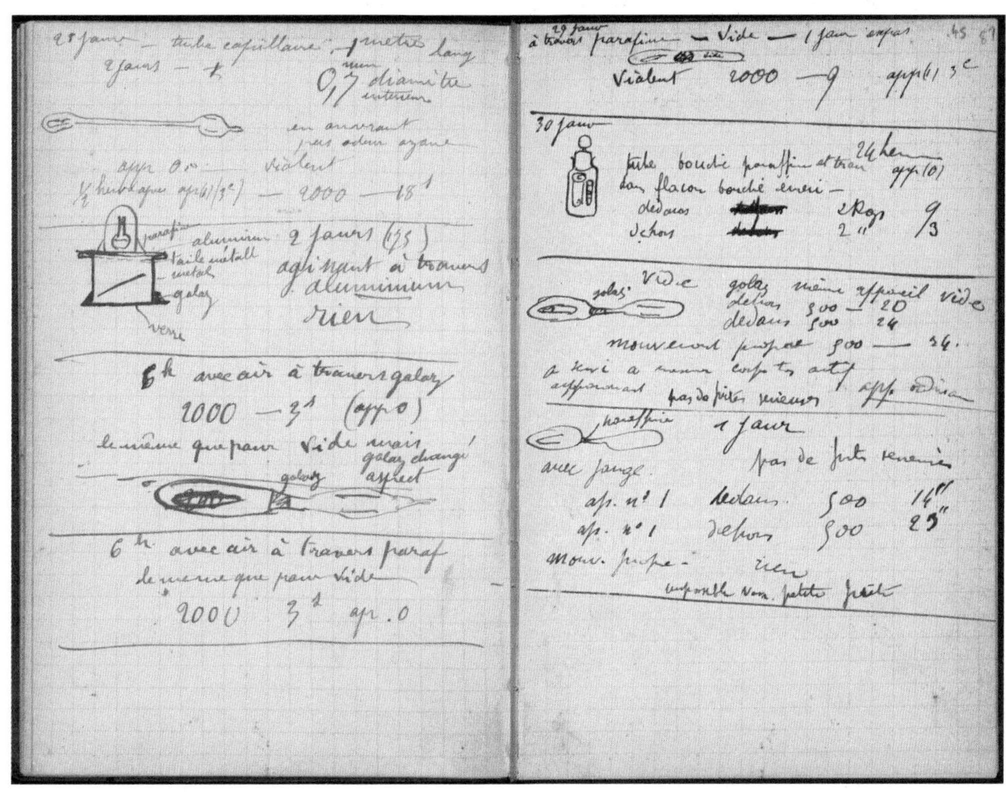

꼽으라면 단연 밤에 연구실로 들어가던 때다. 연구실에 들어서면 농축액을 담고 있는 유리병과 병마개의 가장자리에서 빛이 나는 모습을 사방에서 볼 수 있었다. 정말로 아름다운 광경이었고 매번 새롭게 다가왔다."

1902년이 되어서야 마리 퀴리는 새로운 원소를 발견했다고 주장하는 데 필요한 순수한 라듐 화합물 0.1그램가량을 얻었다. 이제 원자량 등 원소의 성질을 측정할 수 있었다. 마리 퀴리는 1903년 6월 박사학위 논문을 제출했고, 과학계는 이 새로운 방사성 물질에 관한 논의로 떠들썩했다. 방사능이라는 것 자체가 무엇인지에 관해서도 논의가 한창이었다. 방사선은 무한히 계속 방출되는 것 같았다. 이 에너지는 어디에서 나오는 것일까?

같은 해에 마리 퀴리와 피에르 퀴리는 베크렐이 발견한 방사선 현상을 이해한 공로로 베크렐과 함께 노벨 물리학상을 받았다. 두 번의 노벨상을 받은 마리 퀴리의 첫 번째 노벨상이었다. 두 번째 노벨상은 1911년에 화학 분야에서 라듐과 폴로늄을 발견하고 분리한 공로로 받았다.

처음에 사람들은 빛나는 라듐을 기적의 치료제라고 생각했다. 라듐염은 만병통치약처럼 팔렸고, 라듐을 '빛나는 칵테일' 안에 넣어 대접했으며, 라듐 페인트를 시계와 계기판의 다이얼에 발라 어둠 속에서도 숫자를 볼 수 있게 했다. 하지만 1910년대 중반에 라듐이 위험하다는 것이 확실해졌다. 방사선이 건강에 심각한 해를 줄 수 있다는 의견이 점점 힘을 얻었다. 마리와 피에르 역시 빈혈, 피로, 관절통으로 고생했고, 라듐이 든 플라스크를 만진 후면 손가락에 염증이 생기고 피부가 벗겨지곤 했다. 마리 퀴리는 만년에 암 치료에 라듐을 이용하는 방법을 연구했다. 그러던 1934년 7월, 마리 퀴리는 백혈병으로 생을 마감했다. 방사성 물질을 다루는 일을 했기 때문에 백혈병이 생긴 것으로 추정된다.

8장

인간이 만든 원소

◀ 태평양 마셜제도의 에네웨탁 환초 엘루겔라브섬에서 아이비 계획의 일환으로 수행된 최초의 수소폭탄 '마이크' 실험(1952년 11월 1일).

핵의 시대

1905년
알베르트 아인슈타인이 특수상대성이론을 발표했다.

1929년
월가 대폭락과 대공황이 시작되었다.

1939년
나치가 폴란드를 침공하여 유럽에서 제2차 세계대전이 발발했다.

1944년
영국 블레츨리공원에서 최초의 전자 컴퓨터 콜로서스를 작동시켰다.

1945년
히로시마와 나가사키에 원자폭탄을 투하하여 제2차 세계대전이 끝났다.

1957년
소비에트연방에서 세계 최초로 지구 주위를 도는 인공위성 스푸트니크호를 발사했다.

1962년
쿠바 미사일 위기로 미국과 소비에트연방이 13일간 대치하여 세계에 핵전쟁의 위기가 감돌았다.

1969년
아폴로 11호가 달에 착륙하여 닐 암스트롱이 달 표면에 첫발을 내디뎠다.

1989년
베를린 장벽이 무너졌다.

1991년
12월 26일 소비에트연방이 해체되었다.

현대 원자과학(atomic science)은 19세기가 끝나갈 무렵 등장했다. 원자과학이 물리학인지 화학인지조차 분명하지 않았지만, 이 새로운 과학은 드디어 원소의 성질과 구조를 합리적으로 설명했고 물질의 기본 성질에 관한 기존의 확신을 흔들어놓았다.

1908년에 프랑스의 물리학자 장 페랭(Jean Perrin)은 물속에서 식물 수액의 작은 입자들이 움직이는 모습을 현미경으로 측정했고, 입자들의 불규칙한 경로가 알베르트 아인슈타인이 예상한 수학적 규칙을 따른다는 것을 보여주었다. 아인슈타인의 이론은 너무 작아서 보이지도 않는 물 분자가 그 입자들에 영향을 주어서 이와 같은 '브라운 운동'이 일어난다는 아이디어를 바탕으로 했다. 이 결과는 물질이 원자로 만들어진 매우 작은 입자들로 구성되어 있다는 견해를 뒷받침했다. 페랭이 1913년에 출간한 책《원자(Atoms)》로 인해 원자론은 대세로 자리 잡았다. 당시 대부분 과학자는 원자가 존재한다는 직접적인 증거가 없으므로 편의상 도입한 개념에 지나지 않는다며 회의적으로 바라보았지만, 페랭은 이들을 결국 설득했다. 마침내 원자는 실제로 존재하는 것으로 받아들여졌다.

하지만 '쪼개질 수 없다'는 뜻의 이름은 잘못 붙여진 것 같았다. 원자가 물질의 가장 작은 조각이 아니라는 사실이 분명해진 것이다. 1897년, 영국의 조지프 존 톰슨(Joseph John Thomson)은 진공관 속 음으로 대전된 전극에서 방출되는 신비로운 '광선'이 사실은 음전하를 띤 입자들로 구성된 음극선이라는 것을 보였다. 이 입자들은 '전자'라고 불렸고, 전류를 구성하는 요소로 알려졌다. 모든 전자는 출처에 상관없이 동일하기 때문에, 톰슨은 전자가 모든 화학 원소의 원자를 구성하는 요소라고 판단했다. 최초로 밝혀진 **아원자입자**(subatomic particle)였다.

게다가 원자에 들어 있는 전자의 수가 주기율표에서 원소의 자리를 결정하는 원자번호와 같다는 사실이 곧 밝혀졌다. 원자번호는 가장 가벼운 원소에서 가장 무거운 원소까지 무게에 따라 일렬로 나열하고 순서대로 번호를 매긴 것 이상의 의미를 함축하고 있었다. 원소 내 원자들의 **구조**에 관한 심오한 내용을 부호로 표현한 것이었다.

이후 방사능의 발견을 계기로 원자의 구조에 관해 더 많은 것을 알게 되었다. 과학자들은 우라늄 같은 방사성 물질에서 나오는 방사선 일부가 원자에 속한 매우 작은 입자들이라고 추론했다. '베타선'은 '베타 입자'로 밝혀졌는데, 톰슨이 밝혀낸 전자와 같은 것이었다. 그리고 20세기 초반 뉴질랜드의 물리학자 어니스트 러더퍼드가 알파선이 양전하를 띤 입자임을 밝혔다. 그는 1908년에는 맨체스터대학교에서 수행한 멋진 실험을 통해 전자가 제거된 헬륨 원자가 알파선이라는 것을 보였다.

러더퍼드는 캐나다 몬트리올의 맥길대학교에서 화학자 프레더릭 소디와 함께 연구해 방사

▲ 플루토늄 핵폭탄이 사용된 트리니티 실험. 뉴멕시코 화이트샌즈 실험장(1945년 7월 16일).

다는 사실을 알게 되었다. 플루토늄-239는 우라늄에 중성자를 충돌시켜 인공적으로 만들어야 했다. 플루토늄-239 생산 공장이 빠르게 건설되었고, 1945년까지 시험용 핵폭탄을 만들 수 있는 양인 플루토늄 수 킬로그램이 생산되었다. 7월 16일, 플루토늄 핵폭탄이 뉴멕시코 사막의 실험장에서 폭발했다. 두 번째 플루토늄 핵폭탄은 8월 9일 나가사키에 투하되었고, 이 폭발로 약 7만 명이 목숨을 잃었다. 인공적인 초우라늄 원소의 등장은 상상할 수 없을 정도로 끔찍했다.

입자가속기로 만든 원소들

아메리슘, 퀴륨, 버클륨, 캘리포늄

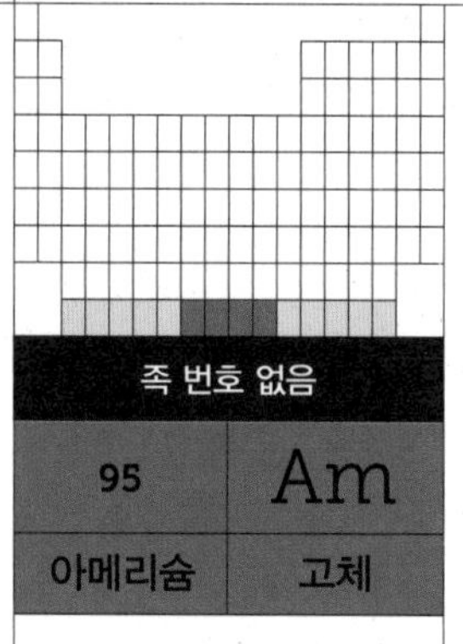

족 번호 없음

95	Am
아메리슘	고체

악티늄족
원자량: (243)

족 번호 없음

96	Cm
퀴륨	고체

악티늄족
원자량: (247)

족 번호 없음

97	Bk
버클륨	고체

악티늄족
원자량: (247)

족 번호 없음

98	Cf
캘리포늄	고체

악티늄족
원자량: (251)

우라늄 원자핵에 양성자와 중성자를 충돌시켜 우라늄보다 원자번호가 큰 원소를 만들게 되자, 과학자들은 이 과정을 계속할 수 있음을 깨달았다. 처음에는 초우라늄 원소로 넵투늄과 플루토늄을 만들었고 다음에는 더 많은 입자를 우라늄 원자핵에 충돌시켰다.

1944년, 이 방법으로 버클리 연구소 소속 글렌 시보그와 그의 동료들이 원자번호 95번과 96번 원소를 만들었다. 그해 여름, 플루토늄-239에 알파 입자를 충돌시키자 96번 원소가 먼저 만들어졌다. 95번 원소는 중성자 2개를 플루토늄에 충돌시키자 만들어졌다. 두 원소는 국가 기밀로 취급되었다가 전쟁이 끝나고 나서야 정식으로 명명되었다. 96번 원소는 위대한 과학자의 이름을 따서 명명하는 관행의 시작이 되었다. 제일 먼저 그 영예를 안을 사람이 누구일까? 방사화학의 전 영역을 개척한 마리 퀴리와 피에르 퀴리였다. 96번 원소는 퀴륨이 되었다. 하지만 95번 원소의 명명에 관해서는 국가주의적 의견이 득세했다. 냉전 초기였기 때문에 그러한 압박이 더 강했다. 95번 원소의 이름은 아메리슘이 되었다.

전시(戰時)에는 이 두 원소의 생산과 관련하여 모든 것이 국가 기밀이었지만, 종전 후에는 유례없이 가벼운 방식으로 대중에게 발표되었다. 1945년 11월 시보그가 미국의 어린이 라디오쇼에 출연하여 청취자의 질문에 답하며 이 원소를 언급한 것이다. 미국화학회에서 공식적으로 두 원소의 발견을 발표하기 바로 며칠 전의 일이었다.

새로운 방사화학자들은 이 새로운 원소들을 화학적 독립체로 볼 수 있는지 의문을 제기하기 시작했다. 이들은 어떻게 다른 원소들과 결합하는가? 그리고 이 원소들 역시 주기율표에 있는 경향과 규칙성에 따라 행동하는가? 천연의 원소들이 따르는 화학적 논리와 같은 화학적 논리를 따르는가? 시보그는 퀴륨과 아메리슘의 화학적 성질에서 예상치 못한 패턴을 알아채기 시작했다. 주기율표에서 보면, 원자번호 95번 아

▶ 글렌 시보그(왼쪽)와 에드윈 맥밀런. 방사성 원소를 연구하는 방사화학 분야의 업적으로 1951년에 노벨상을 받았다. 캘리포니아 로런스버클리국립연구소.

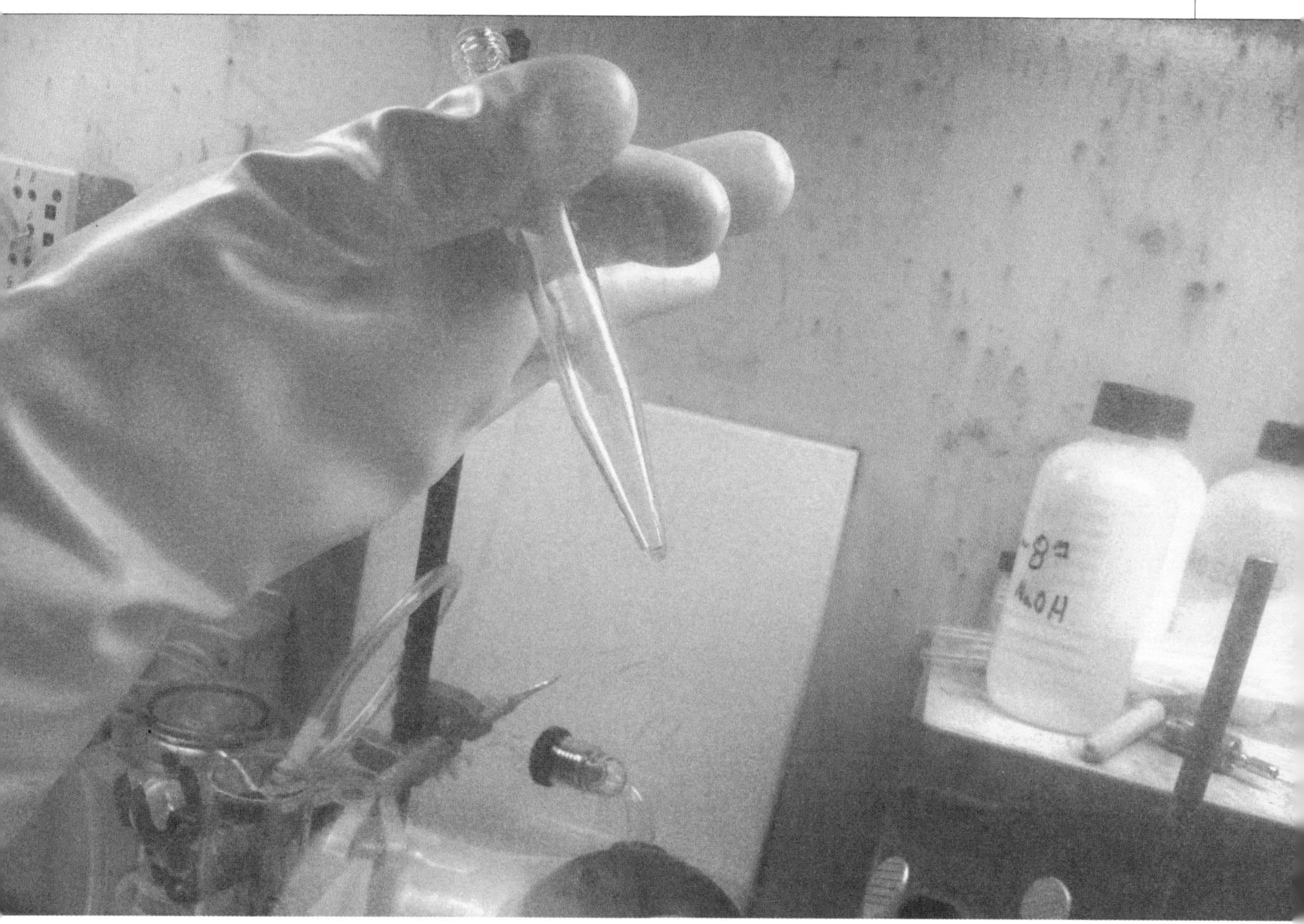

▲ 테네시 오크리지국립연구소의 원자로에서 만든 버클륨-249 13밀리그램이 들어 있는 바이알 병. 버클륨-249는 2009년에 '인공' 원소 테네신을 만드는 데 사용된다.

메리슘 위에는 77번 이리듐이, 96번 퀴륨 위에는 78번 백금이 자리하는데 이들 각각은 서로 유사하지 않았다. 아메리슘과 퀴륨은 오히려 란타넘(원자번호 57)과 하프늄(원자번호 72) 사이에 끼어 있는 14개 란타넘족 원소들의 화합물과 비슷한 화합물을 형성하는 것으로 밝혀졌다. 시보그는 이들이 악티늄, 토륨(원자번호 90)으로 이어지는 일련의 유사한 원소들로 구성된 족의 일부라고 제안하고 이들을 악티늄족 원소라고 불렀다.

시보그와 앨버트 기오르소(Albert Ghiorso)가 이끄는 버클리 연구팀은 다음 단계로 나아갔다. 아메리슘과 퀴륨에 알파 입자를 충돌시켜서 원자핵의 양성자의 수를 계속 늘려 나갔다. 이런 방식으로 1949년에 원자번호 97번 원소를 만들었다. 다음 해에는 원자번호 98번 원소가 잇따라 만들어졌다. 그들은 원자번호 97번 원소를 버클륨, 98번 원소를 캘리포늄이라고 명명했다. 《뉴요커》는 이름에 관해 농담을 던지기도 했다. 이 원소들은 버클리에 있는 캘리포니아대학교(University of California at Berkeley)에서 만들어졌으니 '유니버시튬(universitium)'과 '오퓸(offium)'이라고 명명하고, 다음에 발견될 새로운 원소들을 위해 버클리와 캘리포니아를 남겨놓았다면 버클리 연구팀이 발견했다는 사실을 더 자세하게 알 수 있지 않겠냐고 말이다. 버클리 연구팀은 뉴욕 과학자들이 그다음의 두 원소를 '뉴윰'과 '요키윰'으로 명명해 공을 빼어갈지도 모른다고 농담했다.

이 농담은 중요한 변화를 시사한다. 원소를 발견한 나라 혹은 지역, 도시의 이름을 따서 새 원소를 명명하는 전통은 오래전부터 당연한 일이었다. 하지만 버클리 연구팀부터 발견을 이룬 기관의 이름을 원소의 이름에 넣기 시작했다. '우리가 최초'라는 의기양양한 선언이었다. 그들이 정말로 뉴욕의 연구자들과 치열하게 경쟁한 것은 아니었지만, 원소 만들기는 국제적인 스포츠가 되고 있었다. 당시 대부분의 경쟁이 그러했듯, 냉전 시대의 긴장과 부담에 시달려야 하는 경쟁이었다.

연구하기 어려운 원소들

새로운 원소 중 일부는 상당히 안정적이어서, 맨눈으로 볼 수 있을 만큼의 양을 축적해 분리할 수도 있었다. 아메리슘의 동위원소로 제일 먼저 만들어진 아메리슘-241(^{241}Am)은 반감기가 432년이고, 아메리슘-243(^{243}Am)은 7370년이다. 이 원소는 여러 가지로 사용할 수 있었다. 대표적으로 연기 감지기 내부에 들어가는 감마선의 원료로 쓰였다. 감마선은 공기 중의 분자에 있는 전자들과 부딪혀서 이 분자들을 이온화하고, 회로 안의 두 전극 사이에 미세한 전류가 흐르게 한다. 연기 입자가 방에 들어가서 그 전류를 차단하면, 경보가 울린다. 퀴륨의 동위원소로 가장 먼저 만들어진 퀴륨-242(^{242}Cm)는 반감기가 160일 정도밖에 되지 않는다. 하지만 이보다 무거운 일부 동위원소들의 경우에는 반감기가 수천 년, 수백만 년에 이르는 것도 있다.

버클륨부터는 원소의 안정성이 흔들리기 시작한다. 첫 번째 버클륨 동위원소 버클륨-243(^{243}Bk)의 반감기는 4시간 반밖에 되지 않는다. 반면에 버클륨-247(^{247}Bk)은 반감기가 1380년으로 서서히 붕괴한다. 캘리포늄의 첫 번째 동위원소는 반감기가 44분이었다. 초우라늄 원소들을 연구하고 싶다는 화학자들의 바람에도 불구하고 원소가 무거워질수록 연구가 어려워진다는 사실이 분명해졌다.

▶ 베바트론 입자가속기의 차폐물 위에 있는 에드윈 맥밀런(왼쪽)과 에드워드 로프그렌(1950년대). 캘리포니아 로런스버클리국립연구소.

TR 4
WT 58,000
TR 4
WT 58,000
TR 1
WT 58,000
ET 14
WT 6000 LBS.
E IV 13
WT. 15 500 LBS.
E IV 12

핵폭탄 실험에서 생긴 원소들
아인슈타이늄과 페르뮴

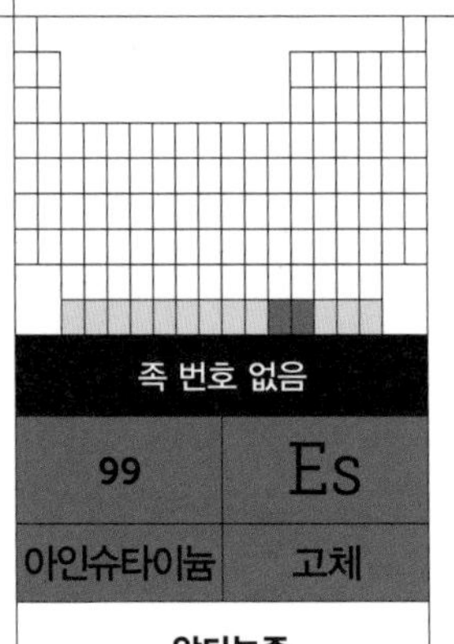

족 번호 없음
99
Es
아인슈타이늄
고체

악티늄족
원자량: (252)

족 번호 없음

100	Fm
페르뮴	고체

악티늄족
원자량: (257)

1938년에 우라늄 핵분열이 발견되자, 과학자들은 핵분열 과정을 통제하는 방법을 알기만 한다면 수십 년 동안 원자핵 안에 갇혀 있다고 알고 있던 어마어마한 양의 에너지를 필요에 따라 이용하고 방출할 수 있다는 사실을 알게 되었다. 전쟁이 끝날 무렵에는 핵 원자로를 만드는 방법과 핵폭탄을 만드는 방법을 모두 이해하게 되었다.

그 이상의 것도 가능했다. 1919년에 프랜시스 애스턴(Francis Aston)은 원소의 원자량을 매우 정밀하게 측정하는 실험도구를 발명하여 원소의 질량은 정확히 수소 원자(양성자) 질량의 정수배가 되지 않는다는 사실을 알게 되었다. 정확히 말해서 원소의 질량은 그보다 약간 가벼웠다. (중성자에 대해서는 당시 전혀 알려지지 않았다.) 이 부족한 질량은 핵입자들이 **핵융합**을 거쳐 더 무거운 핵을 형성할 때 아인슈타인의 관계식 $E=mc^2$을 따라 에너지로 변환된다고 애스턴은 판단했다. 감소된 질량은 매우 적었지만, 이는 핵융합에서 방출되는 에너지가 엄청나게 크다는 것을 의미했다. 애스턴은 "물컵 안에 있는 수소가 헬륨으로 바뀌게 되면 대형 여객선이 전속력으로 대서양을 왕복할 수 있을 정도의 에너지를 방출할 것"이라고 기록했다.

연구자들은 이런 핵융합 과정으로 태양과 같은 항성에서 에너지가 생성된다는 것을 이해했다. 태양에서는 매초 약 6억 톤의 수소가 헬륨으로 변환된다. 하지만 이것으로 핵융합 과정이 끝나는 것이 아니다. 항성에서 수소 대부분이 헬륨으로 변환되고 나면 항성이 수축하여 온도와 압력이 크게 올라가고 헬륨이 핵융합을 시작하여 탄소나 산소 같은 무거운 원소로 변환된다. 마지막 단계에는 이 무거운 원소들 또한 융합하여 소듐, 마그네슘, 실리콘 등의 원소들이 만들어진다. 다른 말로 하면, 항성은 자연의 원소 공장이다. 이곳에서 핵융합 반응을 통해 모든 자연의 원소들이 만들어진다.

낙진

핵과학자들은 핵분열보다 핵융합으로부터 더 많은 에너지를 얻을 수 있다는 사실을 깨달았다. 이 에너지를 방출시키려면 수소를 엄청나게 조밀하고 뜨겁게 만들어야 하는데 이런 상황을 인위적으로 만드는 건 쉽지 않다. 태양과 같이 수소 원자들이 융합하는 조건을 만드는 것은 비현실적이지만, 동위원소 수소-2(중수소)와 수소-3(삼중수소)는 그만큼 극단적인 상황이 아니더라도 융합할 수 있었다. 1942년, 이 과정으로 우라늄 핵분열 폭탄보다 몇 배 강한 '초강력 폭탄'을 만들 수 있다는 것을 엔리코 페르미와 헝가리계 미국인 물리학자인 에드워드 텔러(Edward Teller)가 깨달았다. 텔러는 나치와 소련이 이 폭탄을 만드는 방법을 알아내기 전에 미국 정부가 이를 더 연구해야 한다고 주장했다.

제2차 세계대전 동안, 맨해튼프로젝트는 핵분열을 이용한 핵폭탄을 연구하는 데 총력을 기울이고 있었다. 그래서 이른바 '수소폭탄'(열이 핵반응을 유도하기 때문에 열핵 폭탄이라고도 한다)은 그 이후에야 개발되었다. 1952년, 암호명이 '마이크'인 최초의 수소폭탄 실험이 태평양 마셜 제도의 에네웨탁 환초에서 수행되었다. 히로시마 원자폭탄보다 1000배 더 강력한 이 폭탄은 실험장이었던 작은 섬을 모두 날려버렸다. 3년 후에 소련도 첫 번째 수소폭탄 실험을 하여 상호확증파괴(MAD)의 시대를 열었다.

그런데 '마이크' 실험으로 과학은 놀라운 보상을 받았다. 버섯구름 사이를 통과하여 날던 비행기의 필터와 환초 인근의 산호를 버클리연구소로 보내 방사능 낙진을 분석했다. (필터 시료를 수집하던 한 비행기는 폭탄에서 나온 전자기 펄스가 전자 장치의 신호를 교란하는 바람에 경로를 이탈했다. 연료 부족으로 태평양에 불시착한 비행기의 조종사는 안타깝게도 목숨을 잃었다.) 방사화학자들은 두 가지 새로운 원소가 존재한다는 증거를 발견했다. 원자번호 99번과 100번 원소였다. 그들은 수소폭탄을 만드는 데 필수적이었던 방정식($E=mc^2$)을 만든 과학자의 이름을 따서 99번 원소를 아인슈타이늄으로 명명했다. 100번 원소는 핵에너지를 이해하고 이용하는 데 선도적인 역할을 한 페르미의 업적을 기려 페르뮴이라고 불리게 되었다. 보안상의 이유로 두 원소의 발견은 1955년에야 발표되었다. 두 이름이 제안되었을 때까지는 아인슈타인과 페르미가 살아 있었지만, 이 원소들의 공식 발표는 둘 다 생전에 보지 못했다.

초중량원소를 찾아서

수소폭탄의 낙진 속 무거운 원소들은 핵분열 폭탄에 사용된 우라늄에서 만들어졌다. 폭탄이 터지면 이것이 도화선이 되어 갑자기 중수소와 삼중수소의 핵융합 반응에 불이 붙는데, 우라늄 원자에 중성자가 많기 때문이다. 1954년 버클리연구

▲ 칠판 앞에 있는 엔리코 페르미(1940년대경). 워싱턴 D.C. 미국에너지부.

팀은 실험실에서 플루토늄과 캘리포늄에 중성자를 발사하여 그 두 원소를 만들었다고 보고했다.

그보다 몇 달 전, 스웨덴 노벨물리학연구소 소속 연구팀도 페르뮴을 만들었다. 그들은 이 초우라늄 중원소를 만드는 새로운 방법을 보였다. 표적이 되는 원소의 핵 안에 중성자나 알파 입자를 집어넣어 한 번에 원자번호를 1이나 2 늘리는 방식이 아니라, 입자가속기 안에서 우라늄 핵을 향해 산소 이온을 발사하여 사실상 새로운 덩어리를 우라늄 핵에 추가하는 것이었다. 버클리 연구팀 역시 그 방법을 탐구했고, 이 방법으로 단일한 범주 안에 늘어선 초우라늄 원소들의 열에서 단번에 몇 단계 앞으로 도약할 수 있었다. 상당히 무거운 두 원자핵을 융합시키는 이 방법은 수십 년 후 새로운 '초중량원소'를 만드는 핵심적인 지식이 되었다.

초기의 초페르뮴 초중량원소들

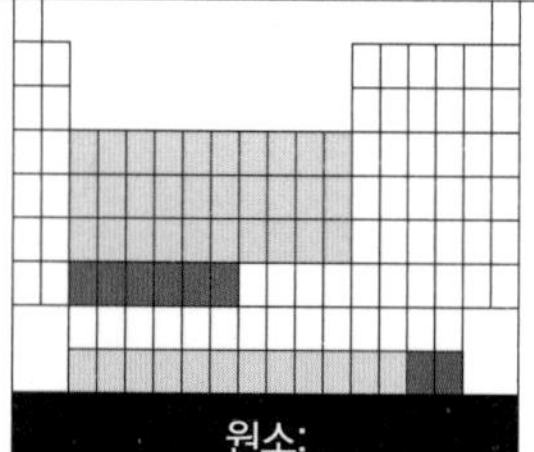

원소:

멘델레븀 101

노벨륨 102

로렌슘 103

러더포듐 104

두브늄 105

시보귬 106

보륨 107

하슘 108

1954년 스웨덴의 과학자들이 우라늄에 산소 이온을 충돌시켜 원자번호 100번 원소를 만들었다고 보고했을 때, 미국과 소련의 과학자들에게는 그들이 갑자기 나타난 것처럼 보였다. 연구비도 적고 실력도 모자랐지만 그들도 경쟁자였다. 1957년 스톡홀름 연구팀은 원자번호 102번 원소를 만들었다는 증거를 제시하고, 알프레트 노벨(Alfred Nobel)의 이름을 따서 그 원소의 이름을 노벨륨으로 명명할 것을 제안했다. 하지만 그들의 자료는 불안정했다. 아무도 그들의 주장을 믿지 않았고, 확인조차 해보지 않았다.

사실 가장 먼저 발견했다고 주장한 것은 소련 연구팀이었다. 1956년 소련 두브나에 있는 합동원자핵연구소(JINR) 소장 게오르기 니콜라예비치 플레로프(Georgy Nikolayevich Flerov)의 연구팀은 플루토늄에 산소 이온을 발사하여 원자번호 102번 원소를 만들었다고 말했다. 그리고 이 원소의 이름으로 졸리오튬을 제안했다. 어머니 마리 퀴리의 뒤를 이어 1930년대와 1940년대 핵과학 분야를 선도한 이렌 졸리오퀴리(Irène Joliot-Curie)와 그의 남편이자 공산주의자인 프레데리크 졸리오(Frédéric Joliot)의 이름을 딴 것이었다.

1958년에 버클리 연구팀은 원자번호 102번 원소의 존재를 처음으로 확실하게 입증한 당사자가 자신들이라고 주장했다. 그들은 퀴륨이 포함된 표적에 탄소 이온을 충돌시켜 102번 원소를 만들었다. 이런 일은 이후 20년 동안 여러 번 반복된다. 경쟁 팀이 새로운 원소에 관한 증거를 제시하면 다른 팀이 이 증거에 의혹을 던지면서 새로운 증거를 발표하는 것이다. 이 주장들은 예나 지금이나 국제순수·응용화학연합(IUPAC)이 전문가 패널들에게 증거에 대한 검토를 요청하여 평가한다. 하지만 냉전 시대에는 이런 국제기구조차 경쟁의 수렁에 빠져들었다. 1957년에 IUPAC는 원자번호 102번 원소에 '노벨륨'이라는 이름을 승인했다. 1956년에 소련 연구팀의 주장이 스웨덴 연구팀의 주장보다 앞서서 발표되었다는 것을 결국 인정받았지만 소용없었다. 1980년대에 이런 논란은 주기율표에서 초중량원소 영역을 혼란의 도가니로 만들었다.

원자번호 104번 원소를 예로 들어보자. 소련은 1964년에 플루토늄과 네온 이온의 핵융합 반응을 통해 원자번호 104번 원소를 만들었다며, 이고르 쿠르차토프(Igor Kurchatov)의 이름을 따서 쿠르차토븀이라고 명명했다. 쿠르차토프는 소비에트 핵과학프로그램의 책임자로 첫 소비에트 원자핵폭탄 제조를 감독했다. 하지만 버클리 연구소의 앨버트 기오르소 연구팀은 이 주장에 이의를 제기했다. 그들은 자신들이 1969년에 캘리포늄과 탄소의 핵융합 반응을 통해 104번 원소를 만들어 처음으로 설득력 있는 증거를 발견했다고 주장했다. 그들은 원자핵의 발견자 어니스트 러더포드의 이름을 따서 원자번호 104번을 러더포듐이

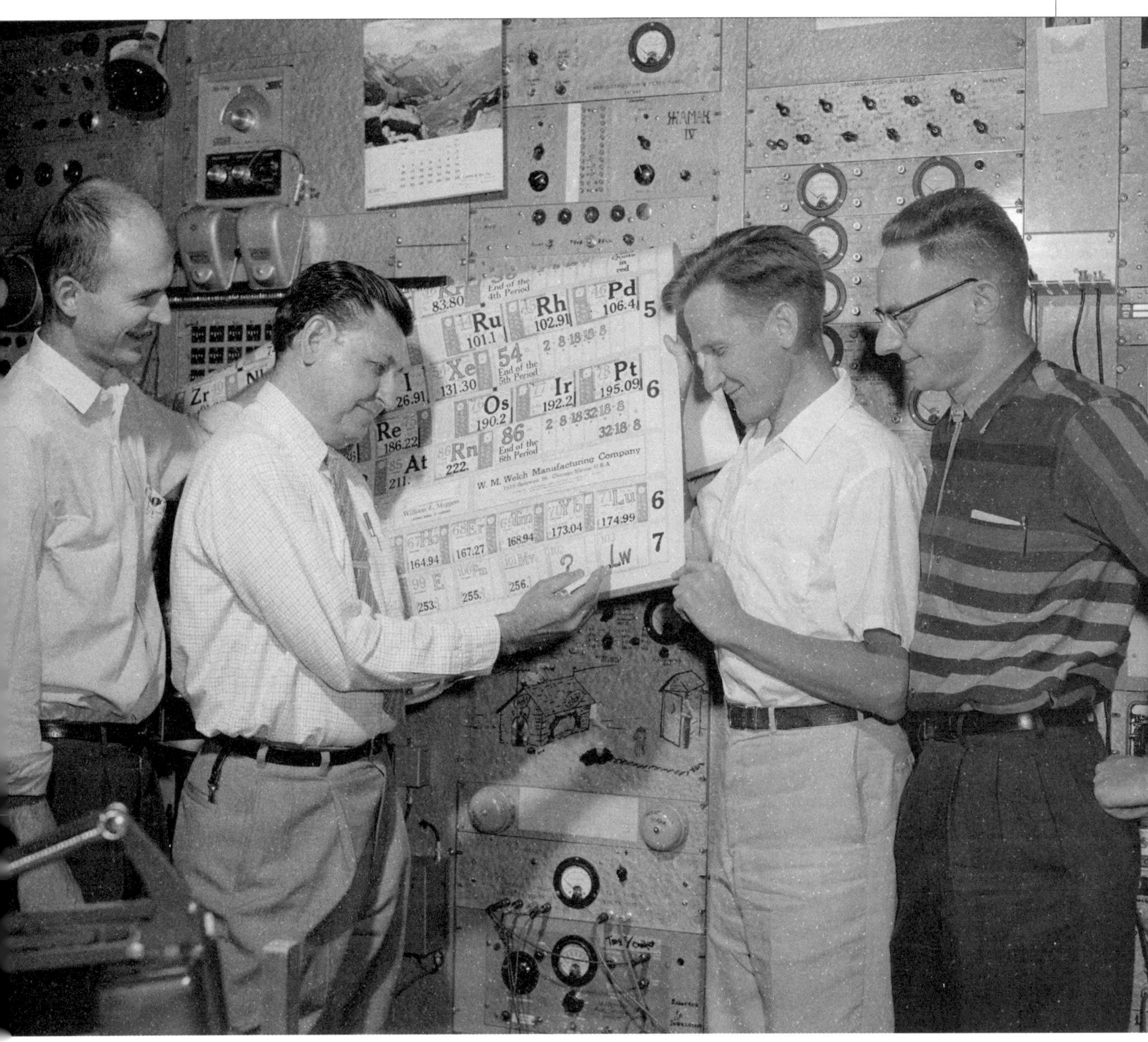

▲ 주기율표 갱신. 앨버트 기오르소가 로버트 라티머, 토르비욘 시켈란트, 알몬 라쉬와 함께 원자번호 103번 칸에 'Lw'(로렌슘의 초기 약자)를 추가했다(1961년). 도널드 쿡시의 사진. 미국 국립문서기록관리청.

라고 명명했다. 소련은 쿠르차토븀이라고 불렀고 미국은 러더포듐을 사용하여, 곧 이 '초페르뮴' 초중량원소들에 관한 보고서는 혼란 속에 빠졌다.

상황은 나빠지기만 했다. 1967년 합동원자핵연구소의 플레로프 팀이 원자번호 105번 원소의 증거를 보고했고, 3년 후에 닐스보륨이라는 복잡하고 긴 이름을 제안했다. 닐스 보어(Niels Bohr)의 이름을 딴 것이었다. 예상대로 기오르소와 버클리 연구팀이 3년 후 자신들이 발견한 원자번호 105번 원소를 발표하며, 오토 한의 이름을 따서 하늄으로 명명할 것을 제안했다. 원자번호 106번 원소가 발견될 때도 마찬가지였다. 원자번호 107번 원소의 경우에는 경쟁자가 더 생겼다. 독일의 중이온연구소(GSI)가 비스무트 같은 표적에 칼슘이나 크로뮴 같은 중이온을 충돌시킬 수 있는 특수한 입자가속기를 건설하여 경쟁에 뛰어들었다. 여기서는 탄소 핵 같은 작은 덩어리를 우라늄 같은 큰 덩어리에 추가로 삽입하는 것이 아니라 중간 크기의 두 원자핵을 합치는 새로운 방식을 사용했다. 그들은 1981년에 원자번호 107번 원소를 만들었다고 말했지만, 소련 연구팀은 이 원소를 이미 5년 전에 생산했다고 주장했다.

1985년, IUPAC는 국제순수·응용물리연맹(IUPAP)과 공동으로 초페르뮴소위원회를 설립하여 원자번호 104~107번 원소에 대한 다양한 주장을 평가했다. 1992년 초페르뮴소위원회는 일부 원소의 경우, 우선순위를 명확하게 판단할 수 없다고 선언했다. 1994년에 초페르뮴소위원회는 원자번호 104번 원소의 경우 소련 연구팀의 노고를 인정하는 의미에서 두브늄, 105번 원소는 졸리오튬, 106번 원소는 104번 원소의 이름으로 제안된 러더포듐으로 부르자고 결정했다. 원자번호 107번 원소는 보륨, 108번 원소는 하늄이 되었다.

즉시 이의가 제기되었다. 독일 연구팀이 오토 한의 이름을 따서 하늄으로 부르는 것을 원치 않았다. 대신에 중이온연구소가 위치한 헤세(독일 연방 중 하나)의 이름을 따서 하슘으로 부르고 싶다고 제청했다. 더 큰 논쟁도 있었다. 미국인들은 1994년에 원자번호 106번 원소를 글렌 시보그의 이름을 따서 시보귬으로 부르기 시작했다. 충분히 공평하다고 생각할 수 있다. 시보그가 이 영역에 엄청난 공헌을 했기 때문이다. 문제는 그가 여전히 살아 있다는 것이었다.

끊이지 않는 논란

이제까지 그 어떤 원소도 살아 있는 과학자의 이름을 따서 명명한 적이 없었다. 그에 대한 명확한 '규정'도 없다. 어쨌든 아인슈타이늄과 페르뮴은 두 과학자의 생전에 제안되었다. 그러나 IUPAC가 이것이 이제 전통이 되었다고 판단했던 것 같다. 미국 화학회의 반발을 직면하고 나서 고개를 수그렸던 것이다. 그래서 1997년에 이 원소의 이름들은 다시 분배되었다. 원자번호 104번 원소는 러더포듐, 105번은 두브늄, 106번은 시보귬이 되었다.

이 소동에 초페르뮴 전쟁이라는 별명이 붙었다. 핵화학 분야의 국수주의, 쇼비니즘, 승리주의, 이기주의가 드러나면서 명예가 실추되었다. 우선순위와 명명에 대한 논쟁에 휩싸이다 원소의 화학적 성질에 관한 정말로 중요한 질문이 뒷전으로 밀려났다. 대체로 이 '초중량원소'들의 반감기는 질량이 늘어날수록 짧아졌고, 이 원소들이 만들어지는 속도는 점점 느려졌다. 그러므로 그 중요한 문제의 답을 찾으려면 뛰어난 기술과 독창성을 동원해야 했다.

중이온연구소는 시보귬을 하루에 2~3개밖에 만들어내지 못한다. 그런데 1990년대에 알려진 수명이 가장 긴 시보귬 동위원소의 반감기는 몇 초 정도였다. (2018년의 보고를 보면, 시보귬-269의 반감기는 14분이다.) 중이온연구소의 과학자들은 새로운 실험을 고안했다. 시보귬 원자를 만들기 위해 입자들을 충돌시키고 나서 이 충돌의 잔해에서 시보귬 원자를 빠르게 분리해 기체가 흐르는 튜브를 타고 특정 공간으로 들어가게 한다. 이 안에서 얼마 되지 않는 시보귬 원자들이 산소 등과 화학 반응을 일으켜 화합물을 형성하면 시보귬을 빠르게 분석할 수 있었다. 모든 것이 2~3초 만에 이루어져야 했다. 시보귬 원자가 붕괴한다는 사실 때문에 이 실험에서 시보귬 원자가 특유의 에너지 수준에서 방출하는 알파 입자로부터 시보귬 원자를 볼 수 있었다. 이와 같은 방식으로 시보귬 화합물의 구성도 파악할 수 있었다. 연구자들은 이런 식으로 보륨과 하슘의 연구에도 성공했다. 하지만 이 원소들보다 더 무거운 원소는 대개 반감기가 너무 짧아 무언가를 추론할 수 없었다.

이토록 초중량원소들의 화학적 성질을 알아내려고 하는 이유는 원소 주기율의 체계가 매우 무거운 인공 원소의 영역에서도 적용되는지 궁금했기 때문이다. 주기율표의 체계가 극단적인 원소에서도 적용될까?

▶ 캘리포니아 로런스버클리국립연구소에서 초우라늄 원소를 칠판에 적고 있는 글렌 시보그(1951년 11월). 미국 국립문서기록관리청.

94-Plutonium
95-Americium-63-Europium
96-Curium -64-
97- -65-Terbium
-66-

주기율표의 마지막 줄

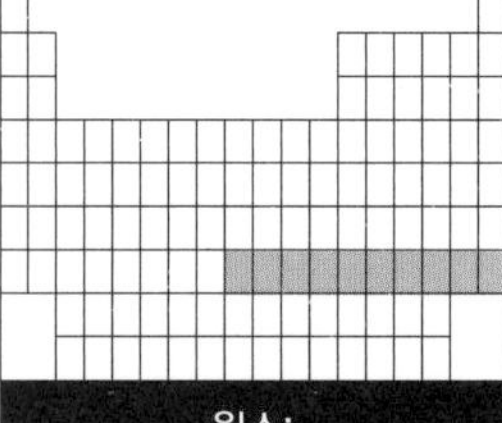

원소:

마이트너륨 109

다름슈타튬 110

뢴트게늄 111

코페르니슘 112

니호늄 113

플레로븀 114

모스코븀 115

리버모륨 116

테네신 117

오가네손 118

냉전이 종식되면서 초페르뮴 전쟁도 함께 수그러들었다. 오늘날 새로운 초중량원소 연구는 1990년대보다 훨씬 협력적인 분위기에서 이루어진다. 연구가 어려워서 서로 도와야 하기 때문이다. 원자번호 108번 이상으로 주기율표를 확장하는 것은 대단히 어려워서 여러 나라의 연구팀이 협력해야 한다. 시료를 나누고, 상대의 주장을 확인하거나 입증하고, 전문가의 조언을 얻어야 한다.

경쟁은 다음의 초중량원소를 먼저 얻어냈다고 끝나는 것이 아니다. 더 중요한 것이 많이 있다. 연구팀들은 이미 알려진 초중량원소들을 축적해서 그 화학적 성질을 연구하고, 들뜬 상태에서 핵분열한 원자핵이 무엇으로 인해 다시 안정하게 되는지를 파악하려고 노력한다.

1981년부터 1996년까지 독일의 중이온연구소 연구팀은 원자번호 107번부터 112번에 해당하는 원소들을 모두 만들었다. 112번 원소는 니콜라우스 코페르니쿠스의 이름을 따서 코페르니슘이라고 명명했다. 이 원소는 1996년에 납 원자에 아연 이온 빔을 쏘아 처음으로 발견했다. 비슷한 무게를 가진 중간 크기의 두 원자핵을 융합하는 방식을 '상온핵융합'이라고 한다. 가벼운 핵끼리 합치는 방법은 무거운 원소에 훨씬 작은 원자핵을 흡수시키는 방법보다 에너지가 적게 들어 낮은 온도에서 융합이 가능했다. 이 발견은 공식적으로 인정받지 못하다가 2009년에 받아들여졌다.

2021년 현재 주기율표의 원소 개수는 총 118개다. 맨 마지막 원소는 헬륨을 필두로 불활성 기체들이 늘어선 열의 맨 아래에 있다. 이 원소의 이름은 2002년에 이 원소를 처음으로 발견한 러시아 두브나 합동원자핵연구소 연구진의 리더 유리 오가네시안(Yuri Oganessian)의 이름을 따서 오가네손이 되었다. 시보귬 이후로 살아 있는 과학자의 이름을 딴 유일한 원소였다. 캘리포늄과 칼슘 이온을 융합시켜 검출했을 때 오가네손 원자가 1~2개밖에 만들어지지 않았는데 바로 알파 붕괴를 했고, 반감기는 0.69밀리초밖에 되지 않았다. 이 원소의 발견은 2006년에 합동원자핵연구소와 로런스리버모어국립연구소 소속 미국 과학자들의 공동 연구를 통해 확인되었다.

그렇게 빨리 사라지는 원소는 발견을 확신하기도, 확인하기도 어렵다. 2015년 12월, IUPAC와 IUPAP로 구성된 위원회는 두브나와 리버모어 연구진의 노력으로 원자번호 115번, 117번, 118번 원소에 대한 신빙성 있는 증거가 보고되었다고 선언했다. 2003년 합동원자핵연구소에서 처음으로 발견된 원자번호 115번 원소는 두브나가 모스크바에 있기 때문에 모스코븀이라고 명명되었다. 가장 최근에 발견된 원자번호 117번 원소는 테네신이라고 불린다. 이 원소도 합동원자핵연구소에서 만들었지만 이 실험에 테네시 오크리지국립연구소

▶ 독일 다름슈타트 인근에 있는 GSI 헬름홀츠중이온연구센터에서 새로운 원소를 만들 때 사용하는 범용선형가속기(UNILAC)의 구조.

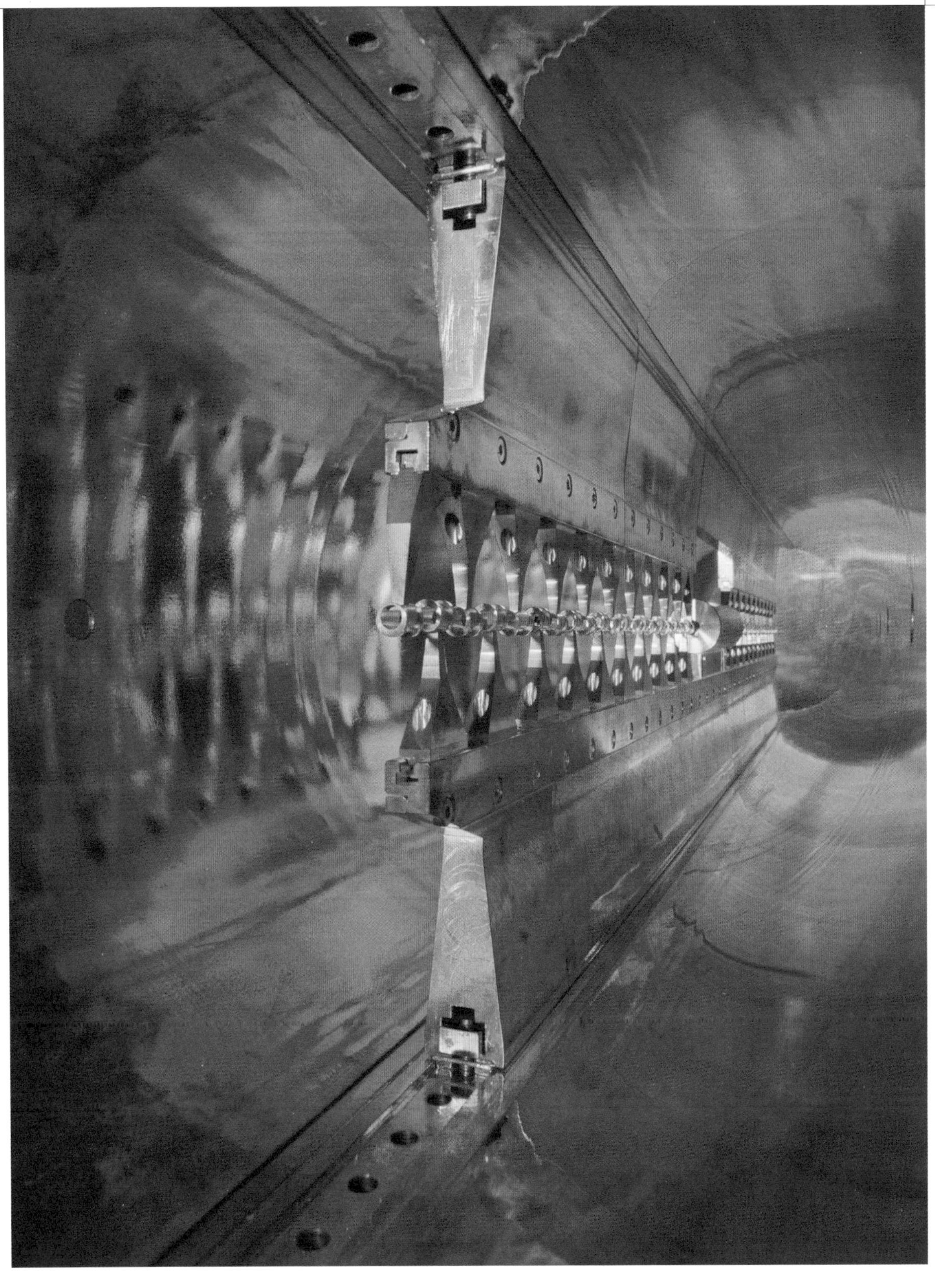

에서 생산한 버클륨 원자를 사용했기 때문이다. 2008년 12월에 총 22그램 만들어진 버클륨 시료는 반감기가 330일밖에 되지 않았다. 이 중에서 9일은 이 인공 원소를 정제하는 데 써버렸다. 가능한 한 빨리 두브나로 보내 원자 충격 실험을 해야 했다. 고방사능 물질을 외국에 보내려면 엄격한 서류심사를 거쳐야 한다. 그런데 담당자가 모스크바행 비행기에서 방사성 물질 증명 서류를 놓고 내렸다. 그는 뉴욕으로 돌아갔다. 두 번째로 모스크바에 도착했을 때는 러시아 세관이 문제를 발견해서 다시 대서양 너머로 돌려보냈다. 이렇게 러시아에 입국이 허용되기까지 총 5번 비행기를 타게 되었다. 소중한 버클륨 원자는 점점 줄어들었다. 다섯 번째 입국 시도 때도 러시아 세관 직원이 내용물을 확인하기 위해 용기를 열어보려 했지만 힘들게 설득해서 결국 단념하게 만들었다. 버클륨 시료에 칼슘 이온을 발사하고 150일 후인 2010년 4월, 러시아-미국 연구진은 원자번호 117번 원소 6개를 목격했다고 발표하였고, 테네신이라고 불리게 되었다.

IUPAC와 IUPAP의 위원회는 또한 2004년, 일본 니시나가속기과학연구센터 연구진이 원자번호 113번 원소를 처음으로 만들었다고 선언했다. 일본 연구진은 중이온연구소에서 개척한 신기술인 '상온핵융합' 방식(이 이론은 유리 오가네시안이 개발했다)을 이용하여, 아연 이온을 비스무트 원자와 융합했다. 이것은 일본에서 처음으로 발견한 초중량원소였고, 연구진은 자국의 일본어 이름을 따서 니호늄이라고 명명했다.

지나치게 무거운 원소들과 관련하여 가장 궁금한 점은 이들이 화학 반응을 할 때 멘델레예프의 주기율표를 바탕으로 하는 주기성을 여전히 나타내는지다. 특수상대성이론의 영향으로 주기율표의 경향이 초중량원소들에는 맞지 않을 수 있다. 1905년에 아인슈타인이 고안한 특수상대성이론은 극도로 빠르게 운동하는 물체에 관해 기술한다. 이 원자들의 내부 궤도를 도는 전자들은 많은 양전하를 가진 원자핵과 강한 전기적 상호작용을 하기 때문에 에너지가 매우 높고, 따라서 속도가 매우 빠르다. 특수상대성이론에 따르면 속도가 빨라진 전자는 질량도 커진다. 그러면 이 전자들은 원자핵 쪽으로 더 끌어당겨져서 핵전하와 외각 전자들을 더 잘 차단한다. 이 '상대론적 효과'는 외각 전자들의 에너지를 달라지게 만들어 원자의 화학적 반응성에 영향을 준다. 상대론적 효과가 원자에 영향을 준다는 사실은 우리가 알고 있는 원소들의 속성을 통해 이미 입증되었다. 예를 들어, 상대론적 효과로 인해 금은 노란색을 띠게 되고, 수은은 녹는점이 낮아졌다. 두브늄(원자번호 105번)과 같은 초페르뮴 원소 역시 이러한 영향을 받는다는 것이 밝혀졌다.

초중량원소의 화학적 성질을 알아내는 것은 불가능에 가깝다. 이 원소의 원자는 한 번에 1~2개밖에 만들어지지 않는 데다 매우 빠르게 붕괴하기 때문이다. 그래도 두어 가지 단서는 얻었다. 상대적으로 단순하고 빠른 한 가지 방법은 기체 원자들이 고체 표면에 얼마나 강하게 흡수되는지 측정하는 것이다. 중이온연구소에서 수행한 실험들에 따르면, 플레로븀(원자번호 114번)은 바로 위에 있는 원소(납)처럼 금속이지만 약한 화학 반응을 보이는 반면, 니호늄(원자번호 113번)은 금의 표면에 강한 화학 결합을 형성한다.

이렇게 지나치게 무거운 초중량원소들의 경우, 화학 반응의 규칙이 완전히 무너질 수 있다. 원소가 어떻게 반응하느냐는 원자 껍질에 전자가 배열된 방식에 좌우된다. 하지만 원자핵이 너무 커지면, 전자껍질이 흐릿해지기 시작해서 껍질들이 서로 거의 구분되지 않는 전자구름 같은 것을 만들기 때문에 단순하게 설명하기가 어려워진다. 오가네손에서 바로 이런 결과가 예상되었다. 그 어떤 실험으로도 오가네손의 화학적 성질을 알아내지 못했다. 가장 반감기가 긴 동위원소도 반감기가 1밀리초도 안 된다. 그래서 과학자들은 양자역학의 방정식을 통해 계산된 예상에 의존할 수밖에 없다. 이 예상에 따르면 오가네손은 철벽대는 희미한 전자 덮개가 있어서 주기율표에서 그 위에 있는 비활성 기체들과는 다르다. 오가네손은 더 쉽게 화학 결합을 형성해야 하고, 오가네손 원자들(물론, 많이 만들 수 있다면)은 기체 상태로 서로 멀리 떨어져 있는 것이 아니라 서로 뭉쳐져서 고체가 되어야 한다.

▲ 새로운 초중량원소 113번(니호늄)을 발견한 모리타 고스케가 주기율표에서 니호늄의 자리를 가리키고 있다(2015년).

안정성을 찾아서

많은 과학자가 곧 원자번호 119번과 120번 원소를 보게 되리라고 전망한다. 하지만 이 원소들이 생산될 확률은 매우 낮다. 현재의 기술로는 운이 좋아야 1년에 하나다. 매우 오래 걸리는 게임이 될 것이다.

핵과학자들은 핵 안에 '특정한' 수의 양성자와 중성자가 있는 동위원소의 경우 '안정성의 섬'이 된다고 추측했다. 전자들이 껍질에 배열되어 있는 것처럼, 양성자와 중성자 역시 껍질 구조를 갖고 있다. 비활성 기체처럼 전자껍질이 완전히 채워진 구조에서는 원소가 특별히 안정적이다. 마찬가지로 원소를 안정시킬 수 있는 양성자와 중성자의 '마법의 수'가 있다. 초중량원소의 중심에 양성자와 중성자의 수가 모두 마법의 수인, '이중으로 마법의 수를 갖는' 원자핵이 있어야 하는 것이다.

그런 원자핵으로 가장 먼저 꼽히는 후보는 114개의 양성자와 184개의 중성자가 있는 동위원소 플레로븀-298이다. 이런 동위원소들이 특별히 안정적이라면, 일부 원소의 반감기는 원소가 상당한 양으로 축적될 수 있을 만큼 길어야 한다. 하지만 우리는 아직 초중량원소들의 영역에서 안정성의 섬이 존재하는지조차 알지 못한다. 과학자들은 그 섬에 이르기는 매우 어려울 것이라고 짐작한다. 새로운 원소를 찾으려는 노력이 앞으로 계속될까? 아니면 이 길의 막바지에 이르는 중일까? 확실한 것은 원소를 찾는 사람들, 아니 원소를 만드는 사람들이 원소 발견에 관한 결정을 늦추지 않을 것이라는 점이다.

인용 출처

page 11: 'We don't hire': Chapman, p.154.

page 14: 'The body of': Plato, *Timaeus and Critias*, p.43. Penguin, 1986.

page 16: 'Most of the... That from which': Aristotle, *Metaphysics*, Book I, Part 3 (ca. 350 BC).

page 18: 'mix into one another': Pullman, p.14.

page 19: 'one hundred and sixty-four': J. B. van Helmont, *Oriatrike or Physick Refined*, transl. J. Chandler. Lodowick Loyd, London, 1662.

page 21: 'The air round': Aristotle, *Meteorology* Bk I, Pt 3 (ca. 350 BC), transl. E. W. Webster.

page 22: 'all things happen': Text designated DK22B80 in the collection of Presocratic sources collected by Hermann Diels & Walther Kranz, *Die Fragmente der Vorsokratiker*. Weidmann, Zurich, 1985.

page 24: 'Everything is born': Pullman, p.19.

page 25: 'Earth has its place': J. C. Cooper, *Chinese Alchemy*, p.89. Sterling, New York, 1990.

page 27: 'We must, of course': Plato, op cit., p.79.

page 28: 'The gods used': Plato, ibid, p.78.

page 33: 'How innocent, how happy': Multhauf, p.95. 'Driven utterly': ibid.

page 45: 'came down like a wolf': Lord Byron, 'The Destruction of Sennacherib' (1815).

page 45: 'The Greek civilization': T. K. Derry & T. I. William, *A Short History of Technology*, p.122. Clarendon Press, Oxford, 1960.

page 46: 'Cement steel is nothing': C. S. Smith, 'The discovery of carbon in steel', *Technology and Culture* 5, 149–175 (1964), here p.171.

page 52: 'could wake up the dead': H. M. Pachter, *Paracelsus: Magic Into Science*, p.137. Henry Schuman, New York, 1951.

page 54: 'Tartarean Sulphur': J. Milton, *Paradise Lost*, Bk II, line 69 (1667).

page 61: 'like a cannon bullet taken': J. Emsley, *The Shocking History of Phosphorus*, p.32. Macmillan, 2000. 'the body of man': ibid, p.34.

page 62: 'blood red drops... surpasses the sweetness': L. Thorndike, *A History of Magic and Experimental Science*, Vol. III, p.360. Columbia University Press, New York, 1934.

page 72: 'Believe me when I declare': R. Boyle, *The Sceptical Chymist*, p.xiii. London, 1661.

page 73: 'Out of some bodies': *The Sceptical Chymist*, in Brock, p.57; 'certain primitive': ibid, in H. Boynton, *The Beginnings of Modern Science*, p.254. Walter J. Black, Roslyn, 1948.

page 78: 'unknown to the Ancients': Wothers p.32; 'was found a metal': A. Barba, *The Art of Metals*, pp.89–90. S. Mearne, London, 1674.

page 83: 'there is another metal': in Agricola, p.409; 'Zink gives the Copper': G. E. Stahl, *Philosophical Principles of Universal Chemistry*, p.335. John Osborn & Thomas Longman, London, 1730; 'a great resemblance': Wothers, p.58; 'unknown to the European': R. Boyle, *Essays of the strange subtility great efficacy determinate nature of effluviums*, p.19. M. Pitt, London, 1673.

page 84: 'has the distinctive': Agricola, p.113.

page 87: 'there are also found': Theophilus, *On Diver Arts*, p.59. Dover, New York, 1979.

page 88: 'really poisonous... beware': Cennino Cennini, *The Craftsman's Handbook*, transl. D. V. Thompson, p.28 . Dover, New York, 1933.

page 90: 'there is no keeping': ibid, p.28.

page 93: 'draw anything out': J. B. van Helmont, *Oriatrike, or, Physick Refined*, p.615. Lodowick Loyd, London, 1662; 'calx of a new metal': T. Bergman, *Physical and Chemical Essays*, Vol. 2, p.202. J. Murray, London, 1784.

page 98: 'As the discovery': M. Klaproth, *Analytical Essays Towards Promoting the Chemical Knowledge of Mineral Substances*, Vol. 1, p.476. T. Cadell, London, 1801.

page 106: 'shy and bashful': C. Jungnickel & R. McCorrmach, *Cavendish: The Experimental Life*, p.304. Bucknell, 1999.

page 110: 'my breast': J. Priestley, *Experiments and Observations of Different Kinds of Air*. J. Johnson, London, 1775.

page 121: 'each of those substances': S. Tennant, 'On the nature of the diamond', *Philosophical Transactions of the Royal Society* 87, 123–127, here p.124 (1797).

page 127: 'took advantage of': M. Faraday, 'On fluid chlorine', *Philosophical Transactions of the Royal Society* 113, 160–165, here p.160 (1823).

page 128: 'The fire melts': G. Agricola, *De natura fossilium*, transl. M. C. Bandy & J. A. Bandy, p.109, footnote. Mineralogical Society of America, New York, 1955.

page 132: 'grey, very hard': 'H. V. C. D.', *Journal of Natural Philosophy, Chemistry, and the Arts*, July, pp.145–146 (1798); 'On account of': R. Newman, 'Chromium oxide greens', in E. West Fitzhugh (ed.), *Artists' Pigments: A Handbook of Their History and Characteristics*, Vol. 3, p.274. National Gallery of Art, Washington, DC, 1997.

page 134: 'promises to be': F. Stromeyer, 'New details respecting cadmium', *Annals of Philosophy* [translated from *Annalen de Physik*], 14, pp.269–274 (1819).

page 140: 'Atoms are round': Brock, p.128.

page 140: 'interests of science': J. Dalton, *A New System of Chemical Philosophy*, Preface, v. R. Bickerstaff, London, 1808.

page 147: 'small globules... some of which': H. Davy, 'The Bakerian Lecture: On some new phenomena of chemical changes produced by electricity, particularly the decomposition of the fixed alkalies...', *Philosophical Transactions of the Royal Society* 98, 1–44, here p.5 (1808); 'bounded about': H. Davy (ed. J. Davy), *The Collected Works of Sir Humphry Davy*, Vol. I, p.109. Smith, Elder & Co., London, 1839–40; 'an instantaneous': Davy, 'The Bakerian Lecture', p.13.

page 148: 'When thrown': Davy, *The Collected Works*, op. cit., p.245.

page 150: 'more universally': L. B. Guyton de Morveau, *Method of Chymical Nomenclature*, transl. S. James, p.49. G. Kerasley, London, 1788.

page 155: 'candid criticisms': H. Davy, *Elements of Chemical Philosophy*, p.350. J. Johnson & Co., London, 1812; 'dark grey': ibid.

page 156: 'dark olive coloured': Davy, *Elements of Chemical Philosophy*, p.316; 'is more analogous': ibid, p.314.

page 158: 'obliged to seek': Davy, *Collected Works*, op. cit., Vol. IV, p.116; 'a film of a': ibid, p.120; 'a greyish opaque': ibid., p.121; 'black particles... numerous grey': ibid., *Elements*, pp.268, 263.

page 159: 'there is not the smallest': T. Thomson, *A System of Chemistry*, Vol. I, p.252. Baldwin, Cradock & Joy, London, 1817.

page 163: 'It was as though': W. A. Tilden, 'Cannizzaro Memorial Lecture', in D. Knight (ed.), *The Development of Chemistry 1798–1914*, 567–584, here p.579. Routledge, London, 1998.

page 164: 'I saw in a dream': B. M. Kedrov, 'On the Question of the psychology of scientific creativity (on the occasion of the discovery of D. I. Mendeleev of the periodic law)', *Soviet Psychology* 5, 18–37 (1966–67).

page 170: 'nothing but a pulse': T. Birch, *The History of the Royal Society*, Vol. 3, 10–15, here p.10 (1757); 'the vast interplanetary': W. D. Niven (ed.), *The Scientific Papers of James Clerk Maxwell*, Vol. 2, LIV, pp.311–323, here p.322. Cambridge University Press, 1890.

page 171: 'telegraphy without wires': W. Crookes, 'Some possibilities of electricity', *Fortnightly Review* 51, 175 (1892).

page 173: 'two splendid blue... The bright blue light': G. Kirchhoff & R. Bunsen, 'Chemical analysis by spectrum-observations', Second Memoir, *The London, Edinburgh, and Dublin Philosophical Magazine and Journal of Science*, 22, p.330. 1861.

page 176: 'waiting to be... I have seen': W. H. Brock, *William Crookes (1832–1919) and the Commercialization of Science*, p.63. Ashgate, Aldershot, 2008.

page 177: 'the green line': W. Crookes, 'Further remarks on the supposed new metalloid', *The Chemical News* 3(76), p.303 (1861).

page 181: 'I... began to': M. W. Travers, *A Life of Sir William Ramsay*, p.145. Edward Arnold, London, 1956.

page 182: 'but it appears': W. Ramsay, *The Gases of the Atmosphere: The History of Their Discovery*, p.195. Macmillan, London, 1915.

page 183: 'the presence of... combine with argon': H. G. Wells, *The War of the Worlds*, in H. G. Wells, *The Science Fiction*, Vol. I, p.317. J. M Dent, London, 1995.

page 184: 'a blaze of crimson': M. W. Travers, *The Discovery of the Rare Gases*, pp.95–6. Edward Arnold, London, 1928.

page 186: 'The question was': C. Nelson, *The Age of Radiance: The Epic Rise and Dramatic Fall of the Atomic Era*, p.25. Scribner, New York, 2014.

page 187: 'I had a passionate': R. W. Reid, *Marie Curie*, p.65. Collins, London, 1974.

page 188: 'a metal never before': S. Quinn, *Marie Curie: A Life*. Da Capo Press, 1996; 'we had an especial joy': M. Curie, *Pierre Curie*, p.49. Dover, New York, 1963; 'One of our joys': ibid, p.92.

page 208: 'to change': R. Rhodes, *The Making of the Atomic Bomb*, p.140. Simon & Schuster, New York, 1986.

더 읽어보기

그레이, 시어도어.《세상의 모든 원소 118(The Elements)》, 꿈꾸는 과학 옮김, 영림카디널, 2012.

셰리, 에릭.《일곱 원소 이야기(A Tale of Seven Elements)》, 김명남 옮김, 궁리, 2018.

셰리, 에릭.《주기율표(The Periodic Table: A Very Short Introduction)》, 김명남 옮김, 교유서가, 2019.

아그리콜라, 게오르기우스.《금속에 관하여(De Re Metallica)》, 홍성욱 옮김, 그림씨, 2019.

워더스, 피터.《원소의 이름(Antimony, Gold, and Jupiter's Wolf)》, 이충호 옮김, 윌북, 2021.

윌리엄스, 휴 앨더시.《원소의 세계사(Periodic Tales)》, 김정혜 옮김, 알에이치코리아, 2013.

P. Ball, *The Elements: A Very Short Introduction*, Oxford University Press, 2004.

W. H. Brock, *The Fontana History of Chemistry*, Fontana, 1992.

K. Chapman, *Superheavy: Making and Breaking the Periodic Table*, Bloomsbury, 2019.

J. Emsley, *Nature's Building Blocks*, Oxford University Press, 2001.

M. D. Gordin, *A Well-Ordered Thing*, Basic Books, 2004.

R. Mileham, *Cracking the Elements*, Cassell, 2018.

R. P. Multhauf, *The Origins of Chemistry*, Gordon & Breach, 1993.

B. Pullman, *The Atom in the History of Human Thought*, Oxford University Press, 1998.

E. Scerri, *The Periodic Table*, 2nd edn, Oxford University Press, 2020.

도판 출처

이 책에 사용된 모든 도판의 저작권자를 찾고자 했으나, 혹 누락한 것이 있다면 확인되는 대로 바로잡겠습니다. 출처를 표시한 아래 도판들은 저작권자, 라이센서, 소유 기관이 사용을 허가한 것입니다.

Alamy Stock Photo: 16 (The Picture Art Collection); 21 (Granger Historical Picture Library); 35 top (Album); 44 (www.BibleLandPictures.com); 45 (FLHC 40); 55 top (Laing Art Gallery, Newcastle-upon-Tyne/Album); 55 bottom (Biblioteca Medicea Laurenziana, Florence); 56 (CPA Media Pte Ltd); 70–71 (Science History Archive), 76 top (Interphoto); 125 (Institution of Mechanical Engineers/Universal Images Group North America LLC)

© akg-images: 42 (SMB, Antikenmuseum, Berlin/ Bildarchiv Steffens); 87 (Topkapi Museum, Istanbul/Roland and Sabrina Michaud); 74–75 (Annaberg, Sachsen, Stadtkirche St. Annen)

Annaberg-Buchholz (St Ann's Church) / Wikimedia Commons (PDM): 96–97

Bayerische Staatsbibliothek München, Chem. 118 d-1, p.457 (detail): 162 bottom

Bethseda, The National Library of Medicine: 188 bottom

Biblioteca Civica Hortis, Trieste (PDM): 57 top

Biblioteca General de la Universidad de Sevilla (CC 1.0): 47

Bibliothèque nationale de France, département Estampes et photographie: 157 top

The British Library, London (PDM 1.0): 14, 53

Cavendish Laboratory, University of Cambridge, after J. B. Birks, ed., Rutherford at Manchester (London: Heywood & Co., 1962) p.70: 195

Deutsches Museum, Munich: 178

Edgar Fahs Smith Collection, Kislak Center for Special Collections, Rare Books and Manuscripts, University of Pennsylvania: 162 top

© E. Galili: 40

© Ethnologisches Museum der Staatlichen Museen zu Berlin – Preußischer Kulturbesitz (bpk); Photo: Ines Seibt: 33

Finnish Heritage Agency – Musketti (CC by 4.0): 139

Francis A. Countway Library of Medicine, Harvard: 129, 186

Gerstein – University of Toronto: 79, 120

Getty Images: 18 (© DEA / G. Nimatallah/De Agostini); 59 (Derby Museum and Art Gallery); 99, 133 (Fine Art Images/Heritage Images); 149 (Hulton Archive); 160–161 (Bettmann); 164 bottom, 184 bottom; 190–191 (Corbis); 193 top; 194 (© Science Museum /SSPL); 217 (Kazuhiro Nogi/Afp)

Getty Research Institute, Los Angeles: 15, 23, 41, 63, 64 (right), 80

GSI Helmholtzzentrum für Schwerionenforschung GmbH; photo: A. Zschau: 215

© Gun Powder Ma/Wikimedia Commons (CC0 1.0): 43

© History of Science Museum, University of Oxford: 11

Homer Laughlin China Company, 'Fiesta' is a registered trademark of the Fiesta Tableware Company; Photo: courtesy Mark Gonzalez: 100

© Institute of Nautical Archaeology, Texas: back cover left, 86 bottom

J. Paul Getty Museum, Villa Collection, Malibu, California: 12–13, 35 bottom

Library of Congress, Washington DC: 49, 119, 185 (Prints and Photographs Division); 107 (Rare Book and Special Collections Division)

The Linda Hall Library of Science, Engineering & Technology, courtesy of: 130, 201

Manna Nader, Gabana Studios, Cairo, by kind permission: 30–31

Marco Bertilorenzi, after 'From Patents to Industry. Paul Héroult and International Patents Strategies,1886-1889' (2012): 159 right

Marzolino/Shutterstock.com: front cover

The Metropolitan Museum of Art, New York: 34, 38, 46 bottom, 90, 111

© Michel Royon / Wikimedia Commons (CC BY 2.0): 153 top

Ministry of Tourism and Antiquities, Cairo, courtesy Egymonuments.gov.eg; Photo: Ahmed Romeih – MoTA: 153 bottom

Musée Curie (Coll. ACJC), Paris: 188 top

Naples, by permission of the Ministry for Cultural Heritage and Activities and for Tourism – National Archaeological Museum; photo: Luigi Spina, inv. 5623: 20

National Central Library of Florence: 117

National Galleries of Scotland: 114

National Gallery of Art, Washington, DC. Samuel H. Kress Collection: 87

National Gallery, London: 134

Natural History Museum Library, London: 123, 179, 180

National Library of Norway, via Project Runeberg, DRM Free: 86 top

National Museum of China, Beijing/photo: BabelStone//Wikimedia Commons (CC BY-SA 3.0): 57 bottom

National Portrait Gallery, Mariefred, Södermanland: 84

Oak Ridge National Laboratory, PDM: 205

Philip Stewart, 2004, by kind permission: back cover centre, 166–167

© The President and Fellows of St John's College, Oxford: 21

Qatar National Library: 126

Rawpixel Ltd (CC0), via Flickr: 168–169

© 2010-2019 The Regents of the University of California, Lawrence Berkeley National Laboratory: 198, 200, 211 (Photo: Donald Cooksey); 199, 120 (Photo: Marilee B. Bailey); 204, 206–207 (Photolab); 197 (Photo: Roy Kaltschmidt).

The National Library of Scotland, Reproduced with the permission of: 155

The Royal Library, Stockholm, Archive of Swedish cultural commons: 138

The Royal Society, London: 56 bottom (CLP/11i/21 – detail), 127

Schlatt, Eisenbibliothek: 89

Science & Society Picture Library – All rights reserved: 141 (© Museum of Science & Industry); 165, 177 (Science Museum, London)

Science History Institute, Philadelphia (PDM 1.0), courtesy of: 48 top, 72, 64 left, 65, 72, 93, 95, 105, 109, 116 (Douglas A. Lockard), 124, 135, 163, 172, 173, 175, 181

Science Photo Library, London: front cover left, 121; 148 (Royal Institution Of Great Britain); 150–151 (Sheila Terry); 174 (Rhys Lewis, Ahs, Decd, Unisa / Animate4.Com)

SLUB Dresden / Deutsche Fotothek: 50–51

Smithsonian Libraries, Washington, courtesy of, via BHL: 27, 76 bottom, 92, 154

Stadtarchiv Wesel, O1a, 5-14-5-02: 196

Stanford Libraries, courtesy, David Rumsey Map Center (PURL https://purl.stanford.edu/bf391qw5147): 26 (The Robert Gordon Map Collection), 28 (The Barry Lawrence Ruderman Map Collection); front cover centre, 29 (Glen McLaughlin Map Collection of California)

Statens Museum for Kunst, Copenhagen: 158

© Szalax / Wikimedia Commons (CC by 4.0): 37

Tekniska museet, Photo: Lennart Halling, 1960-11: 137

Topkapi Sarayi Ahmet III Library, Istanbul/ Wikimedia Commons (CC BY 4.0): back cover right, 7

© The Trustees of the British Museum: 39, 82

University of California Libraries, via BHL: 183, 193 bottom

University of Illinois Urbana-Champaign, via BHL: 17

University of Miskolc: 66

United States Department of Energy, Office of Public Affairs, Washington: 198, 209; 203 (Special Engineering Detachment, Manhattan Project, Los Alamos, Photo: Jack Aeby)

United States Patent and Trademark Office, www.uspto.gov: 48 bottom, 159 left

Vassil/Wikimedia Commons (PDM): 85

Victorian Web, photo: Simon Cooke: 184 top

The Walters Art Museum, Baltimore (CC0): 24, 62

Wellcome Collection, London (CC BY 4.0): front cover right, endpapers, 25, 67 both, 68, 72, 77, 81, 83, 91, 101, 102–103,108, 112, 115, 128, 132, 140, 142–143, 144, 145, 146, 147, 152, 164 top, 170, 176, 182, 187 both, 189

Wikimedia Commons (PDM): 122

Yoshida-South Library, Kyoto University: 10

찾아보기